AI 赋能软件开发技术丛书

AIGC

高效编程

MySQL
数据库管理与开发

明日科技◎策划

慕课版丨第2版

王艳珍 陈敏 洪艺涵 董艳飞◎主编

人民邮电出版社

北 京

图书在版编目（CIP）数据

MySQL 数据库管理与开发：慕课版：AIGC 高效编程 /
王艳珍等主编. -- 2 版. -- 北京：人民邮电出版社，
2025. -- （AI 赋能软件开发技术丛书）. -- ISBN 978-7
-115-67058-8

Ⅰ. TP311.132.3

中国国家版本馆 CIP 数据核字第 2025QR0733 号

内 容 提 要

本书系统全面地介绍 MySQL 数据库应用开发所涉及的各类知识。全书共 16 章，内容包括数据库
设计概述、MySQL 概述、MySQL 数据类型与运算符、MySQL 存储引擎、MySQL 数据库管理、MySQL
表结构管理、MySQL 函数、表记录的更新操作、表记录的检索、视图、触发器、存储过程与存储函数、
备份与恢复、MySQL 性能优化、事务与锁机制、综合开发案例——基于 Python Flask 的 Go 购甄选商城。
本书最后还附有 12 个实验。全书内容与实例紧密结合，有助于读者理解知识、应用知识。

近年来，AIGC 技术高速发展，成为各行各业高质量发展和生产效率提升的重要推动力。本书将 AIGC
技术融入理论学习、实例编写、复杂系统开发等环节，帮助读者提升编程效率。

本书既可以作为高等院校数据库相关课程的教材，也可以供相关技术人员学习参考。

◆ 策　　划　明日科技

　　主　　编　王艳珍　陈　敏　洪艺涵　董艳飞

　　责任编辑　田紫微

　　责任印制　胡　南

◆ 人民邮电出版社出版发行　　北京市丰台区成寿寺路 11 号

　　邮编　100164　电子邮件　315@ptpress.com.cn

　　网址　https://www.ptpress.com.cn

　　三河市中晟雅豪印务有限公司印刷

◆ 开本：787×1092　1/16

　　印张：18.5　　　　　　　　　　　2025 年 7 月第 2 版

　　字数：449 千字　　　　　　　　　2025 年 7 月河北第 1 次印刷

　　　　　　　　　定价：69.80 元

读者服务热线：（010）81055256　印装质量热线：（010）81055316
反盗版热线：（010）81055315

前言

在人工智能技术高速发展的今天，人工智能生成内容（Artificial Intelligence Generated Content，AIGC）技术在内容生成、软件开发等领域的作用已经非常突出，正在逐渐成为一种重要的生产工具，推动内容产业进行深度的变革。

党的二十大报告强调："高质量发展是全面建设社会主义现代化国家的首要任务。"发展新质生产力是推动高质量发展的内在要求和重要着力点，AIGC技术已经成为新质生产力的重要组成部分，在 AIGC 工具的加持下，软件开发行业的生产效率和生产模式将产生质的变化。本书结合 AIGC 辅助编程工具，帮助读者掌握软件开发从业人员应具备的职业技能，提高核心竞争力，满足软件开发行业新技术人才需求。

MySQL 数据库是主流数据库之一。谷歌公司使用的数据库就是 MySQL 数据库，并且国内很多大型公司也使用 MySQL 数据库，例如百度、网易、新浪等。目前，MySQL 已经被列为全国计算机等级考试二级的考试科目。

本书是明日科技与院校一线教师合力打造的 MySQL 数据库管理与开发图书，旨在通过基础理论讲解和系统编程实践帮助读者快速且牢固地掌握数据库管理与开发技术。本书的主要特色如下。

1．基础理论结合丰富实践

（1）本书通过通俗易懂的语言和丰富实例演示，系统介绍 MySQL 数据库的基础知识，并且在每章的最后提供习题，方便读者及时检测学习效果。

（2）本书设计"基于 Python Flask 的 Go 购甄选商城"案例，生动形象地讲解如何运用 MySQL 数据库技术来解决实际系统开发中遇到的问题，使得理论知识讲解更加贴近实际应用需求。

（3）本书设计 12 个实验，实验内容由浅入深，供读者实践练习，有利于提高读者的程序设计实际应用能力。

2．融入 AIGC 技术

本书在理论学习、实例编写、复杂系统开发等环节融入了 AIGC 技术，具体做法如下。

（1）本书在第 1 章介绍 AIGC 工具的基本应用情况和主流的 AIGC 工具，并在部分章节讲解如何使用 AIGC 工具助力学习数据库开发相关的进阶性理论。

（2）本书详细呈现使用 AIGC 工具编写实例的过程和结果，在巩固读者理论知识的同时，启发读者主动使用 AIGC 工具辅助编程。

（3）本书最后一章呈现使用 AIGC 工具开发综合案例的全过程，充分展示 AIGC 工具的使用思路、交互过程和结果处理，进而提高读者综合性、批判性地使用 AIGC 工具的能力。

3．支持线上线下混合式学习

（1）本书是慕课版图书，依托人邮学院（www.rymooc.com）为读者提供完整慕课，课程结构严谨，读者可以根据自身的学习进度，自主安排学习内容。读者购买本书后，刮开粘贴在封底上的刮刮卡，获得激活码，使用手机号码完成网站注册，登录后即可搜索本书配套慕课并学习。

（2）本书针对重要知识点放置了二维码链接，读者扫描书中二维码即可在手机上观看相应内容的视频讲解。

4．配套丰富教辅资源

本书配套 PPT、教学大纲、教案、源代码、拓展案例、自测习题及答案等教学资源，用书教师可登录人邮教育社区（www.ryjiaoyu.com）免费获取。

各章主要内容和课堂学时、上机学时分配建议见下表，教师可以根据实际教学情况进行调整。

章	章名	课堂学时	上机学时
第 1 章	数据库设计概述	2	0
第 2 章	MySQL 概述	1	1
第 3 章	MySQL 数据类型与运算符	2	2
第 4 章	MySQL 存储引擎	1	1
第 5 章	MySQL 数据库管理	2	2
第 6 章	MySQL 表结构管理	3	2
第 7 章	MySQL 函数	3	3
第 8 章	表记录的更新操作	2	2
第 9 章	表记录的检索	8	6
第 10 章	视图	1	1
第 11 章	触发器	2	2
第 12 章	存储过程与存储函数	3	2
第 13 章	备份与恢复	2	1
第 14 章	MySQL 性能优化	2	1
第 15 章	事务与锁机制	2	2
第 16 章	综合开发案例——基于 Python Flask 的 Go 购甄选商城	4	

由于编者水平有限，书中难免存在疏漏和不足之处，敬请广大读者批评指正，使本书得以改进和完善。

编　者
2025 年 1 月

目录

第1章 数据库设计概述

本章要点

- 了解数据库与数据库管理系统的概念
- 了解数据模型的概念
- 了解结构化查询语言
- 了解数据库的体系结构
- 掌握 E-R 图的设计方法
- 掌握数据库设计的基本步骤

本章主要介绍数据库设计的相关概念，主要包括数据库与数据库管理系统、数据模型、结构化查询语言、数据库的体系结构、E-R 图、数据库设计方法以及常用 AI 工具。通过本章的学习，读者能了解什么是数据模型和结构化查询语言，并且掌握 E-R 图和数据库的设计方法。

1.1 数据库概述

1.1.1 数据库与数据库管理系统

数据库是信息系统的核心，能有效地管理各类信息资源。目前，越来越多的领域都在应用数据库进行信息资源的存储和管理。下面将对数据库、数据库系统和数据库管理系统的概念进行简要介绍。

数据库与数据库
管理系统

1. 数据库

数据库（Database，DB）是存放数据的仓库，它可以按照某种数据结构对数据进行存储和管理。这些数据存在一定的关联，并按一定的格式存放在计算机上。从广义上讲，数据不仅指数字，还包括文本、图像、音频和视频等。

例如，把一个学校的学生姓名、课程、学生成绩等数据有序地组织并存放在计算机内，就可以构成一个数据库。因此，数据库是由持久的、相互关联的数据集合组成的，并以一定的组织形式存放在计算机的存储介质中。数据库是事务处理、信息管理等应用系统的基础。

2．数据库系统

数据库系统（Database System）是一个复杂的系统，采用了数据库技术。数据库系统不仅是对一组数据进行管理的软件，还是存储介质、处理对象和管理系统的集合体，由数据库、硬件、软件和数据库管理员组成。

❑ 数据库。

数据库是为了满足管理大量的、持久的共享数据的需要而产生的。从物理概念上讲，数据库是存储于硬盘的各种文件的有机结合。数据库具有能被各种用户共享、冗余度最小、数据间联系密切、独立性较高等特点。

❑ 硬件。

数据库系统的硬件包括中央处理器、内存、输入输出设备等。硬件中存储了大量的数据，需要较强的通道能力，以保证数据的传输。

❑ 软件。

数据库系统的软件即数据库管理系统（Database Management System，DBMS），数据库管理系统是用于管理数据库的软件。DBMS为开发人员提供了高效率、多功能的交互式程序设计系统，为应用系统的开发提供了良好的环境，并且与数据库系统有良好的接口。

❑ 数据库管理员。

数据库管理员（Database Administrator，DBA）负责数据库的运转，DBA必须兼有系统分析和运筹学的相关知识，对系统的性能非常了解，并熟悉企业全部数据的性质和用途。DBA负责管理数据整体结构和控制数据库的正常运行，承担着创建、监控和维护整个数据库结构的责任。

3．数据库管理系统

数据库管理系统是位于操作系统和用户之间的数据管理软件，它按照一定的数据模型科学地组织和存储数据，并能够获取和维护数据。数据库管理系统是数据库系统中对数据进行管理的软件系统，是数据库系统的核心组成部分，对数据库的定义、查询、更新及各种控制都是通过数据库管理系统进行的。数据库管理系统是基于各种数据模型建立的，有层次模型、网状模型、关系模型和面向对象模型等多种数据模型。

1.1.2　数据模型

数据模型是数据库管理系统的核心与基础，通常由数据结构、数据操作和完整性约束3部分组成，下面分别进行介绍。

数据模型

❑ 数据结构：对系统静态特征的描述，描述对象包括数据的类型、内容、性质和数据之间的相互关系。

❑ 数据操作：对系统动态特征的描述，包括对数据库各种对象实例的操作。

❑ 完整性约束：完整性规则的集合，定义了给定数据模型中数据及其联系所具有的制约和依存规则。

1.1.3　结构化查询语言

结构化查询语言（Structure Query Language，SQL）是一种应用于关系数据库查询的结构化语言，最早由博伊斯（Boyce）和钱伯林（Chamberlin）在 1974 年提出，称为 SEQUEL。1976 年，IBM 公司的圣何塞研究所在研制关系数据库管理系统 System R 时将其修改为 SEQUEL 2，即目前的 SQL。1976 年，SQL 开始在商品化关系数据库管理系统中应用。1982 年，美国国家标准研究所（American National Standards Institute，ANSI）确认 SQL 为数据库系统的工业标准。SQL 是一种介于关系代数和关系演算之间的语言，具有丰富的查询功能，同时具有数据定义和数据控制功能，是集数据定义、数据查询和数据控制于一体的关系数据语言。目前，有许多关系数据库管理系统支持 SQL，如 SQL Server、Access、Oracle、MySQL、DB2 等。

结构化查询
语言

　　SQL 的功能包括数据查询、数据定义和数据控制。SQL 简洁、方便、实用，要实现其核心功能只需要 6 个动词——SELECT、CREATE、INSERT、UPDATE、DELETE 和 GRANT（REVOKE）。作为关系数据库的标准语言，SQL 应用十分广泛，已被众多商用数据库管理系统产品采用。不过，不同的数据库管理系统在其实践过程中都对 SQL 规范做了编改和扩充。所以，实际上不同数据库管理系统之间的 SQL 不能完全相互通用。例如，甲骨文公司的 Oracle 数据库所使用的 SQL 是 Procedural Language / SQL（PL / SQL），而微软公司的 SQL Server 数据库系统支持的是 Transact-SQL（T-SQL）。MySQL 也对 SQL 标准进行了扩展，只是至今没有命名。

1.2　数据库的体系结构

1.2.1　数据库三级模式结构

数据库的三级模式结构是指模式、外模式和内模式，下面分别进行介绍。

数据库三级
模式结构

1. 模式

　　模式也称逻辑模式或概念模式，是对数据库中全体数据的逻辑结构和特征的描述，是所有用户的公共数据视图。一个数据库只有一个模式。模式处于三级模式结构的中间层。

> ⚠ 注意：定义模式时不仅要定义数据的逻辑结构，而且要定义数据之间的联系，以及与数据有关的安全性、完整性要求。

2. 外模式

　　外模式也称用户模式，是数据库用户（例如应用程序员和最终用户）能够看见和使用的对局部数据的逻辑结构和特征的描述，是数据库用户的数据视图，是与某一应用有关的数据的逻辑表示。外模式是模式的子集，一个数据库可以有多个外模式。

> 📄 说明：外模式是保证数据安全性的一个有力措施。

3. 内模式

　　内模式也称存储模式，一个数据库只有一个内模式。它是对数据的物理结构和存储方式的描述，是数据在数据库内部的表示方式。

1.2.2 三级模式之间的映射

为了能够在内部实现数据库的 3 个抽象层次的联系和转换，数据库管理系统在三级模式之间提供了两层映射，分别为外模式 / 模式映射和模式/内模式映射，下面分别进行介绍。

三级模式之间的
映射

1．外模式 / 模式映射

一个模式可以有任意多个外模式。对于每一个外模式，数据库系统都有一个外模式 / 模式映射。当模式被改变时，数据库管理员会对各个外模式 / 模式映射做相应的修改，从而使外模式保持不变。这样就不用修改依据外模式编写的应用程序，保证了数据与程序的逻辑独立性。

2．模式 / 内模式映射

数据库中只有一个模式和一个内模式，所以模式 / 内模式映射是唯一的，它定义了数据库的全局逻辑结构与存储结构之间的对应关系。当数据库的存储结构被改变时，数据库管理员会对模式 / 内模式映射做相应的修改，从而使模式保持不变，应用程序也不用修改。这保证了数据与程序的物理独立性。

1.3 E-R 图

E-R 图（Entity-Relationship Diagram）也称"实体-关系图"，用于描述现实世界的事物，以及事物与事物之间的关系。其中 E 表示实体，R 表示关系。它提供了表示实体、属性和关系的方法。下面将详细介绍实体、属性、关系，以及 E-R 图的设计原则。

1.3.1 实体和属性

在数据库领域中，客观世界中的万事万物都被称为实体。实体既可以是客观存在并可相互区分的事物，例如高山、流水、学生、老师等，又可以是抽象的概念或地理名词，例如精神生活、物质基础、吉林省、北京市等。实体的特征（外在表现）称为属性，通过属性可以区分同类实体。例如，一本图书可以具备书名、大小、封面颜色、页数、出版社等属性，根据这些属性可以在一堆图书中找到需要的图书。

实体和属性

通常情况下，开发人员在设计 E-R 图时使用矩形表示实体，在矩形内写明实体名（实体名是实体的唯一标识），使用椭圆表示属性，并且使用无向边将其与实体连接起来。

【例 1-1】 设计图书馆管理系统的图书 E-R 图。在图书馆管理系统中，图书是实体，它包括编号、条形码、书名、类型、作者、译者、书号、价格、页码、书架、录入时间、操作员和是否删除等属性。对应的 E-R 图如图 1-1 所示。

> 说明：在图书馆的图书实体的属性中，"是否删除"属性用于标记图书是否被删除。
> 由于图书馆中的图书信息不可以被随意删除，因此当某种图书不能再被借阅，而需要
> 删除其相关信息时，只能采用设置删除标记的方法。

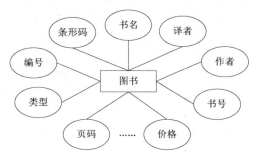

图 1-1　图书馆管理系统的图书 E-R 图

1.3.2　关系

在客观世界中，实体并不是孤立存在的，而是存在一些联系。在 E-R 图中，可以使用关系表示实体间的联系。通常使用菱形表示实体间的联系，在菱形内写明关系名，并且使用无向边将其与有关的实体连接起来。同时，还需要在无向边旁标上关系的类型。

关系

在通常情况下，实体间存在以下 3 种关系。

- 一对一关系。

假设有两个实体 A 和 B，如果 A 中的每一个值在 B 中至多有一个实体值与其对应，反之亦然，那么则称 A 和 B 为一对一关系，在 E-R 图中使用 1∶1 表示。例如，一个图书馆只能有一个馆长，反之一个馆长只能在一个图书馆任职，因此图书馆和馆长之间存在一对一关系。

- 一对多关系。

假设有两个实体 A 和 B，如果 A 中的每一个值在 B 中都有多个实体值与其对应，反之 B 中的每一个实体值在 A 中至多有一个实体值与之对应，则称 A 和 B 为一对多关系，在 E-R 图中使用 1∶n 表示。例如，在图书馆中，一个书架上可以放置多本图书，但是一本图书只能放置在一个书架上，因此书架和图书之间存在一对多关系。

- 多对多关系。

假设有两个实体 A 和 B，如果 A 中的每一个值在 B 中都有多个实体值与其对应，反之亦然，那么则称 A 和 B 为多对多关系，在 E-R 图中使用 m∶n 表示。例如，在图书馆中，一个读者可以借阅多本图书，反之一本图书也可以被多个读者借阅，因此读者和图书之间存在多对多关系。

1.3.3　E-R 图的设计原则

E-R 图的设计虽然没有一个固定的方法，但一般情况下，需要遵循以下基本原则。

E-R 图的设计
原则

- 先设计局部 E-R 图，再把每一个局部 E-R 图综合起来，生成总体 E-R 图。
- 属性应该存在于且只存在于某一个实体或者关系中，以避免数据冗余。例如，图 1-2 所示的 E-R 图中就出现了数据冗余，所借图书属性重复。
- 实体是单独的个体，不能存在于另一个实体中，即不能作为另一个实体的属性。例如，图 1-1 所示的图书实体不能作为图 1-2 所示的读者实体的属性。
- 同一个实体在同一个 E-R 图中只能出现一次。

图 1-2 存在数据冗余的读者 E-R 图

【例 1-2】 设计图书馆管理系统的 E-R 图。图书馆管理系统中主要包括两个实体和两个关系，两个实体分别是图书和读者；两个关系分别是借阅和归还，这两个关系都是多对多关系。借阅关系中还包括借阅日期属性，归还关系中还包括归还日期属性。对应的 E-R 图如图 1-3 所示。

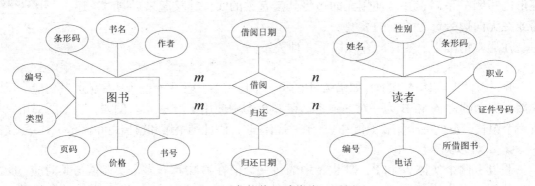

图 1-3 图书馆管理系统的 E-R 图

1.4 数据库设计

设计出 E-R 图后，就可以根据该 E-R 图创建对应的数据表，具体步骤如下。

（1）为 E-R 图中的每一个实体创建一个对应的数据表。

（2）为每个数据表定义主键（一般将具有唯一标识的编号作为主键）或者外键（Foreign Key）。

（3）为字段选择合适的数据类型。

（4）定义约束条件（可选）。

下面进行详细介绍。

1.4.1 为实体建立数据表

在 E-R 图中，每个实体通常对应一个数据表。实体的属性对应数据表中的字段。在程序的开发过程中，考虑到程序的兼容性，通常使用英文作为字段名，所以经常需要将中文的属性名转换为对应含义的英文。例如，将书名属性转换为 bookname。

为实体建立
数据表

【例 1-3】 根据图 1-1 所示的图书 E-R 图，可以得到包含编号、条形码、书名、类型、作者、译者、书号、页码、价格、书架、录入时间、操作员和是否删除这 13 个字段的图书信息表，对应的结构如下。

```
tb_bookinfo(id,barcode,bookname,typeid,author,translator,ISBN,page,price,bookcase,
inTime,operator,del)
```

1.4.2 为表建立主键或外键

由于在设计数据表时，不允许出现完全相同的两条记录，因此通常会创建一个关键字（Key）字段，用于唯一标识数据表中的每一条记录。例如，在读者信息表中，由于条形码不允许重复且不允许为空，因此条形码可以作为读者信息表中的关键字。另外，读者信息表中还存在一个编号字段，该字段也不允许重复且不允许为空，所以编号字段也可以作为读者信息表的关键字。

为表建立主键或
外键

1．建立主键

在设计数据库时，为每个实体建立对应的数据表后，通常还会为其创建主键，含有主键的表称为主表。一般情况下，应在所有的关键字中选择主键。在选择主键时，一般遵循以下两条原则。

- ❑ 主键可以是一个字段，也可以是字段的组合。
- ❑ 作为主键的字段的值必须具有唯一性，并且不能为空。如果主键由多个字段构成，那么这些字段都不能为空。

例如，在创建图书信息表时，由于 id 字段不能重复，并且不能为空，因此 id 字段可以作为主键。添加主键后，tb_bookinfo 的结构如下（加下画线的字段为主键）。

```
tb_bookinfo(id,barcode,bookname,typeid,author,translator,ISBN,page,price,bookcase,
inTime,operator,del)
```

2．建立外键

如果存在两个数据表，且表 T1 中的字段 fk 对应表 T2 的主键 pk，那么字段 fk 称为表 T1 的外键，表 T1 称为外键表或子表。此时，表 T1 的字段 fk 要么是表 T2 的主键 pk 的值，要么是空值。外键通常用于实现参照完整性。

例如，存在一对多关系的两个实体，即图书和出版社，将它们转换为数据表后，对应的主外键关系如下。

```
tb_bookinfo(id,barcode,bookname,typeid,author,translator,ISBN,page,price,bookcase,
inTime,operator,del)
tb_publishing(ISBN, pubname)
```

在 tb_bookinfo 表中，ISBN 为外键；在 tb_publishing 表中，ISBN 为主键。

> 🖾 **说明**：主键和外键是数据库设计中非常重要的概念。如果想了解更多有关主键和外键的信息，可以使用 AI（Artificial Intelligence，人工智能）大模型工具进行查询。比如，使用通义千问（或者其他企业的 AI 大模型工具），直接输入"数据表的主键和外键"，其会自动提供相关的信息，如图 1-4 所示。

图 1-4　使用 AI 大模型工具查询主键和外键的相关信息

1.4.3　为字段选择合适的数据类型

在数据库设计过程中，为字段选择合适的数据类型也非常重要。合适的数据类型可以有效地节省数据库的存储空间、提升数据的计算速度、节省数据的检索时间。在数据库管理系统中，常用的数据类型包括字符串类型、数字类型，以及日期和时间类型。下面分别进行简单介绍。

为字段选择
合适的数据类型

1．字符串类型

字符串类型用于保存一系列字符。这些字符在使用时要用单引号引起来，主要用于保存不参与运算的信息。例如，图书名称'HTML5 从入门到精通'、条形码'9787302210337'和 ISBN'302'都属于字符串类型。虽然后两个数据从外观上看是整数，但是这些整数不参与计算，所以设置为字符串类型。字符串类型可以分为定长字符串类型和变长字符串类型。其中，定长字符串类型保存的数据长度相等，如果输入的数据没有达到要求的长度，那么会被空格补全；而变长字符串类型保存的数据长度与输入数据的长度相同（前提是输入的数据不超出相应字段设置的长度）。

2．数字类型

数字类型是指可以参与算术运算的数据类型。它可以分为整型和浮点型。例如，图书的编号可以设置为整型，而图书的价格需要设置为浮点型。

3．日期和时间类型

日期和时间类型是指用于保存日期或者时间的数据类型，通常可以分为日期类型、时间类型和日期时间类型。其中，日期类型存储的是"YYYY-MM-DD"格式的字符串，时间类型存储的是"hh:mm:ss"格式的字符串，日期时间类型存储的是"YYYY-MM-DD hh:mm:ss"格式的字符串。例如，图书借阅日期可以设置为日期时间类型，因为需要同时存储日期和时间。

> 说明：关于 MySQL 数据类型的详细介绍参见本书第 3 章。

1.4.4　定义约束条件

在设计数据库时，可能还需要为数据表设置一些约束条件，从而保证数据的完整性。常用的约束条件有以下 6 种。

定义约束条件

- ❑ 主键约束：用于约束唯一性和非空性，通过为表设置主键实现。一个数据表中只能有一个主键。在数据录入过程中主键字段必须唯一，并且不能为空。
- ❑ 外键约束：需要建立两个数据表间的关系，并且引用主表的字段。外键字段的数据要么是主键字段的某个值，要么为空。在建立关系时，主表和子表通过外键关联。
- ❑ 唯一性约束：用于约束唯一性。满足唯一性约束的字段可以为空。
- ❑ 非空约束：用于约束表中的某个字段不能为空。
- ❑ 检查约束：用于检查字段的输入值是否满足指定的条件。如果输入的数据与指定的字段类型不匹配，那么该数据将不能被写入数据库中。对于这个约束，数据库管理系统一般都会自动检查。
- ❑ 默认值约束：用于为字段设置默认值。设置默认值约束后，如果相应字段没有输入任何内容，那么会自动填入指定的默认值。

1.5　常用 AI 工具简介

随着 AI 技术的迅猛发展，我们正步入一个全新的时代——利用 AI 技术高效学习和工作的时代。在学习 MySQL 数据库的过程中，我们也可以利用 AI 工具。下面介绍几款常用的 AI 工具。

1.5.1　文心一言

文心一言是百度公司的知识增强大语言模型，能够与人互动，帮助人们高效便捷地获取信息、知识和灵感。文心一言功能强大，其基本使用方法如下。

1．注册与登录

用户可以通过访问文心一言的官方网站或应用商店下载并安装文心一言应用程序。首次使用时需要注册账号。已有百度账号的用户可以使用账号和密码直接登录。登录成功后，用户将进入文心一言的主界面，主界面上通常有一个输入框和一些功能按钮。

2．基本问答

在主界面中，用户可以直接在输入框内输入文字，提出问题或需求。此外，用户还可以通过语音输入问题或需求，文心一言支持多种语言和方言的语音识别。输入问题或需求后，按 Enter 键或单击输入框右下角的蓝色按钮，文心一言会在输出框中给出回答或结果。例如，用户想了解数据库种类方面的知识，在输入框中输入"数据库的种类"，按 Enter 键（也可以单击输入框右下角的蓝色按钮）后，文心一言给出了详细的解答，如图 1-5 所示。

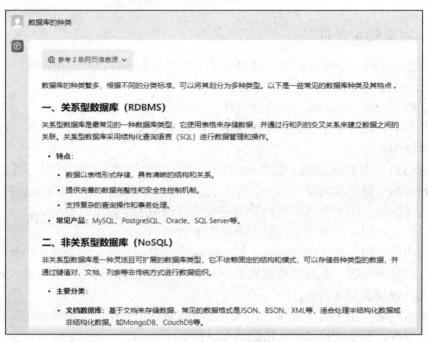

图 1-5　向文心一言提问

1.5.2　通义千问

通义千问是阿里巴巴公司开发的大语言模型。它能够根据用户提供的提示或问题，生成相关的、连贯的回复。作为一个 AI 助手，通义千问可以回答各种类型的问题，提供信息查询、技术支持、教育辅助、内容创作等多方面的帮助。其基本使用方法如下。

1．登录

用户可以通过访问通义千问的官方网站，输入手机号和验证码，或者用淘宝账号和密码进行登录。登录成功后，用户将进入通义千问的主界面，主界面上通常有一个输入框和一些功能按钮。

2．基本问答

在主界面中，用户可以通过输入文字的方式向通义千问提问，它可以与用户进行多轮对话，理解用户的问题并给出相应的答案。例如，用户想了解 MySQL 数据类型方面的知识，在输入框中输入 "MySQL 数据类型"，按 Enter 键（也可以单击输入框右下角的按钮）后，通义千问给出了详细的解答，如图 1-6 所示。

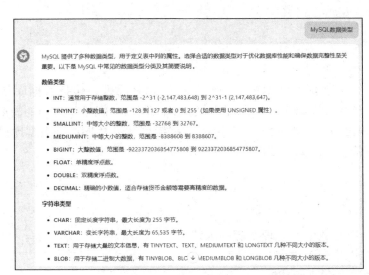

图 1-6　向通义千问提问

1.5.3　讯飞星火

讯飞星火是科大讯飞公司推出的一款 AI 产品，旨在为用户提供智能化的辅助和创作支持。讯飞星火支持语音、视觉和数字人交互功能，而且具备强大的问答能力，能够回答用户提出的各种问题，并提供相关的参考源。这使得讯飞星火成为用户获取知识和信息的重要工具。其基本使用方法如下。

1．注册与登录

用户可以访问讯飞星火大模型的官方网站，首次使用时需要先注册，已有账号的用户可以使用账号和密码直接登录。登录成功后，用户将进入讯飞星火的主界面，主界面上通常有一个输入框和一些功能按钮。

2．基本问答

在主界面中，用户可以通过输入文字的方式向讯飞星火提问。例如，用户想了解数据库 E-R 图的知识，在输入框中输入"什么是 E-R 图"，按 Enter 键（也可以单击输入框右下角的蓝色按钮）后，讯飞星火给出了详细的解答，如图 1-7 所示。

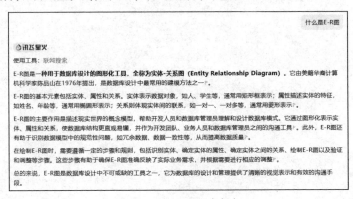

图 1-7　向讯飞星火提问

小结

本章主要介绍了数据库技术中的一些基本概念和原理，包括数据库与数据库管理系统、数据模型、结构查询语言、数据库三级模式结构、三级模式之间的映射、E-R 图、数据库设计以及常用的 AI 工具等内容。其中，数据模型和 E-R 图以及数据库设计是本章的重点，希望读者认真学习，重点掌握。

习题

1. 简述数据库与数据库管理系统的区别。
2. 什么是结构化查询语言？
3. E-R 图由哪些元素组成？
4. 简述 E-R 图的设计原则。
5. 根据 E-R 图创建对应数据表的基本步骤是什么？

第2章 MySQL 概述

本章要点

- 了解 MySQL 数据库的概念
- 了解 MySQL 的优势
- 了解 MySQL 的特性
- 了解如何下载 MySQL 数据库
- 掌握 MySQL 服务器的安装与配置方法
- 掌握启动和停止 MySQL 服务器的方法
- 掌握连接和断开 MySQL 服务器的方法
- 掌握配置系统变量 Path 的方法

　　学习任何一门计算机语言都不能一蹴而就，必须遵循一个客观的原则——从基础学起，循序渐进。本章将从初学者的角度考虑，结合理论知识与实例，使读者轻松了解 MySQL 数据库的基础知识，快速入门。

2.1　为什么选择 MySQL 数据库

　　MySQL 数据库称得上是目前运行速度最快的 SQL 数据库。MySQL 数据库除了具有许多其他数据库所不具备的功能和选择之外，其社区版还是开源且完全免费的，用户可以直接从网上获取并使用，而不必支付任何费用。另外 MySQL 数据库的跨平台性也是一个很大的优势。

2.1.1　MySQL 数据库的概念

　　MySQL 数据库是由瑞典的 MySQL AB 公司开发的关系数据库管理系统。通过它可以有效地组织和管理存储在数据库中的数据。

　　MySQL 徽标是一只海豚（Dolphin），名为 Sakila，它是由 MySQL AB 公司的创办人从用户在"Dolphin 命名"比赛中提供的众多建议中选定的。

MySQL 数据库的概念

　　MySQL 技术的更新、版本的升级，经历了一个漫长的过程，这个过程是一个实践的过程，也是 MySQL 成长的过程。截至本书编写时，MySQL 的版本已经更新到了 MySQL 9.2。

2.1.2　MySQL 的优势

MySQL 数据库是一款自由软件，任何人都可以在 MySQL 的官方网站中下载该软件。MySQL 是多用户、多线程的 SQL 数据库服务器，它以客户端/服务器的结构实现，由一个服务器守护程序 mysqld 和很多不同的客户程序和库组成。它能够快捷、有效和安全地处理大量的数据。相对于 Oracle 等数据库，MySQL 的使用非常简单。MySQL 的主要特点是运行速度快、便捷和易用。

MySQL 的优势

2.2　MySQL 的特性

MySQL 的特性如下。

MySQL 的特性

- 使用 C 和 C++编写，并使用了多种编译器进行测试，保证了源代码的可移植性。
- 支持 AIX、FreeBSD、HP-UX、Linux、macOS、Novell NetWare、OpenBSD、OS/2 Wrap、Solaris、Windows 等多种操作系统。
- 为多种编程语言提供了 API（Application Program Interface，应用程序接口）。这些编程语言包括 C、C++、Python、Java、Perl、PHP、Eiffel、Ruby 和 Tcl 等。
- 支持多线程，可充分利用 CPU 资源。
- 优化了 SQL 查询算法，有效地提高了查询速度。
- 既能够作为单独的应用程序应用在客户端/服务器的网络环境中，又能够作为库被嵌入其他的软件中提供多语言支持。
- 提供了 TCP/IP（Transmission Control Protocol/Internet Protocol，传输控制协议/互联网协议）、ODBC（Open Data Database Connectivity，开放式数据库互连）和 JDBC（Java Database Connectivity，Java 数据库互连）等多种数据库连接途径。
- 提供了用于管理、检查、优化数据库的工具。
- 可以处理拥有上千万条记录的大型数据库。

本书以 MySQL 9.0.1 为平台，它引入了许多新特性，旨在提升数据库性能、安全性和易用性。MySQL 9.0.1 的新特性如下。

- 向量数据类型：专门针对机器学习、数据科学和高性能计算等领域的需求而设计，提高了处理高维数据和复杂计算的能力。
- 存储程序支持：开发者可以在数据库中直接编写存储过程和存储函数代码，提高了数据库脚本语言的灵活性，MySQL 9.0.1 还允许更紧密地集成前端应用和数据库逻辑。
- 性能提升：通过使用更新的库和编译器（如 GCC 13），显著提升了处理效率、内存管理和并发控制方面的性能，使得编译后的二进制文件运行速度更快、占用的资源更少。
- SHA-1 替换：弃用了存在安全漏洞的 SHA-1 哈希（Hash）算法，采用更安全的哈希算法以保证数据完整性和安全性。
- JSON 输出：用户可以将 EXPLAIN ANALYZE 的结果保存为 JSON 格式，以便进一步分析和自动化处理查询优化的结果。
- DDL 支持：允许在预处理语句中使用事件驱动的数据定义语言（Data Definition

Language，DDL），提高了数据库操作的灵活性和效率。

- □ 移除过时认证插件：弃用了 mysql_native_password 认证插件，服务器将拒绝来自不支持 CLIENT_PLUGIN_AUTH 的旧客户端程序的认证请求，进一步提高了 MySQL 的安全性，并鼓励用户采用更安全的认证方法。
- □ 数据处理增强：进一步增强了对 JSON 数据类型的支持，提高了数据处理能力，使存储和检索半结构化数据更加高效。
- □ 性能调优工具：提供了更强大的性能调优工具，有助于用户更好地监控和分析数据库性能，进行更有效的性能调优。
- □ GIS 支持：地理信息系统（Geographical Information System，GIS）功能得到增强，如支持更多空间数据类型、更复杂的几何计算，以及提供更实用的与 GIS 相关的函数。这对需要处理地理空间数据的应用程序非常有用。

综上所述，这些新特性使 MySQL 9.0.1 成为一个更加安全、高效和功能丰富的数据库管理系统，适用于各种复杂的应用场景。

2.3 MySQL 服务器的安装与配置

MySQL 服务器
的安装与配置

2.3.1 下载 MySQL

MySQL 是一款开源的数据库软件，得到了全世界用户的喜爱，是目前使用人数较多的数据库。下面将详细讲解如何下载该数据库。

（1）在浏览器中打开 MySQL 官方网站的下载页面，如图 2-1 所示。

（2）单击"Windows (x86, 64-bit), MSI Installer"右侧的"Download"按钮，进入"MySQL Community Downloads"页面，如图 2-2 所示。

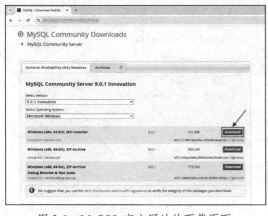

图 2-1　MySQL 官方网站的下载页面

图 2-2　"MySQL Community Downloads"页面

（3）如果有 MySQL 账户，可以单击"Login"按钮，登录账户后下载。如果没有 MySQL 账户，可以直接单击下方的"No thanks, just start my download."超链接，跳过注册步骤直接下载。下载完成的结果如图 2-3 所示。

图 2-3　下载完成的结果

2.3.2 MySQL 环境的安装

下载完成后，将得到一个名为 mysql-9.0.1-winx64.msi 的安装文件。双击该文件即可进行 MySQL 的安装。具体的安装过程如下。

（1）双击 mysql-9.0.1-winx64.msi 文件，打开欢迎安装对话框，单击"Next"按钮，如图 2-4 所示。

（2）进入"End-User License Agreement"界面，选中"I accept the terms in the License Agreement"复选框接受协议，单击"Next"按钮，如图 2-5 所示。

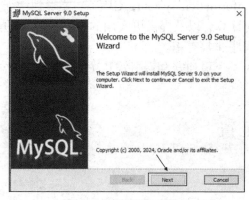
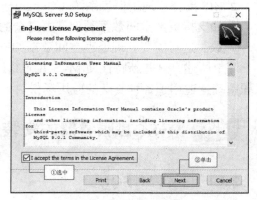

图 2-4　欢迎安装对话框　　　　　图 2-5　"End-User License Agreement"界面

（3）进入"Choose Setup Type"界面，选择安装类型，单击"Custom"按钮，如图 2-6 所示。

（4）进入"Custom Setup"界面，单击"Browse"按钮以选择安装路径，单击"Next"按钮，如图 2-7 所示。

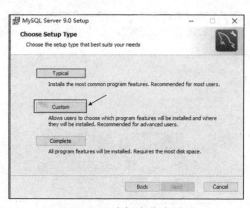
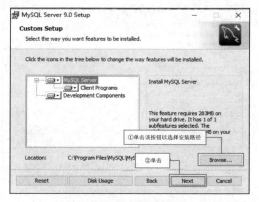

图 2-6　选择安装类型　　　　　　图 2-7　选择安装路径

（5）进入"Ready to install MySQL Server 9.0"界面，单击"Install"按钮，如图 2-8 所示。

（6）进入"Installing MySQL Server 9.0"界面，如图 2-9 所示。安装完成后会进入图 2-10 所示的界面，单击"Finish"按钮即可。

（7）安装完成后还需要对 MySQL 服务器进行配置，首先会打开图 2-11 所示的欢迎对话框，单击"Next"按钮。

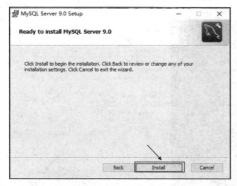

图 2-8　准备安装 MySQL Server 9.0

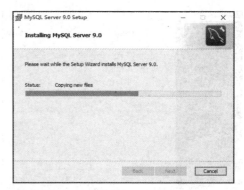

图 2-9　正在安装 MySQL Server 9.0

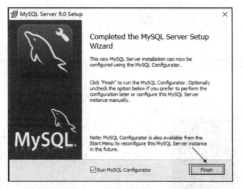

图 2-10　安装完成

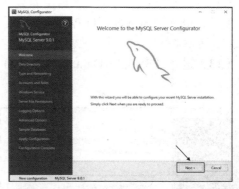

图 2-11　配置 MySQL 服务器的欢迎对话框

（8）进入"Data Directory"界面，在其中可以设置数据库 Data 目录的存储位置，这里保持默认即可，单击"Next"按钮，如图 2-12 所示。

（9）进入"Type and Networking"界面，保持默认设置，单击"Next"按钮，如图 2-13 所示。

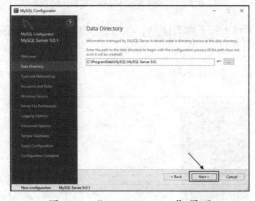

图 2-12　"Data Directory"界面

图 2-13　"Type and Networking"界面

（10）进入"Accounts and Roles"界面，在其中设置 root 用户的登录密码，也可以添加新用户，这里只设置 root 用户的登录密码，然后单击"Next"按钮，如图 2-14 所示。

（11）进入"Windows Service"界面，保持默认设置，单击"Next"按钮，如图 2-15 所示。

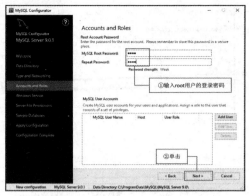

图 2-14　"Accounts and Roles" 界面

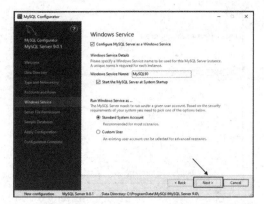

图 2-15　"Windows Service" 界面

（12）进入 "Server File Permissions" 界面，保持默认设置，单击 "Next" 按钮，如图 2-16 所示。

（13）进入 "Sample Databases" 界面，保持默认设置，单击 "Next" 按钮，如图 2-17 所示。

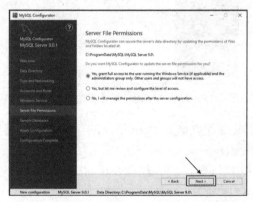

图 2-16　"Server File Permissions" 界面

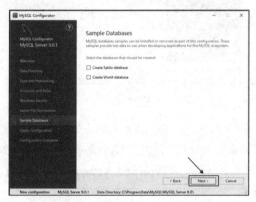

图 2-17　"Sample Databases" 界面

（14）进入 "Apply Configuration" 界面，其中列出了应用配置的步骤，单击 "Execute" 按钮，如图 2-18 所示。

（15）等待应用配置完成，单击 "Next" 按钮，如图 2-19 所示。

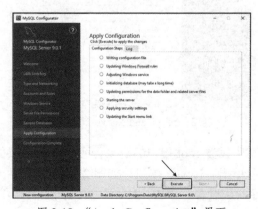

图 2-18　"Apply Configuration" 界面

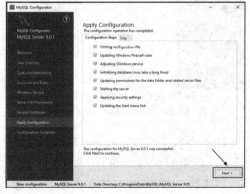

图 2-19　应用配置完成

（16）进入"Configuration Complete"界面，单击"Finish"按钮，完成 MySQL 服务器的配置，如图 2-20 所示。

到此，MySQL 的安装和配置完成，如果要查看 MySQL 的安装和配置信息，可以查看"C:\ProgramData\MySQL\MySQL Server 9.0"路径下的 my.ini 文件。在 my.ini 文件中可以看到 MySQL 服务器的端口号、MySQL 在本机的安装路径、MySQL 数据库文件的存储路径等信息，如图 2-21 所示。

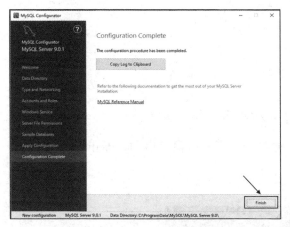

图 2-20　完成配置

图 2-21　my.ini 文件

2.3.3　启动、停止、连接和断开 MySQL 服务器

通过系统服务和命令提示符窗口都可以启动、停止、连接和断开 MySQL 服务器，操作非常简单。下面以 Windows 10 操作系统为例，讲解具体的操作流程。注意，通常情况下建议不要停止 MySQL 服务器，否则数据库将无法使用。

1．启动、停止 MySQL 服务器

启动、停止 MySQL 服务器的方法有两种——通过系统服务和通过命令提示符窗口。

❑ 通过系统服务启动、停止 MySQL 服务器。

如果已将 MySQL 设置为 Windows 服务，则可以右击"此电脑"图标，在弹出的快捷菜单中选择"管理"命令，在打开的"计算机管理"窗口中选择"服务和应用程序"/"服务"选项查看服务；在服务列表中找到"MySQL90"服务并右击，通过弹出的快捷菜单完成对 MySQL 服务器的各种操作（如启动、重新启动、停止、暂停和恢复等），如图 2-22 所示。

❑ 通过命令提示符窗口启动、停止 MySQL 服务器。

右击"开始"按钮，在弹出的快捷菜单中选择"运行"命令，在弹出的"运行"对话框中输入"cmd"，按 Enter 键打开命令提示符窗口。在其中输入以下命令。

```
net start mysql90
```

按 Enter 键，启动 MySQL 服务器。

在命令提示符窗口中输入以下命令。

```
net stop mysql90
```

图 2-22　通过系统服务对 MySQL 服务器进行操作

按 Enter 键，即可停止 MySQL 服务器。通过命令提示符窗口启动、停止 MySQL 服务器的效果如图 2-23 所示。

图 2-23　通过命令提示符窗口启动、停止 MySQL 服务器的效果

说明：如果想了解更多有关 net 命令的信息，可以使用 AI 大模型工具。比如，使用百度的文心一言（或者其他企业的 AI 大模型工具），在输入框中直接输入"net 命令"，按 Enter 键，文心一言会自动提供相关信息，如图 2-24 所示。

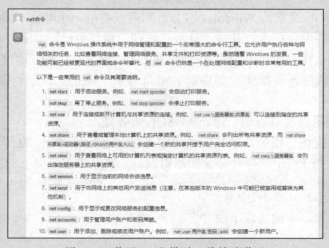

图 2-24　使用 AI 大模型工具辅助学习

2. 连接和断开 MySQL 服务器

下面分别介绍连接和断开 MySQL 服务器的方法。

❑ 连接 MySQL 服务器。

连接 MySQL 服务器可以在 Windows 命令提示符窗口中通过执行 mysql 命令实现。启动 MySQL 服务器后，右击"开始"按钮，在弹出的快捷菜单中选择"运行"命令，在弹出的"运行"对话框中输入"cmd"，按 Enter 键打开命令提示符窗口，在其中输入以下命令。

> ⚠ **注意**：在连接 MySQL 服务器时，MySQL 服务器所在地址（如-h127.0.0.1）可以省略不写。另外，在通过-p 选项指定密码时，选项-p 和密码之间不要留空格，即直接在-p 的后面写密码。

输入命令后，按 Enter 键即可连接 MySQL 服务器，如图 2-25 所示。

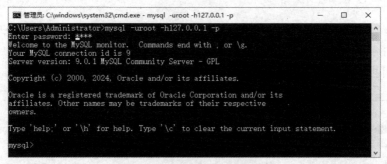

图 2-25　连接 MySQL 服务器

> 📓 **说明**：为了保护 MySQL 数据库的密码，可以采用图 2-25 所示的密码输入方式。如果密码在-p 后直接写出，那么密码就以明文显示，例如 mysql -uroot -h127.0.0.1-proot。如果按 Enter 键后输入密码，密码将以加密的方式显示。

如果用户在使用 mysql 命令连接 MySQL 服务器时弹出图 2-26 所示的信息，说明用户未设置系统的环境变量。也就是说没有将 MySQL 服务器的 bin 文件夹添加到 Windows 的"环境变量"/"系统变量"/"Path"中，从而导致命令不能执行。

图 2-26　连接 MySQL 服务器出错

下面介绍环境变量的设置方法，步骤如下。

（1）选择"开始"/"Windows 系统"/"控制面板"命令，在打开的窗口中选择"系统"选项，单击打开的窗口左侧的"高级系统设置"，弹出"系统属性"对话框。

（2）在"系统属性"对话框的"高级"选项卡中，单击"环境变量"按钮，如图 2-27 所示，弹出"环境变量"对话框。

（3）在"环境变量"对话框的"系统变量"列表框中选择"Path"选项，单击"编辑"按钮，如图 2-28 所示，弹出"编辑环境变量"对话框。

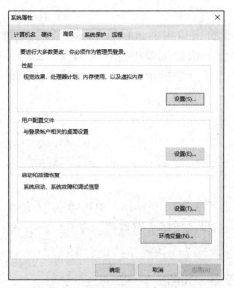

图 2-27 "系统属性"对话框

图 2-28 "环境变量"对话框

（4）在"编辑环境变量"对话框中单击"新建"按钮，将 MySQL 服务器的 bin 文件夹（C:\Program Files\MySQL\MySQL Server 9.0\bin）添加到环境变量中，单击"确定"按钮，如图 2-29 和图 2-30 所示。

图 2-29 "编辑环境变量"对话框

图 2-30 添加环境变量

设置完环境变量后，再次执行 mysql 命令即可成功连接 MySQL 服务器。

📖 说明：连接 MySQL 服务器还可以通过 MySQL 命令行窗口实现。选择"开始"/"MySQL"/"MySQL 9.0 Command Line Client"命令，打开 MySQL 命令行窗口，输入正确的密码，再按 Enter 键即可成功连接 MySQL 服务器。

❑ 断开 MySQL 服务器。

连接到 MySQL 服务器后，在命令提示符窗口中执行 exit 或 quit 命令可断开 MySQL 连接，格式如下。

```
mysql> quit;
```

2.4 常用的 MySQL 图形界面管理工具

要管理和操作 MySQL 数据库，除了可以使用命令行工具外，还可以使用图形界面管理工具，以提高工作效率。以下是常用的 MySQL 图形界面管理工具。

MySQL 常用
图形管理工具

1. MySQL Workbench

MySQL Workbench 是 MySQL 官方提供的图形界面管理工具，完全支持 MySQL 5.0 以上的版本。它提供了数据库设计、SQL 开发、用户管理、服务器配置和监视等功能。MySQL Workbench 支持数据库建模与设计、查询开发与测试、服务器配置与监视、用户与安全管理、备份与恢复自动化、审计数据检查以及向导驱动的数据库迁移。

> 说明：本书使用的 MySQL 图形界面管理工具是 MySQL Workbench。MySQL Workbench 的下载和安装过程非常简单，为了节省篇幅，这里不对其进行介绍，读者可自行下载并安装 MySQL Workbench。

2. phpMyAdmin

phpMyAdmin 是一个用 PHP 编写的基于 Web 的 MySQL 图形界面管理工具，它允许用户通过 Web 页面来管理 MySQL 数据库。phpMyAdmin 支持中文，方便易用，支持数据库的创建、复制、删除等操作。它的不足之处在于不便于对大型数据库进行备份和恢复。

3. Navicat

Navicat 是一个强大的 MySQL 数据库服务器管理和开发工具，兼容多种数据库，支持多种操作系统。Navicat 提供了直观的图形界面，易于用户学习和使用。Navicat 支持触发器、存储过程、函数、事件、视图、用户管理等，提供了中文操作界面，并有免费版本可以选择。

2.5 借助 AI 快速学习

我们可以随时向 AI 工具提问，了解想学习的技术，因此可以借助 AI 工具快速学习 MySQL 数据库。例如，当我们想了解 MySQL 的历史版本时，就可以在文心一言的主界面中进行提问，它会给出详细的说明，如图 2-31 所示。

在学习过程中，如果遇到不理解的术语，也可以向 AI 工具提问。例如，我们想知道"什么是环境变量"，可以在通义千问的主界面中进行提问，它会快速作答，如图 2-32 所示。

我们在连接 MySQL 服务器时，如果出现错误，可以将错误提示信息保存为图片，然后通过 AI 工具来迅速地找到问题所在。例如，在通义千问输入框中上传连接 MySQL 服务器时的错误提示信息截图，通义千问会给出可能的解决方案，如图 2-33 所示。

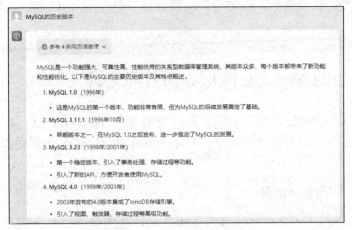

图 2-31　文心一言给出的详细说明

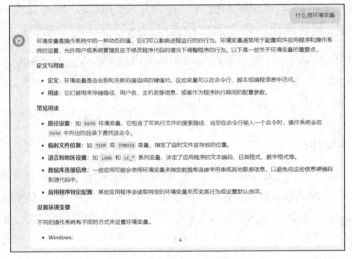

图 2-32　通义千问作答

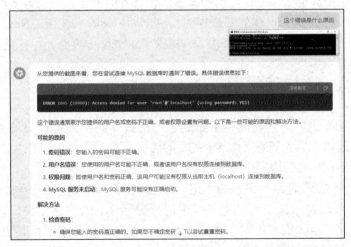

图 2-33　通义千问通过错误提示信息截图给出解决方案

小结

本章介绍了 MySQL 的基础知识，以及 MySQL 服务器的安装与配置。通过对本章的学习，读者能了解什么是 MySQL 数据库、MySQL 有哪些特性，并且能成功地安装与配置 MySQL 数据库，为以后的学习打下良好的基础。

上机指导

上机指导

使用图形界面管理工具 MySQL Workbench 管理 MySQL 数据库的具体步骤如下。

（1）选择"开始"/"MySQL"/"MySQL Workbench 8.0 CE"命令，打开图 2-34 所示的 MySQL Workbench 主界面。

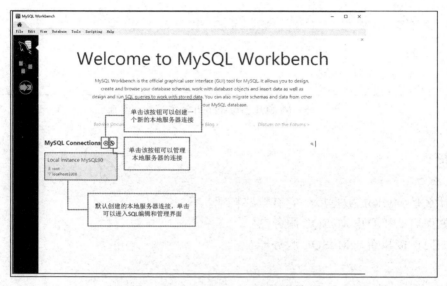

图 2-34　MySQL Workbench 主界面

（2）在图 2-34 所示的界面中单击"Local instance MySQL90"超链接，打开输入用户密码的对话框，在该对话框中输入 root 用户的密码，如图 2-35 所示。

图 2-35　输入 root 用户的密码

（3）单击"OK"按钮，即可打开图 2-36 所示的 MySQL Workbench 数据库管理界面，在该界面中，可以进行创建 / 管理数据库、创建 / 管理数据表、编辑表数据、查询表数据、执行已有的 SQL 脚本等操作。

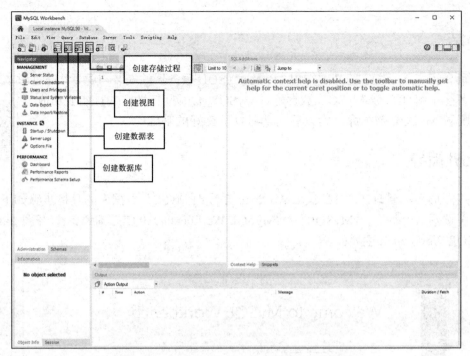

图 2-36　MySQL Workbench 数据库管理界面

习题

1. 什么是 MySQL 数据库，它有哪些特性？
2. 如何启动和停止 MySQL 服务器？
3. 如何连接和断开 MySQL 服务器？

第3章 MySQL 数据类型与运算符

本章要点

- 掌握 MySQL 支持的数据类型
- 掌握 MySQL 支持的运算符
- 了解 MySQL 运算符的优先级

在 MySQL 数据库中，每一个数据都有其数据类型。MySQL 支持的数据类型包括数字类型、字符串类型、日期和时间类型。运算符是用来连接表达式中各个操作数的符号，通过运算符可以更加灵活地操作数据表中的数据。MySQL 支持的运算符包括算术运算符、比较运算符、逻辑运算符和位运算符。本章将对这些数据类型和运算符进行详细的介绍。

3.1 MySQL 数据类型

在 MySQL 数据库中，每一个数据都有其数据类型。MySQL 支持的数据类型主要有数字类型、字符串（字符）类型、日期和时间类型。

3.1.1 数字类型

MySQL 支持所有的 ANSI/ISO SQL 92 数字类型，包括准确数字的数据类型（NUMERIC、DECIMAL、INTEGER 和 SMALLINT）、近似数字的数据类型（FLOAT 和 DOUBLE PRECISION）。

数字类型

数字类型总体可以分成整型和浮点型两类，详细内容如表 3-1 和表 3-2 所示。

表 3-1 整型数字类型

数字类型	取值范围	说明	占用存储空间
TINYINT	有符号值：−128～127　　无符号值：0～255	最小的整数	1 字节
SMALLINT	有符号值：−32768～32767 无符号值：0～65535	小型整数	2 字节
MEDIUMINT	有符号值：−8388608～8388607 无符号值：0～16777215	中型整数	3 字节

数字类型	取值范围	说明	占用存储空间
INT 或 INTEGER	有符号值：−2147483648～2147483647 无符号值：0～4294967295	标准整数	4 字节
BIGINT	有符号值： −9223372036854775808～9223372036854775807 无符号值：0～18446744073709551615	大整数	8 字节

表3-2　浮点型数字类型

数字类型	取值范围	说明	占用存储空间
FLOAT	−3.402823466E+38～−1.175494351E−38、0、1.175494351E−38～3.402823466E+38	单精度浮点数	8 或 4 字节
DOUBLE	−1.7976931348623157E+308～−2.2250738585072014E−308、0、2.2250738585072014E−308～1.7976931348623157E+308	双精度浮点数	8 字节
DECIMAL 或 NUMERIC	可变	由精度确定的小数类型，可以单独指定精度（该数的最大位数）和标度（小数点后的位数）	自定义长度

> **说明**：在创建表时，使用哪种数字类型应遵循以下原则。
> （1）选择最小的可用类型，如果值永远不超过 127，则使用 TINYINT 比使用 INT 好。
> （2）完全是数字的字段，可以选择整型。
> （3）浮点型用于可能有小数部分的数，如货物单价、网上购物交易金额等。

【例 3-1】 表 aa 的字段 a 和 b 的数据类型分别为 INT(4)和 INT，向表中插入 111111 和 22222222，查询这两个字段的值。具体代码如下。

```
INSERT INTO aa VALUES(111111,22222222);
SELECT * FROM aa;
```

运行结果如图 3-1 所示。

由结果可知，a 字段中仍然可以显示 111111。这说明，当插入数据的显示宽度大于设置的显示宽度时，数据依然可以插入，而且可以完整地显示出来，设置的显示宽度在显示该记录时失效。

图 3-1　插入数字类型的数据

3.1.2　字符串类型

字符串类型可以分为 3 类：普通的文本字符串类型（CHAR 和 VARCHAR）、可变类型（TEXT 和 BLOB）和特殊类型（SET 和 ENUM）。它们的取值范围不同，应用场景也不同。

字符串类型

（1）普通的文本字符串类型即 CHAR 和 VARCHAR 类型。CHAR 列的长度被固定为创建表时所声明的长度，常见取值范围为 1～255；VARCHAR 列的值是变长的字符串，取值范围和 CHAR 一样。普通的文本字符串类型的取值范围和说明如表 3-3 所示。

表 3-3　普通的文本字符串类型的取值范围和说明

类型	取值范围	说明
[national] CHAR(M) [binary|ASCII|unicode]	0～255	固定长度为 M 的字符串，其中 M 的取值范围为 0～255。national 关键字指定了使用的默认字符集。binary 关键字指定了数据是否区分大小写（默认区分大小写）。ASCII 关键字指定了在该列中使用 Latin1 字符集。unicode 关键字指定了使用 UCS 字符集
CHAR	0～255	与 CHAR(M)类似
[national] VARCHAR(M) [binary]	0～255	长度可变，其他和 CHAR(M)类似

（2）可变类型 TEXT 和 BLOB。它们的大小可以改变，TEXT 类型适用于存储长文本，而 BLOB 类型适用于存储二进制数据，它支持任何数据，包括文本、声音和图像等。TEXT 和 BLOB 类型的最大长度和说明如表 3-4 所示。

表 3-4　TEXT 和 BLOB 类型的最大长度和说明

类型	最大长度（字节数）	说明
TINYBLOB	225	小 BLOB 字段
TINYTEXT	225	小 TEXT 字段
BLOB	65535	常规 BLOB 字段
TEXT	65535	常规 TEXT 字段
MEDIUMBLOB	16777215	中型 BLOB 字段
MEDIUMTEXT	16777215	中型 TEXT 字段
LONGBLOB	4294967295	长 BLOB 字段
LONGTEXT	4294967295	长 TEXT 字段

（3）特殊类型 SET 和 ENUM。SET 和 ENUM 类型的最大值和说明如表 3-5 所示。

表 3-5　SET 和 ENUM 类型的最大值和说明

类型	最大值	说明
ENUM ("value1", "value2", ...)	65535	该类型的列只能容纳在定义时所列出的值之一，如果列被定义为允许 NULL，则它也可以容纳 NULL
SET ("value1", "value2", ...)	64	该类型的列可以容纳在定义时所列出的值中的一个或多个，值以逗号分隔，如果列被定义为允许 NULL，则它也可以容纳 NULL

说明：使用字符串类型时应遵循以下原则。

（1）从速度方面考虑，要选择固定长度的列，可以使用 CHAR 类型。

（2）要节省空间，使用可变长度的列，可以使用 VARCHAR 类型。

（3）要将列中的值限制为一组预定义的选项之一，可以使用 ENUM 类型。

（4）允许一个列中有多于一个的条目，可以使用 SET 类型。

（5）如果要搜索的内容不区分大小写，可以使用 TEXT 类型。

（6）如果要搜索的内容区分大小写，可以使用 BLOB 类型。

3.1.3 日期和时间类型

日期和时间类型包括 DATETIME、DATE、TIMESTAMP、TIME 和 YEAR。其中的每种类型都有其取值范围，如果赋予一个不合法的值，该值将会被"0"代替。日期和时间类型的取值范围和说明如表 3-6 所示。

日期和时间
类型

表 3-6　日期和时间类型的取值范围和说明

类型	取值范围	说明
DATE	1000-01-01～9999-12-31	日期，格式为 YYYY-MM-DD
TIME	−838:58:59～835:59:59	时间，格式为 HH:MM:SS
DATETIME	1000-01-01 00:00:00～ 9999-12-31 23:59:59	日期和时间，格式为 YYYY-MM-DD HH: MM:SS
TIMESTAMP	1970-01-01 00:00:00～ 2038-01-19 03:14:07	格式与 DATETIME 类型相同，存储的是 UTC 时间，并且会根据数据库的时区设置自动进行转换
YEAR	1901～2155	以 4 位数字表示的年份

在 MySQL 中，日期的顺序是按照标准的 ANSI SQL 格式输出的。

【例 3-2】表 a 的字段 time 的数据类型是 TIME，向表中插入 CURRENT_TIME 和 NOW()，具体代码如下。

```
INSERT INTO a VALUES(CURRENT_TIME);
INSERT INTO a VALUES (NOW());
SELECT * FROM a;
```

运行结果如图 3-2 所示。

结果显示，CURRENT_TIME 和 NOW()都被转换为当前系统时间。因此，如果要获取当前的系统时间，最好使用 CURENT_TIME 或 NOW()。

图 3-2　插入日期和时间类型的数据

3.2 MySQL 运算符

运算符是用来连接表达式中各个操作数的符号，以指明对操作数进行的运算。MySQL 数据库支持使用运算符。有了运算符，数据库的功能变得更加强大，而且用户可以更加灵活地使用表中的数据。以下是 MySQL 支持的 4 类运算符。

- 算术运算符：包括+、−、*、/等，用于执行算术运算。
- 比较运算符：包括>、<、=、!= 等，主要用于进行数值的比较、字符串的匹配等。LIKE、IN、BETWEEN AND 和 IS NULL 等都是比较运算符，正则表达式的 REGEXP 也是比较运算符。
- 逻辑运算符：包括&&、||、|、XOR 等。逻辑运算的返回值为布尔值，即真值（1 或 true）和假值（0 或 false）。
- 位运算符：包括&、|、~、^、《、》等。进行位运算时必须先将数据转换为二进制类型，然后在二进制格式下进行操作。

⚠ **注意**：逻辑运算和位运算都有与、或和异或等操作。但是，进行位运算时必须先把数据转换成二进制类型，再进行按位操作。运算完成后，将二进制数据转换为原来的类型，返回给用户。而逻辑运算可以直接进行，结果只返回真值（1 或 true）或假值（0 或 false）。

3.2.1 算术运算符

算术运算符是 MySQL 中最常用的一类运算符。MySQL 支持的算术运算符的符号及其作用如表 3-7 所示。

算术运算符

表 3-7 算术运算符的符号及其作用

符号	作用
+	进行加法运算
−	进行减法运算
*	进行乘法运算
/	进行除法运算
%	进行求余运算
DIV	进行除法运算，返回商。同 "/"
MOD	进行求余运算，返回余数。同 "%"

【例 3-3】 使用算术运算符对 m 表中 ss 字段的值进行加、减、乘、除运算，具体代码如下。

```
SELECT ss,ss+2-3,ss-3+2,ss*2*3,ss/2+2 FROM m;
```

运行结果如图 3-3 所示。

结果输出了 ss 字段的值，以及进行加、减、乘和除运算后得到的值。

图 3-3 使用算术运算符进行运算

3.2.2 比较运算符

比较运算符是查询数据时最常用的一类运算符。SELECT 语句中的条件语句经常要使用比较运算符。通过比较运算符，可以判断表中的哪些记录是符合条件的。比较运算符的符号、名称和示例如表 3-8 所示。

比较运算符

表 3-8 比较运算符的符号、名称和示例

符号	名称	示例	符号	名称	示例
=	等于	id=5	IS NOT NULL		id IS NOT NULL
>	大于	id>5	BETWEEN AND		id BETWEEN 1 AND 15
<	小于	id<5	IN		id IN(3,4,5)
>=	大于或等于	id>=5	NOT IN		name NOT IN('shi','li')
<=	小于或等于	id<=5	LIKE	模式匹配	name LIKE 'shi%'
!=或<>	不等于	id!=5	NOT LIKE	模式匹配	name NOT LIKE 'shi%'
IS NULL		id IS NULL	REGEXP	常规表达式	Name 'soft$'

表 3-8 中列举的是 WHERE 子句中常用的比较运算符，其中的 id 是记录的编号，name

是表中的用户名。

下面对比较常用的比较运算符进行介绍。

1.运算符"="

运算符"="用来判断数字、字符串和表达式等是否相等。如果相等，则返回1；否则返回0。

> 说明：用"="运算符判断两个字符是否相同时，数据库系统是根据字符的 ASCII 值进行判断的。如果 ASCII 值相等，则这两个字符相同。如果 ASCII 值不相等，则这两个字符不同。切记空值（NULL）不能使用"="来判断。

【例3-4】 使用"="运算符查询记录，具体代码如下。

```
SELECT ss,ss=20,ss=15 FROM m;
```

运行结果如图 3-4 所示。

从结果中可以看出，ss=20 的记录返回值为 1，ss=15 的记录返回值为 0。

2.运算符"<>"和"!="

"<>"和"!="用来判断数字、字符串、表达式等是否不相等。如果不相等，则返回1；否则返回0。这两个运算符也不能用来判断空值。

【例3-5】 使用"<>"和"!="运算符判断 m 表中 ss 字段的值是否等于 24、22、20、NULL。具体代码如下。

```
SELECT ss,ss<>24,ss!=22,ss!=20,ss!=NULL FROM m;
```

运行结果如图 3-5 所示。

图 3-4　使用"="运算符查询记录

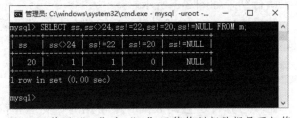

图 3-5　使用"<>"和"!="运算符判断数据是否相等

3.运算符">"

">"用来判断左边的操作数是否大于右边的操作数。如果大于，则返回1；否则返回0。空值不能使用">"来判断。

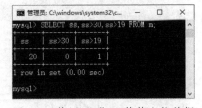

图 3-6　使用">"运算符比较数据

【例3-6】 使用">"运算符分别判断 m 表中 ss 字段的值是否大于 30、是否大于 19。具体代码如下。

```
SELECT ss,ss>30,ss>19 FROM m;
```

运行结果如图 3-6 所示。

> 说明："<"运算符、"<="运算符和">="运算符的使用方法与">"运算符基本相同，这里不赘述。

4．运算符"IS NULL"

"IS NULL"用来判断操作数是否为空值。操作数为空值时，返回 1；否则返回 0。"IS NOT NULL"的作用刚好与"IS NULL"相反。

【例3-7】 使用"IS NULL"运算符判断 m 表中 ss 字段的值是否为空值，具体代码如下。

```
SELECT ss,ss IS NULL, ss IS NOT NULL FROM m;
```

运行结果如图 3-7 所示。

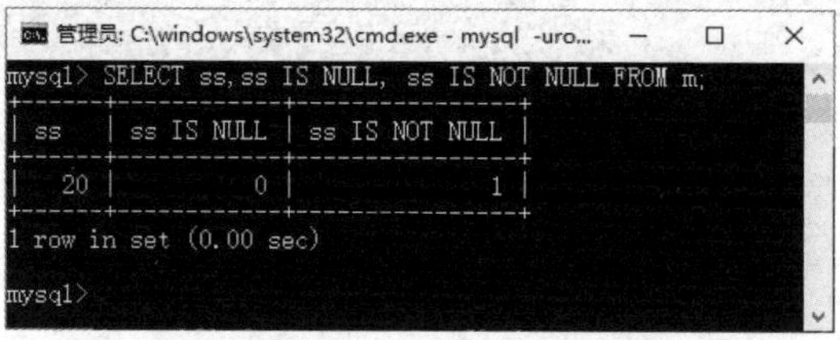

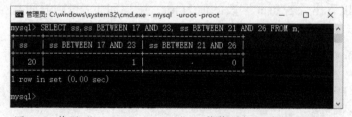

图 3-7　使用"IS NULL"运算符判断字段值是否为空值

> 说明："="">""<>"""!="">"">="""<"""<="等运算符都不能用来判断空值。一旦使用，将返回 NULL。如果要判断一个值是否为空值，可以使用"IS NULL""IS NOT NULL"来判断。注意，NULL 和'NULL'是不同的，前者表示空值，后者表示一个由 4 个字母组成的字符串。

5．运算符"BETWEEN AND"

"BETWEEN AND"用于判断数据是否在某个取值范围内。其表达式如下。

```
x1 BETWEEN m AND n
```

如果 x1 大于或等于 m，且小于或等于 n，将返回 1，否则将返回 0。

【例3-8】 使用"BETWEEN AND"运算符判断 m 表中 ss 字段的值是否在 17～23 及 21～26 之间，具体代码如下。

```
SELECT ss,ss BETWEEN 17 AND 23, ss BETWEEN 21 AND 26 FROM m;
```

运行结果如图 3-8 所示。

图 3-8　使用"BETWEEN AND"运算符判断 ss 字段值的范围

从结果中可以看出，若 ss 字段的值在指定范围内则返回 1，否则返回 0。

6．运算符"IN"

"IN"用于判断数据是否存在于某个集合中。其表达式如下。

```
x1 IN(值1,值2,…,值n)
```

如果 x1 是值 1 到值 n 中的某一个值，将返回 1；如果都不是，将返回 0。

【例3-9】 使用"IN"运算符判断 m 表中 ss 字段的值是否在某个集合中，具体代码如下。

```
SELECT ss,ss IN(20,24,26),ss IN(2,4,6) FROM m;
```

运行结果如图 3-9 所示。

图 3-9 使用"IN"运算符判断 ss 字段的值是否在某个集合中

从结果中可以看出，若 ss 字段的值在指定集合中，则返回 1，否则返回 0。

7．运算符"LIKE"

"LIKE"用来匹配字符串。其表达式如下。

```
x1 LIKE s1
```

如果字符串 x1 与字符串 s1 匹配，将返回 1，否则返回 0。

【例3-10】 使用"LIKE"运算符判断 m2 表中 user 字段的值是否与指定的字符串匹配，具体代码如下。

```
SELECT user,user LIKE 'mr',user LIKE '%r%' FROM m2;
```

运行结果如图 3-10 所示。

图 3-10 使用"LIKE"运算符判断 user 字段的值是否匹配指定字符串

从结果中可以看出，若 user 字段的值为 mr，则返回 1，否则返回 0；若 user 字段值中包含字符 r，则返回 1，否则返回 0。

8．运算符"REGEXP"

"REGEXP"同样用于匹配字符串，但其使用正则表达式进行匹配。其表达式如下。

```
x1 REGEXP '匹配方式'
```

如果 x1 满足匹配方式，将返回 1；否则将返回 0。

【例3-11】 使用"REGEXP"运算符判断 user 字段的值是否以指定字符开头、结尾，以及是否包含指定的字符串，具体代码如下。

```
SELECT user,user REGEXP '^mi',user REGEXP 't$',user REGEXP 'mr' FROM m2;
```

运行结果如图 3-11 所示。

本例使用"REGEXP"运算符分别判断 m2 表中 user 字段的值是否以 mi 开头、以 t 结尾，以及是否包含 mr 字符串，如果是，则返回 1，否则返回 0。

图 3-11 使用 "REGEXP" 运算符匹配字符串

> 💻 说明："REGEXP" 运算符经常与 "^" "$" "." 一起使用。"^" 用来匹配字符串的开始部分，"$" 用来匹配字符串的结尾部分，"." 用来代表字符串中的一个字符。这涉及正则表达式的相关知识。如果想了解正则表达式的更多相关信息，可以使用 AI 大模型工具。比如，使用百度的文心一言（或者其他企业的 AI 大模型工具），在输入框中直接输入 "正则表达式"，按 Enter 键，文心一言会自动提供相关信息，如图 3-12 所示。

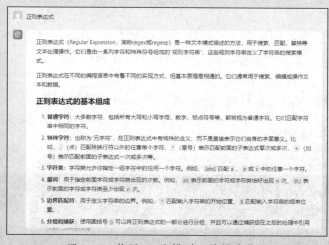

图 3-12 使用 AI 大模型工具辅助学习

3.2.3 逻辑运算符

逻辑运算符用来判断表达式的真假。如果表达式为真，则返回 1；如果表达式为假，则返回 0。逻辑运算符又称为布尔运算符。MySQL 支持的逻辑运算符的符号及其作用如表 3-9 所示。

逻辑运算符

表 3-9 逻辑运算符的符号及其作用

符号	作用
&& 或 AND	进行与运算
‖ 或 OR	进行或运算
! 或 NOT	进行非运算
XOR	进行异或运算

1．与运算

"&&" 和 "AND" 运算符用于进行与运算。如果所有数据均不为 0 且不为 NULL，则返回 1；如果有任何一个数据为 0，则返回 0；如果有一个数据为 NULL 且没有数据为 0，则返回 NULL。与运算符可对多个数据同时进行运算。

【例 3-12】 使用 "&&" 运算符进行逻辑运算，具体代码如下。

```
SELECT -1&&2&&3,0&&3,0&&NULL,3&&NULL;
```

运行结果如图 3-13 所示。

图 3-13　使用 "&&" 运算符进行逻辑运算

2．或运算

"||" 和 "OR" 运算符用于进行或运算。如果所有数据中有任何一个数据不为 0，则返回 1；如果数据中没有非 0 的数据，但包含 NULL，则返回 NULL；如果所有数据均为 0，则返回 0。或运算符也可以同时操作多个数据。

【例 3-13】 使用 "OR" 运算符进行逻辑运算，具体代码如下。

```
SELECT 1 OR -1 OR NULL OR 0,3 OR NULL,0 OR NULL,NULL OR NULL, 0 OR 0;
```

运行结果如图 3-14 所示。

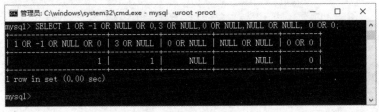

图 3-14　使用 "OR" 运算符进行逻辑运算

3．非运算

"!" 和 "NOT" 运算符用于进行非运算。非运算将返回与操作数相反的结果。如果操作数非 0，则返回 0；如果操作数是 0，则返回 1；如果操作数是 NULL，则返回 NULL。

【例 3-14】 使用 "!" 运算符进行逻辑运算，具体代码如下。

```
SELECT !1,!0.5,!-4,!0,!NULL;
```

运行结果如图 3-15 所示。

1、0.5 和-4 都是非 0 的数据，所以返回 0；操作数是 0 时，返回 1；操作数是 NULL 时，返回 NULL。

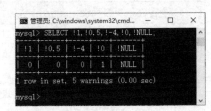

图 3-15　使用 "!" 运算符进行逻辑运算

4．异或运算

"XOR" 运算符用于进行异或运算。只要有任何一个操作数为 NULL，就返回 NULL；其基本形式是 "x1 XOR x2"。如果 x1 和 x2 都是非 0 的数据或者都为 0，则返回 0；如果 x1 和 x2 中有一个是非 0 的数据，另一个为 0，则返回 1。

【例 3-15】 使用 "XOR" 运算符进行逻辑运算，具体代码如下。

```
SELECT NULL XOR 1,NULL XOR 0,3 XOR 1, 1 XOR 0,0 XOR 0,3 XOR 2 XOR 0 XOR 1;
```

运行结果如图 3-16 所示。

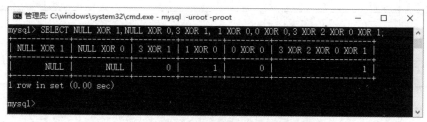

图 3-16　使用 "XOR" 运算符进行逻辑运算

"NULL XOR 1" 和 "NULL XOR 0" 中包括 NULL，所以返回结果是 NULL；"3 XOR 1" 中的两个操作数都是非 0 的数据，所以返回 0；"1 XOR 0" 中一个是非 0 的数据，另一个是 0，所以返回 1；"0 XOR 0" 中的操作数都是 0，所以返回 0；"3 XOR 2 XOR 0 XOR 1" 中有多个操作数，从左到右依次计算，先将 "3 XOR 2" 计算出来，再将计算结果与 0 进行计算，以此类推。

3.2.4　位运算符

位运算符是对二进制数进行计算的运算符。进行位运算时，先将操作数转换成二进制数，然后进行位运算，最后将计算结果转换为十进制数。MySQL 支持的位运算符的符号及其作用如表 3-10 所示。

位运算符

表 3-10　位运算符的符号及其作用

符号	作用
&	按位与。进行该运算时，数据库系统会先将十进制数转换为二进制数，然后对操作数的每个二进制位进行与运算。1 和 1 相与得 1，1 和 0 相与得 0，0 和 0 相与得 0。运算完成后再将二进制数转换为十进制数
|	按位或。将操作数转换为二进制数后，对每一位进行或运算。1 和任何数进行或运算的结果都是 1，0 与 0 进行或运算的结果为 0
~	按位取反。将操作数转换为二进制数后，对每一位进行取反运算。1 取反后变成 0，0 取反后变成 1
^	按位异或。将操作数转换为二进制数后，对每一位进行异或运算。相同的数异或之后的结果为 0，不同的数异或之后的结果为 1
<<	按位左移。"m<<n" 表示将 m 的二进制数向左移 n 位，右边补上 n 个 0。例如，二进制数 001 左移 1 位后变成 010
>>	按位右移。"m>>n" 表示将 m 的二进制数向右移 n 位，左边补上 n 个 0。例如，二进制数 011 右移 1 位后变成 001，最后一个 1 直接被移除

3.2.5　运算符的优先级

在实际应用中可能需要同时使用多个运算符，这就必须考虑运算符的运算顺序。

MySQL 运算符的优先级如表 3-11 所示。运算时，按照优先级从高到低的

运算符的优先级

顺序进行运算；如果优先级相同，则按照从左到右的顺序进行运算。

表 3-11　MySQL 运算符的优先级

优先级	运算符
1	!
2	~
3	^
4	*、/、DIV、%、MOD
5	+、−
6	>>、<<
7	&
8	|
9	=、<=>、<、<=、>、>=、!=、<>、IS NULL、LIKE、NOT LIKE、REGEXP、IN、NOT IN、IS NULL、IS NOT NULL
10	BETWEEN AND、CASE、WHEN、THEN、ELSE
11	NOT
12	&&、AND
13	||、OR、XOR
14	:=

3.3　AI 辅助编程

在我们学习 MySQL 数据类型与运算符时，AI 工具可以提供有力的支持。下面介绍如何利用 AI 工具来帮助我们巩固本章所学的知识，设计相应的实例。

3.3.1　DATETIME 类型的应用

在 AI 工具的输入框中输入"MySQL DATETIME 类型的应用"，按 Enter 键，AI 工具会自动生成实例的实现方法，内容如下。

在 MySQL 中，DATETIME 类型用于存储日期和时间值，其格式为 'YYYY-MM-DD HH:MM:SS'，并且它还可以包含微秒部分（如果定义了小数秒精度）。DATETIME 类型的应用非常广泛，常应用于需要同时记录日期和时间信息的场景中。

创建表时定义 DATETIME 列：

```
CREATE TABLE events (
    event_id INT AUTO_INCREMENT PRIMARY KEY,
    event_name VARCHAR(255) NOT NULL,
    event_start_datetime DATETIME NOT NULL,
    event_end_datetime DATETIME NOT NULL
);
```

插入数据：

```
INSERT INTO events (event_name, event_start_datetime, event_end_datetime)
VALUES ('Conference', '2024-12-15 09:00:00', '2024-12-15 17:00:00');
```

查询数据：

```
SELECT * FROM events
WHERE event_start_datetime >= '2024-12-01' AND event_start_datetime < '2025-01-01';
```

通过合理使用 DATETIME 类型，你可以有效地存储和管理与日期和时间相关的数据，从而满足各种应用程序的需求。

3.3.2 逻辑运算符的应用

在 AI 工具的输入框中输入"MySQL 逻辑运算符的应用",按 Enter 键,AI 工具会自动生成实例的实现方法,内容如下。

在 MySQL 中,逻辑运算符用于结合多个条件,以形成更复杂的查询逻辑。这些运算符主要包括 AND、OR 和 NOT,它们允许你构建出能够精确匹配你所需要的数据的查询条件。

以下是 MySQL 中逻辑运算符的详细应用。

1. AND 运算符

AND 运算符用于连接两个或多个条件,并确保所有条件都为真时,整个表达式才会被判定为真。

实例如下。

假设你有一个名为 employees 的表,其中有 first_name 和 salary 两个字段。如果你想要查找所有名字为'John'且薪资高于 5000 元的员工,你可以这样写查询语句:

```
SELECT * FROM employees
WHERE first_name = 'John' AND salary > 5000;
```

2. OR 运算符

OR 运算符同样用于连接条件,但与 AND 不同的是,只要其中一个条件为真,整个表达式就会被判定为真。

实例如下。

继续以 employees 表为例,如果你想要查找所有名字为'John'或薪资高于 5000 元的员工,你可以这样写查询语句:

```
SELECT * FROM employees
WHERE first_name = 'John' OR salary > 5000;
```

3. NOT 运算符

NOT 运算符用于反转其后条件的真假值。如果条件为真,则 NOT 会将其变为假;如果条件为假,则 NOT 会将其变为真。

实例如下。

假设你想要查找所有名字不为'John'的员工,查询语句可以这样写:

```
SELECT * FROM employees
WHERE NOT first_name = 'John';
```

另外,MySQL 还支持使用!作为 NOT 的简写形式,因此上述查询语句也可以写为如下形式:

```
SELECT * FROM employees
WHERE first_name != 'John';
```

通过巧妙地运用逻辑运算符,你可以构建出复杂且精确的查询语句,从而高效地筛选出你所需要的数据。

小结

本章对 MySQL 数据类型、运算符分别进行了详细介绍,并通过举例说明使读者更好地理解所学知识。在学习本章时,读者应该重点掌握数据类型及各种运算符的使用方法。

上机指导

在 MySQL 命令行窗口中,使用算术运算符对数据进行加、减、乘、除等

上机指导

运算，结果如图 3-17 所示。

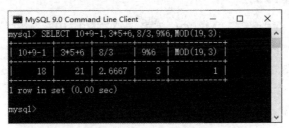

图 3-17　使用算术运算符进行运算

具体实现步骤如下。

（1）打开 MySQL 命令行窗口，输入 root 用户的密码并按 Enter 键，连接到 MySQL 服务器，如图 3-18 所示。

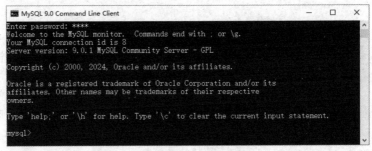

图 3-18　连接到 MySQL 服务器

（2）使用算术运算符对数据进行加、减、乘、除等运算。代码如下。

```
SELECT 10+9-1,3*5+6,8/3,9%6,MOD(19,3);
```

习题

1. MySQL 支持的数据类型有哪几种？
2. MySQL 支持几种运算符，分别是什么？
3. 列举 MySQL 中的比较运算符。

第**4**章 MySQL 存储引擎

第4章

本章要点

- 了解 MySQL 的架构
- 掌握 MySQL 常用的存储引擎
- 了解如何设置数据表的存储引擎

存储引擎实际上是存储数据、为存储的数据建立索引，以及更新、查询数据等技术的实现方法。因为在关系数据库中数据是以表的形式存储的，所以存储引擎也可以称为表类型。MySQL 数据库提供了多种存储引擎，用户可以根据需求为数据表选择合适的存储引擎。本章将对 MySQL 的存储引擎进行详细讲解。

4.1 MySQL 的架构

MySQL 的架构设计使得它可以提供高度可定制的服务，并且具有良好的可扩展性和灵活性。MySQL 架构主要分为服务层和存储引擎层。

服务层主要包括连接器、分析器、优化器、执行器等。服务层涵盖 MySQL 的大多数核心服务功能，以及所有的内置函数（如日期、时间、数学和加密函数等），所有跨存储引擎的功能都在这一层实现，如存储过程、触发器、视图等。

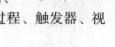

MySQL 的架构

- ❑ 连接器：负责管理客户端的连接和用户身份认证。客户端与服务器端通过 TCP（Transmission Control Protocol，传输控制协议）建立连接，并进行身份认证。
- ❑ 分析器：对 SQL 语句进行词法分析和语法分析，判断 SQL 语句的正确性。
- ❑ 优化器：根据 SQL 语句和数据库中的统计信息，选择最优的执行计划。优化器会考虑多个因素，如索引的选择、表的连接顺序等，以最小化查询成本。
- ❑ 执行器：执行 SQL 语句，并调用存储引擎的 API 来实际访问数据。在执行过程中，执行器会检查用户是否具有执行权限，并根据优化器提供的执行计划来操作数据。

存储引擎层主要负责数据的存储和提取。其架构模式是插件式的，支持 InnoDB、MyISAM、MEMORY 等多个存储引擎。目前最常用的存储引擎是 InnoDB，它也是 MySQL（5.5.5 及以后的版本）默认的存储引擎。

MySQL 的架构如图 4-1 所示。

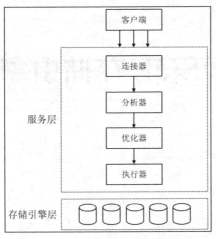

图 4-1 MySQL 的架构

4.2 存储引擎的应用

MySQL 默认配置了许多不同的存储引擎,可以预先设置或者在 MySQL 服务器中启用。为服务器、数据库和数据表选择合适的存储引擎,可以更灵活地存储信息、检索信息等。

4.2.1 查询 MySQL 支持的存储引擎

1. 查询 MySQL 支持的全部存储引擎

在 MySQL 中,可以使用 SHOW ENGINES 语句查询 MySQL 支持的存储引擎。查询语句如下。

查询 MySQL
支持的存储
引擎

```
SHOW ENGINES;
```

在 SHOW ENGINES 语句的末尾可以添加";",也可以添加"\g"或"\G"。"\g"与";"的作用是相同的,"\G"可以让输出结果更加美观。

使用 SHOW ENGINES \g 语句查询的结果如图 4-2 所示。

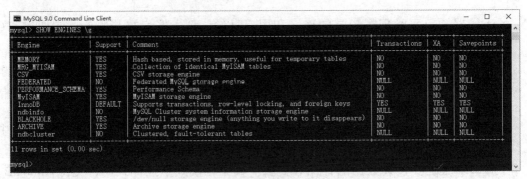

图 4-2 使用 SHOW ENGINES \g 语句查询的结果

使用 SHOW ENGINES \G 语句查询的结果如图 4-3 所示。

查询结果中的 Engine 参数指的是存储引擎的名称;Support 参数指的是 MySQL 是否支

持该引擎，YES 表示支持；Comment 参数指对该引擎的评论。

图 4-3　使用 SHOW ENGINES \G 语句查询的结果

从查询结果中可以看出，MySQL 支持多个存储引擎，其中 InnoDB 为默认存储引擎。

2．查询默认的存储引擎

如果想要知道当前 MySQL 服务器的默认存储引擎是什么，可以执行 SHOW VARIABLES 命令。在该命令中，可以使用 LIKE 关键字进行模糊查询。

【例 4-1】　查询默认的存储引擎，具体代码如下。

```
SHOW VARIABLES LIKE '%storage_engine%';
```

运行结果如图 4-4 所示。

图 4-4　查询默认的存储引擎

从图 4-4 中可以看出，当前 MySQL 服务器的默认存储引擎是 InnoDB。

4.2.2 InnoDB 存储引擎

甲骨文公司的 InnoDB 遵循 GNU 通用公共许可证（GPL）发行。InnoDB 已经被一些重量级互联网公司采用，如雅虎、Slashdot 和 Google，为用户操作非常大的数据库提供了一个有效的解决方案。InnoDB 为 MySQL 的表提供了事务、回滚、崩溃修复和多版本并发控制等功能。MySQL 从 3.23.34a 开始包含 InnoDB 存储引擎。InnoDB 是 MySQL 中第一个提供外键约束的表引擎。

InnoDB 存储引擎

InnoDB 处理事务的能力是其他 MySQL 存储引擎所无法比拟的。下面介绍 InnoDB 存储引擎的特点及优缺点。

InnoDB 存储引擎支持自动增长列 AUTO_INCREMENT。自动增长列的值不能为空，且必须唯一。MySQL 规定自动增长列必须为主键。在插入值时，如果不在自动增长列中输入值，则插入的值为自动增长后的值；如果输入的值为 0 或空值（NULL），则插入的值也为自动增长后的值；如果插入某个确定的值，且该值在前面没有出现过，则可以直接插入。

InnoDB 存储引擎支持外键。外键所在的表为子表，外键所依赖的表为父表。父表中与子表外键关联的字段必须为主键。当删除、更新父表的某条记录时，子表也必须有相应的改变。在 InnoDB 存储引擎中，创建的表的表结构存储在.ibd 文件中，数据和索引存储在 innodb_data_home_dir 和 innodb_data_file_path 表空间中。

InnoDB 存储引擎的优点在于提供了良好的事务管理、崩溃修复和并发控制功能。缺点是其读写效率较低，占用的数据空间相对较大。

在如下情况下，InnoDB 是理想引擎。

- ❑ 更新密集的表：InnoDB 存储引擎特别适用于处理多重并发的更新请求。
- ❑ 事务：InnoDB 存储引擎是唯一支持事务的标准 MySQL 存储引擎，这是管理敏感数据（如金融信息和用户注册信息）的必需软件。
- ❑ 自动灾难恢复：与其他存储引擎不同，InnoDB 表能够自动从灾难中恢复。虽然 MyISAM 表也能在灾难发生后恢复，但所需时间要长得多。

因为 InnoDB 具有原子性（Atomicity）、一致性（Consistency）、隔离性（Isolation）、持久性（Durability）、事务处理能力、独特的高性能和可扩展的架构，所以广泛应用于基于 MySQL 的 Web、电子商务系统、金融系统、健康护理系统以及零售应用系统。

另外，InnoDB 被设计用于事务处理应用程序，这些应用程序需要处理崩溃恢复、参照完整性、高级别的用户并发数，以及响应超时等问题。在 MySQL 5.5 中，最显著的增强性能是将 InnoDB 作为默认的存储引擎。在 MyISAM 以及其他表类型依然可用的情况下，用户无须更改配置，就可构建基于 InnoDB 的应用程序。

4.2.3 MyISAM 存储引擎

MyISAM 存储引擎是 MySQL 中常见的存储引擎，曾是 MySQL 的默认存储引擎。MyISAM 存储引擎是基于 ISAM 存储引擎发展起来的，它弥补了ISAM 的很多不足，并增加了很多有用的功能。

MyISAM 存储引擎

1. MyISAM 存储引擎的文件类型

MyISAM 存储引擎的表存储成 3 个文件。文件的名字与表名相同，扩展名包括.MYD、.MYI 和.sdi。

- .MYD（MYData）：存储数据。
- .MYI（MYIndex）：存储索引。
- .sdi：存储表的结构。

2．MyISAM 存储引擎的存储格式

基于 MyISAM 存储引擎的表支持 3 种不同的存储格式，包括 MyISAM 静态、MyISAM 动态和 MyISAM 压缩。

（1）MyISAM 静态

如果 MyISAM 表的列都是固定长度的（即不包含 VARCHAR、BLOB、TEXT 等可变长度数据类型），MySQL 就会自动使用 MyISAM 静态存储格式。使用这种格式的表性能非常好，因为在维护和访问以预定义格式存储的数据时需要的开销很小。但是，这要以空间为代价，因为每列都需要占用分配给该列的最大空间，无论该空间是否真正被使用。

（2）MyISAM 动态

如果 MyISAM 表的列中至少有一个被定义为可变长度的数据类型（如 VARCHAR、BLOB、TEXT），MySQL 通常会选择使用 MyISAM 动态存储格式。MyISAM 动态表占用的空间比 MyISAM 静态表少，但空间的节省导致了性能的下降。如果某个字段的内容发生变化，则其位置很可能需要移动，这会导致碎片的产生。随着数据集中碎片的增加，数据访问性能就会相应降低。这个问题有以下两种解决方法。

- 尽可能使用静态数据类型。
- 经常使用 OPTIMIZE TABLE 语句，以整理表中的碎片，恢复由于表更新和删除而丢失的空间。

（3）MyISAM 压缩

有时我们会创建在整个应用程序生命周期中都只读的表。在这种情况下，就可以使用 myisampack 工具将其转换为 MyISAM 压缩表，以减少其占用的空间。在给定的硬件配置下（例如快速的处理器和低速的硬盘驱动器），性能的提升将相当显著。

3．MyISAM 存储引擎的优缺点

MyISAM 存储引擎的优点在于占用空间少，处理速度快。缺点是不支持事务的完整性和并发性。

4.2.4　MEMORY 存储引擎

MEMORY 存储引擎是 MySQL 中的一类特殊的存储引擎。其使用存储在内存中的数据来创建表，而且所有数据也放在内存中。这些特性都与 InnoDB 存储引擎、MyISAM 存储引擎不同。下面将对 MEMORY 存储引擎的文件存储形式、索引类型、存储周期和优缺点进行讲解。

MEMORY 存储引擎

1．MEMORY 存储引擎的文件存储形式

每个基于 MEMORY 存储引擎的表实际对应一个磁盘文件。其文件名与表名相同，类型为.sdi，该文件中只存储表的结构，而数据都存储在内存中。这有利于对数据进行快速处

理,从而提高整个表的处理效率。值得注意的是,服务器需要有足够的内存来维持 MEMORY 存储引擎的表的使用。如果不需要使用了,可以释放这些内容,甚至可以删除不需要的表。

2．MEMORY 存储引擎的索引类型

MEMORY 存储引擎默认使用哈希索引。其速度要比使用 B 型树(BTree)索引快。如果想使用 B 型树索引,可以在创建索引时选择 B 型树索引。

3．MEMORY 存储引擎的存储周期

通常很少用到 MEMORY 存储引擎。因为 MEMORY 表的所有数据都是存储在内存上的,如果内存出现异常就会影响到数据的完整性。如果重启或关闭计算机,表中的所有数据将消失。因此,基于 MEMORY 存储引擎的表的生命周期很短,一般都是一次性的。

4．MEMORY 存储引擎的优缺点

MEMORY 表的大小是受到限制的。表的大小主要取决于两个参数,分别是 max_rows 和 max_heap_table_size。其中,max_rows 可以在创建表时指定;max_heap_table_size 的大小默认为 16MB,可以按需要进行扩大。MEMORY 表中的数据存储于内存中的特性使得这类表的处理速度非常快,但是其数据易丢失,生命周期短。

创建 MySQL MEMORY 存储引擎的目的是提高速度。为使响应时间尽可能短,采用系统内存作为逻辑存储介质。虽然在内存中存储表数据确实会提高性能,但当 mysqld 守护进程崩溃时,所有的 MEMORY 表数据都会丢失。

MEMORY 表不支持 VARCHAR、BLOB 和 TEXT 数据类型,因为这种表里的记录有固定的长度。此外,MySQL 4.1.0 之前的版本不支持自动增长列(通过 AUTO_INCREMENT 属性指定)。MEMORY 表只用于特定的范围,不会用于长期存储数据。考虑到这个缺陷,选择 MEMORY 存储引擎时要特别小心。

在如下情况下,可以考虑使用 MEMORY 存储引擎。

- 暂时:目标数据只是临时需要,在其生命周期中必须立即可用。
- 相对无关:存储在 MEMORY 表中的数据突然丢失不会对应用服务产生实质的负面影响,而且不会对数据完整性有长期影响。

如果使用 MySQL 4.1 及之前版本,MEMORY 表的搜索效果比 MyISAM 表的搜索效果差,因为 MEMORY 表只支持哈希索引,这需要使用整个键进行搜索。但是,MySQL 4.1 之后的版本同时支持哈希索引和 B 型树索引。B 型树索引优于哈希索引的方面是,可以使用部分查询和通配查询,也可以使用<、>和>=等运算符方便数据挖掘。

4.2.5 如何选择存储引擎

每种存储引擎都有其优缺点,不能笼统地说谁比谁更好,只有适合与不适合。下面根据不同存储引擎的特点,给出选择存储引擎的建议。

如何选择存储引擎

- InnoDB 存储引擎:用于事务处理应用程序,具有众多特点,包括支持 ACID 事务、支持外键等。InnoDB 存储引擎提供崩溃恢复和并发控制功能。如果对事务的完整性要求比较高,且要实现并发控制,那么选择 InnoDB 存储引擎有很大的优势。如果需要频繁地更新数据库,也可以选择 InnoDB

存储引擎，因为该类存储引擎可以实现事务的提交（Commit）和回滚（Rollback）。

❑ MyISAM 存储引擎：用于管理非事务表，提供了高速存储和检索，以及全文搜索功能。MyISAM 存储引擎插入数据快，空间和内存的使用率比较低。如果表主要用于插入新记录和读出记录，那么选择 MyISAM 存储引擎能提高处理效率。如果对应用的完整性、并发性要求很低，也可以选择 MyISAM 存储引擎。

❑ MEMORY 存储引擎：MEMORY 存储引擎的所有数据都存储在内存中，数据的处理速度快，但安全性不高。如果需要很快的读写速度，对数据的安全性要求较低，可以选择 MEMORY 存储引擎。MEMORY 存储引擎对表的大小有限制，不能创建太大的表。所以，选择 MEMORY 存储引擎的数据库只使用相对较小的数据表。

以上建议是根据不同存储引擎的特点提出的，并不是绝对的，实际应用中还需要根据实际情况进行选择。

4.3 AI 辅助编程

在我们学习 MySQL 存储引擎时，AI 工具可以提供有力的支持。下面介绍如何利用 AI 工具来帮助我们巩固本章所学的知识，设计相应的实例。

4.3.1 设置存储引擎

在 AI 工具的输入框中输入"MySQL 设置存储引擎"，按 Enter 键，AI 工具会自动生成实例的实现方法，内容如下。

在 MySQL 中，存储引擎是管理表数据、索引和事务的底层软件组件。不同的存储引擎有不同的特性，如事务支持、全文索引和压缩等。MySQL 支持多种存储引擎，其中最常用的是 InnoDB 和 MyISAM。

1. 在创建表时设置存储引擎

在创建表时，可以使用 ENGINE 子句来指定存储引擎。例如，创建一个使用 InnoDB 存储引擎的表：

```
CREATE TABLE my_table (
    id INT AUTO_INCREMENT PRIMARY KEY,
    name VARCHAR(100),
    created_at TIMESTAMP DEFAULT CURRENT_TIMESTAMP
) ENGINE=InnoDB;
```

又如，创建一个使用 MyISAM 存储引擎的表：

```
CREATE TABLE my_table (
    id INT AUTO_INCREMENT PRIMARY KEY,
    name VARCHAR(100),
    created_at TIMESTAMP DEFAULT CURRENT_TIMESTAMP
) ENGINE=MyISAM;
```

2. 查看表的存储引擎

可以使用 SHOW TABLE STATUS 或 SHOW CREATE TABLE 语句来查看表的存储引擎。使用 SHOW TABLE STATUS：

```
SHOW TABLE STATUS LIKE 'my_table';
```

在结果中，Engine 列显示表的存储引擎。

使用 SHOW CREATE TABLE：

```
SHOW CREATE TABLE my_table;
```

在结果中，表的创建语句包含 ENGINE 子句，显示当前存储引擎。

3. 设置默认存储引擎

MySQL 允许在服务器启动时通过配置文件（通常是 my.cnf 或 my.ini）设置默认存储引擎。找到并编辑 MySQL 配置文件，添加或修改以下行：

```
[mysqld]
default-storage-engine=InnoDB
```

保存文件并重启 MySQL 服务以使更改生效。

通过这些方法，你可以在 MySQL 中灵活地设置和管理表的存储引擎。

4.3.2 修改存储引擎

在 AI 工具的输入框中输入 "MySQL 修改存储引擎"，按 Enter 键，AI 工具会自动生成实例的实现方法，内容如下。

在 MySQL 中，修改表的存储引擎是一个相对简单的操作，可以通过 ALTER TABLE 语句来实现。以下是修改存储引擎的详细步骤。

1. 备份数据

在更改存储引擎之前，强烈建议备份你的数据。虽然大多数存储引擎之间的转换是安全的，但仍有可能出现意外情况导致数据丢失或损坏。

2. 使用 ALTER TABLE 语句

使用 ALTER TABLE 语句并指定新的存储引擎来修改表的存储引擎。例如，要将表 my_table 的存储引擎从 MyISAM 更改为 InnoDB，可以执行以下 SQL 语句：

```
ALTER TABLE my_table ENGINE = InnoDB;
```

3. 检查转换结果

转换完成后，使用 SHOW TABLE STATUS 或 SHOW CREATE TABLE 语句来验证表的存储引擎是否已经更改。假设用户有一个名为 orders 的表，当前使用 MyISAM 存储引擎，用户想要将存储引擎更改为 InnoDB。

备份数据（这是一个示例，实际备份过程可能更复杂）：

```
CREATE TABLE orders_backup AS SELECT * FROM orders;
```

修改存储引擎：

```
ALTER TABLE orders ENGINE = InnoDB;
```

验证更改：

```
SHOW TABLE STATUS LIKE 'orders';
```

在上面的实例中，我们首先创建了一个名为 orders_backup 的备份表，然后使用 ALTER TABLE 语句将 orders 表的存储引擎更改为 InnoDB，最后使用 SHOW TABLE STATUS 语句验证了更改。当然，在实际操作中，你可能会使用更复杂的备份策略来确保数据的安全性。

小结

本章重点介绍了 MySQL 的架构和存储引擎的相关知识。选择哪种存储引擎取决于实际应用需求。例如，如果应用程序需要事务支持和行级锁定，则应该使用 InnoDB 存储引擎。如果主要进行数据读取操作并且不需要事务支持，则 MyISAM 存储引擎可能是更好的选择。

上机指导

使用 MySQL Workbench 创建 db_database04 数据库，在数据库中创建 3 个数据表，并分别设置不同的存储引擎。具体步骤如下。

上机指导

（1）选择"开始"/"MySQL"/"MySQL Workbench 8.0 CE"命令，打开图 4-5 所示的 MySQL Workbench 主界面。

图 4-5　MySQL Workbench 主界面

（2）在图 4-5 所示的界面中单击"Local instance MySQL90"超链接，打开输入用户密码的对话框，在该对话框中输入 root 用户的密码，如图 4-6 所示。

（3）单击"OK"按钮，打开图 4-7 所示的 MySQL Workbench 数据库管理界面。

图 4-6　输入 root 用户的密码

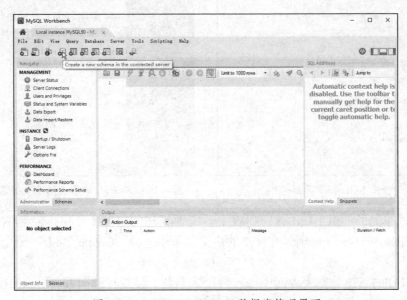

图 4-7　MySQL Workbench 数据库管理界面

（4）单击创建数据库的按钮打开新建数据库的界面，在其中输入新建数据库的名称，单击"Apply"按钮，如图 4-8 所示。

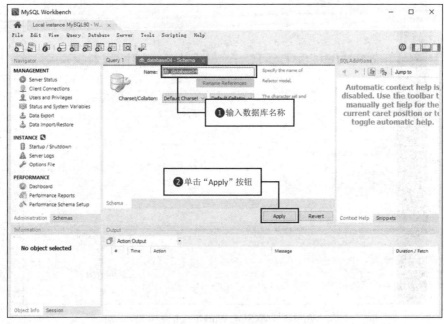

图 4-8　新建数据库

（5）打开查看 SQL 脚本界面，单击"Apply"按钮，如图 4-9 所示。

（6）进入将 SQL 脚本应用于数据库界面，单击"Finish"按钮完成数据库的创建，如图 4-10 所示。

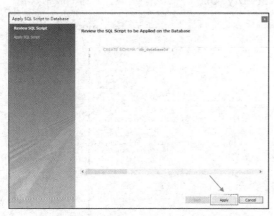

图 4-9　查看 SQL 脚本界面（1）

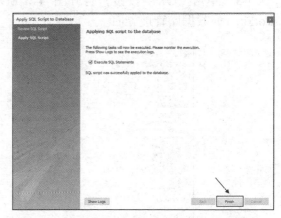

图 4-10　将 SQL 脚本应用于数据库界面（1）

（7）这时左侧的"SCHEMAS"列表中会出现新建的数据库。单击左侧的箭头图标展开数据库，右击"Tables"选项，在弹出的快捷菜单中选择"Create Table"命令，如图 4-11 所示。

（8）在打开的新建数据表界面中输入数据表名称，设置存储引擎为 InnoDB，输入字段名并选择字段的数据类型，单击"Apply"按钮，如图 4-12 所示。

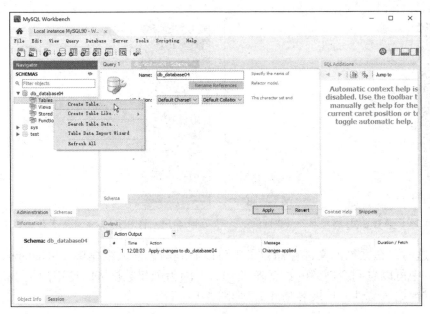

图 4-11 选择 "Create Table" 命令

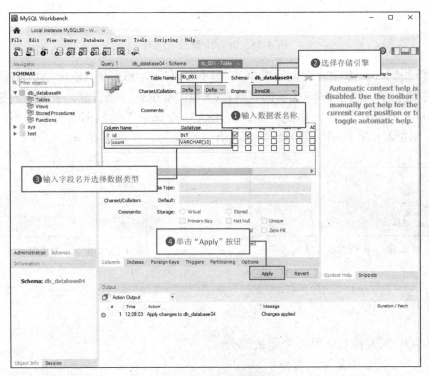

图 4-12 新建数据表

（9）打开查看 SQL 脚本界面，单击 "Apply" 按钮，如图 4-13 所示。

（10）进入将 SQL 脚本应用于数据库界面，单击 "Finish" 按钮完成数据表 tb_001 的创建，如图 4-14 所示。

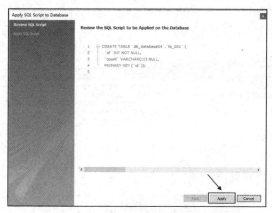
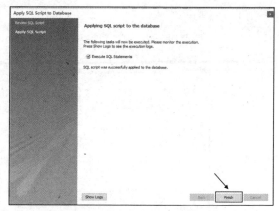

图 4-13　查看 SQL 脚本界面（2）　　　　图 4-14　将 SQL 脚本应用于数据库界面（2）

　　（11）这时，在数据库文件存储目录中可以看到新创建的数据库 db_database04，在数据库文件夹中可以看到新创建的数据表 tb_001。因为创建数据表时使用的是 InnoDB 存储引擎，所以数据表文件的扩展名是.ibd，如图 4-15 所示。

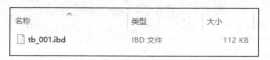

图 4-15　tb_001 数据表文件

　　（12）使用同样的方法分别创建数据表 tb_002 和 tb_003，创建 tb_002 数据表时选择 MyISAM 存储引擎，创建 tb_003 数据表时选择 MEMORY 存储引擎，生成的数据表文件分别如图 4-16 和图 4-17 所示。由此可见，MyISAM 存储引擎的数据表由 3 个不同扩展名的文件组成，MEMORY 存储引擎的数据表只有一个文件，扩展名是.sdi。

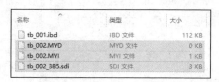

图 4-16　tb_002 数据表文件　　　　　　　图 4-17　tb_003 数据表文件

习题

1. MySQL 的架构包含哪几个组成部分？
2. 列举 MySQL 中常用的存储引擎。
3. 在 MySQL 中如何查询默认的存储引擎？

第5章 | MySQL 数据库管理

本章要点

- 掌握创建数据库的方法
- 掌握查看和选择数据库的方法
- 掌握修改数据库的方法
- 掌握删除数据库的方法

数据库管理操作主要有创建数据库、查看数据库、选择数据库、修改数据库和删除数据库。启动并连接到 MySQL 服务器后，即可对 MySQL 数据库进行操作，操作 MySQL 数据库的方法非常简单，本章将进行详细介绍。

5.1 创建数据库

5.1.1 使用 CREATE DATABASE 语句创建数据库

使用 CREATE DATABASE 语句可以轻松创建 MySQL 数据库。语法格式如下。

使用 CREATE
DATABASE 语句
创建数据库

```
CREATE  DATABASE  数据库名;
```

数据库命名有以下 5 条规则。

- 不能与其他数据库重名，否则将发生错误。
- 名称可以由任意字母、阿拉伯数字、下画线（＿）和"$"组成，可以使用上述的任意字符开头，但不能使用单独的数字，否则会与数值数据相混淆。
- 名称最长可为 64 个字符，而别名最长可为 256 个字符。
- 不能使用 MySQL 关键字作为数据库名、数据表名。
- 在默认情况下，Windows 对数据库名、数据表名的大小写是不敏感的，而 Linux 对数据库名、数据表名的大小写是敏感的。为了便于在平台间移植数据库，建议采用小写字母来定义数据库名和数据表名。

【例 5-1】 使用 CREATE DATABASE 语句创建图书馆管理系统的数据库，名称为 db_library，具体代码如下。

```
CREATE DATABASE db_library;
```

运行结果如图 5-1 所示。

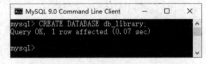

图 5-1　创建 MySQL 数据库

5.1.2　使用 CREATE SCHEMA 语句创建数据库

5.1.1 小节中介绍的是最基本的创建数据库的方法，实际上，我们还可以使用 CREATE SCHEMA 语句来创建数据库，两者的作用是一样的。在使用 MySQL Workbench 图形界面管理工具创建数据库时，使用的就是这种方法。

使用 CREATE
SCHEMA 语句
创建数据库

【例 5-2】　使用 CREATE SCHEMA 语句创建一个名为 db_shop 的数据库，具体代码如下。

```
CREATE SCHEMA db_shop;
```
运行结果如图 5-2 所示。

图 5-2　使用 CREATE SCHEMA 语句创建 MySQL 数据库

5.1.3　创建使用指定字符集的数据库

在创建数据库时，如果不指定其使用的字符集或字符集的校对规则，那么将根据 my.ini 文件中指定的 default-character-set 变量的值来设置其使用的字符集。在创建数据库时，还可以指定数据库所使用的字符集。下面通过一个具体的例子来演示如何在创建数据库时指定字符集。

创建使用指定
字符集的数据库

【例 5-3】　使用 CREATE DATABASE 语句创建一个名为 db_user 的数据库，并指定其字符集为 GBK，具体代码如下。

```
CREATE DATABASE db_user
CHARACTER SET = gbk;
```
运行结果如图 5-3 所示。

图 5-3　创建使用 GBK 字符集的 MySQL 数据库

5.1.4　创建数据库前判断是否存在同名数据库

在 MySQL 中，不允许同一系统中存在两个名称相同的数据库，如果要创建的数据库已经存在，那么系统将给出以下错误信息。

```
ERROR 1007 (HY000): Can't create database 'db_library'; database exists
```
为了避免错误的发生，在创建数据库时，可以使用 IF NOT EXISTS 选项来判断该数据库是否存在，只有在该数据库不存在时，才会进行创建。

创建数据库前
判断是否存在
同名数据库

【例 5-4】　使用 CREATE DATABASE 语句创建图书馆管理系统的数据库（名称为 db_library），并在创建前判断该数据库是否存在，具体代码如下。

```
CREATE DATABASE IF NOT EXISTS db_library;
```

运行结果如图 5-4 所示。

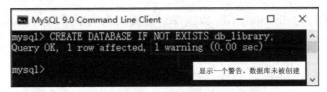

图 5-4　创建已经存在的数据库的效果

将数据库名称修改为 db_sales 后，再次执行相应命令将成功创建数据库 db_sales，效果如图 5-5 所示。

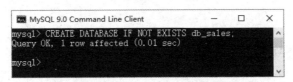

图 5-5　创建不存在的数据库的效果

5.2　查看数据库

成功创建数据库后，可以使用 SHOW 命令查看 MySQL 服务器中的所有数据库信息。语法格式如下。

查看数据库

```
SHOW  DATABASES;
```
【例 5-5】　使用 SHOW DATABASES 语句查看 MySQL 服务器中的所有数据库，具体代码如下。
```
SHOW DATABASES;
```
运行结果如图 5-6 所示。

图 5-6　查看数据库

从运行结果可以看出，MySQL 服务器中有 10 个数据库。

5.3　选择数据库

选择数据库

成功创建了数据库并不表示当前就在操作该数据库。可以使用 USE 语句选择一个数据库，使其成为当前默认数据库。语法格式如下。

```
USE  数据库名;
```

【例 5-6】 选择名为 db_library 的数据库，设置其为当前默认的数据库，具体代码如下。

```
USE db_library;
```

运行结果如图 5-7 所示。

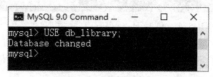

图 5-7　选择数据库

5.4 修改数据库

在 MySQL 中创建一个数据库后，还可以对其进行修改，不过这里的修改是指修改数据库的相关参数，并不是指修改数据库名。修改数据库可以使用 ALTER DATABASE 或 ALTER SCHEMA 语句来实现。修改数据库的语法格式如下。

修改数据库

```
ALTER {DATABASE | SCHEMA} [数据库名]
  [DEFAULT] CHARACTER SET [=] 字符集
  | [DEFAULT] COLLATER [=] 校对规则名称;
```

ALTER 语句的参数说明如表 5-1 所示。

表 5-1　ALTER 语句的参数说明

参数	说明
{DATABASE | SCHEMA}	必须选择其中一个，这两个选项的结果是一样的，使用哪个都可以
[数据库名]	可选项，如果不指定要修改的数据库，将修改当前默认的数据库
[DEFAULT]	可选项，用于指定默认值
CHARACTER SET [=] 字符集	可选项，用于指定数据库使用的字符集。如果不想指定数据库使用的字符集，那么可以不使用该选项，这时 MySQL 会根据 MySQL 服务器默认使用的字符集来创建数据库。这里的字符集可以是 GB2312 或 GBK（简体中文）、UTF-8（针对 Unicode 的可变长度的字符编码，也称万国码）、BIG5（繁体中文）、Latin1（拉丁文）等。其中最常用的是 UTF-8 和 GBK
COLLATE [=] 校对规则名称	可选项，用于指定字符集的校对规则，如 utf8_bin 或者 gbk_chinese_ci

⚠️ 注意：使用 ALTER DATABASE 或 ALTER SCHEMA 语句时，用户必须具有对数据库进行修改的权限。

【例 5-7】 修改【例 5-2】中创建的数据库 db_shop，设置默认字符集和校对规则，具体代码如下。

```
ALTER DATABASE db_shop
    DEFAULT CHARACTER SET gbk
    DEFAULT COLLATE gbk_chinese_ci;
```

运行结果如图 5-8 所示。

图 5-8　设置默认字符集和校对规则

5.5 删除数据库

删除数据库可以使用 DROP DATABASE 语句。语法格式如下。

```
DROP DATABASE    数据库名;
```

⚠ **注意**：DROP DATABASE 语句应该谨慎使用，因为一旦执行删除数据库的操作，该数据库的所有结构和数据都会被删除，没有恢复的可能，除非该数据库有备份。

【例 5-8】 使用 DROP DATABASE 语句删除名为 db_sales 的数据库，具体代码如下。

```
DROP DATABASE db_sales;
```

运行结果如图 5-9 所示。

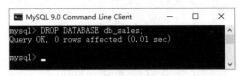

图 5-9　删除数据库

5.6 AI 辅助编程

在我们学习 MySQL 数据库管理时，AI 工具可以提供有力的支持。下面介绍如何利用 AI 工具来帮助我们巩固本章所学的知识，设计相应的实例。

5.6.1 创建电影数据库

在 AI 工具的输入框中输入"MySQL 创建电影数据库，不需要创建数据表"，按 Enter 键，AI 工具会自动生成实例的实现方法，内容如下。

如果你只需要创建一个 MySQL 电影数据库而不需要立即创建数据表，那么你可以简化步骤，只创建一个空的数据库。以下是具体步骤。

1. 登录到 MySQL

登录到你的 MySQL 服务器，这通常可以通过命令提示符窗口或图形用户界面（GUI）工具（如 MySQL Workbench）来完成。

2. 创建数据库

一旦你登录到 MySQL，你可以使用 CREATE DATABASE 语句来创建一个新的数据库。在这个例子中，我们将数据库命名为 movie_db。

```
CREATE DATABASE movie_db;
```

3. （可选）查看数据库

你可以使用 SHOW DATABASES 语句来查看所有数据库，包括你刚刚创建的 movie_db 数据库。

```
SHOW DATABASES;
```

在结果中，你应该能看到 movie_db 被列在数据库列表中。

4. （可选）使用数据库

虽然这一步不是必要的（因为你只创建了一个数据库，而没有创建表），但你可以使用 USE 语句来选择要操作的数据库，这在后续创建表时会很有用。

```
USE movie_db;
```

5. 退出 MySQL

完成后，你可以退出 MySQL 命令行窗口或关闭你的 GUI 工具。

这就是创建一个名为 movie_db 的 MySQL 电影数据库而不创建任何数据表的所有步骤。如果你稍后决定要添加表，你可以回到 MySQL，使用 USE movie_db;来选择数据库，然后按照你的需求创建表。

5.6.2 修改和删除电影数据库

在 AI 工具的输入框中输入"MySQL 修改和删除不包含数据表的电影数据库"，按 Enter 键，AI 工具会自动生成实例的实现方法，内容如下。

在 MySQL 中，如果你有一个不包含任何数据表的电影数据库（即数据库是空的，或者你只创建了数据库本身而没有进一步添加表），你仍然可以对其进行修改或删除操作。不过，由于数据库是空的，所以"修改数据库"在这里可能主要是指更改数据库的某些属性，如字符集或排序规则，或者就是简单地删除整个数据库。

1. 修改数据库属性

如果你想要修改数据库的字符集或排序规则等属性，你可以使用 ALTER DATABASE 语句。但是，请注意，这些修改通常是在你计划向数据库中添加表和数据之前进行的，因为一旦表中有了数据，更改字符集就可能导致数据损坏或丢失。

```
ALTER DATABASE movie_db CHARACTER SET utf8mb4 COLLATE utf8mb4_unicode_ci;
```
上面的语句将 movie_db 数据库的字符集更改为 utf8mb4，并设置了相应的排序规则。

2. 删除数据库

如果你确定要删除整个空的 movie_db 数据库，你可以使用 DROP DATABASE 语句。这将永久删除该数据库，包括其元数据（即关于数据库的信息，尽管在这个情况下它几乎是空的）。

```
DROP DATABASE movie_db;
```
在执行此操作之前，请确保：

（1）你已经备份了任何可能需要的数据库信息（尽管在这个例子中数据库是空的，但这是好的习惯）；

（2）你拥有足够的权限来删除数据库；

（3）你确实想要删除它（因为这个操作是不可逆的）。

一旦执行了 DROP DATABASE 语句，movie_db 数据库将从 MySQL 服务器中永久消失，并且无法恢复（除非你有备份并且知道如何恢复它）。

如果你使用的是 GUI 工具（如 MySQL Workbench），你也可以通过右击数据库名称并在弹出的快捷菜单中选择"删除"命令来删除它。在执行删除之前，GUI 工具通常会要求你确认操作。

小结

本章详细讲解了管理 MySQL 数据库的相关知识，首先介绍了创建数据库的方法，然后介绍了如何创建使用指定字符集的数据库，以及如何在创建数据库前判断是否存在同名数据库等内容。除了创建数据库外，还介绍了查看、选择、修改和删除数据库的方法。

上机指导

创建一个名为 db_orders 的数据库，并将其设置为默认的数据库。要求在

上机指导

创建数据库前判断是否存在同名的数据库，如果不存在就进行创建，否则不创建该数据库，结果如图 5-10 所示。

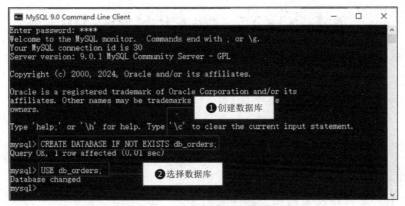

图 5-10 创建数据库并将其设置为默认数据库

具体实现步骤如下。

（1）打开 MySQL 命令行窗口，输入 root 用户的密码并按 Enter 键，连接到 MySQL 服务器，如图 5-11 所示。

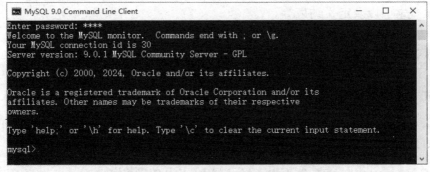

图 5-11 连接到 MySQL 服务器

（2）执行以下代码创建名为 db_orders 的数据库。

```
CREATE DATABASE IF NOT EXISTS db_orders;
```

（3）执行以下代码将 db_orders 数据库设置为默认数据库。

```
USE db_orders;
```

习题

1. MySQL 中创建数据库的语句有哪些？
2. MySQL 中查看数据库的语句是什么？
3. MySQL 中设置数据库为当前数据库的语句是什么？
4. MySQL 中修改数据库的语句是什么？
5. MySQL 中删除数据库的语句是什么？

第6章 MySQL 表结构管理

本章要点

■ 掌握创建表、修改表结构、删除表的方法
■ 掌握设置索引的方法
■ 掌握定义约束的方法

表结构管理主要是指创建表、修改表结构和删除表等操作。这些操作都是数据库管理中最基本、最重要的操作。本章将讲解如何对表结构进行管理，包括创建表、修改表结构、删除表、设置索引以及定义约束等。

6.1 创建表

创建数据表使用 CREATE TABLE 语句。语法格式如下。

```
CREATE [TEMPORARY] TABLE [IF NOT EXISTS] 数据表名
[(create_definition,...)][table_options] [select_statement];
```

CREATE TABLE 语句的参数说明如表 6-1 所示。

表 6-1　CREATE TABLE 语句的参数说明

参数	说明
[TEMPORARY]	如果使用该关键字，表示创建一个临时表
[IF NOT EXISTS]	该关键字用于防止表已存在导致的错误
create_definition	表的列属性部分。MySQL 要求在创建表时，表要至少包含一列
[table_options]	表的一些特性参数
[select_statement]	SELECT 语句描述部分，用它可以快速地创建表

下面介绍列属性 create_definition 部分，每一列定义的具体格式如下。

```
col_name  type [NOT NULL | NULL] [DEFAULT default_value] [AUTO_INCREMENT]
          [PRIMARY KEY ] [reference_definition]
```

属性 create_definition 的参数说明如表 6-2 所示。

表 6-2　属性 create_definition 的参数说明

参数	说明
col_name	字段名
type	字段类型

参数	说明
[NOT NULL | NULL]	指定是否允许该字段为空值，系统一般默认允许为空值，所以当不允许为空值时，必须使用 NOT NULL
[DEFAULT default_value]	表示默认值
[AUTO_INCREMENT]	表示是否为自增类型，一个表只能有一个 AUTO_INCREMENT 列，并且该列必须被索引
[PRIMARY KEY]	表示是否为主键。一个表只能有一个 PRIMARY KEY。如果表中没有指定 PRIMARY KEY，而某些应用程序需要 PRIMARY KEY，MySQL 将返回第一个没有 NULL 的 UNIQUE 键作为 PRIMARY KEY
[reference_definition]	为字段添加注释

以上是有关创建数据表的一些基础知识，虽然看起来十分复杂，但在实际的应用中使用基本的语法格式创建数据表即可，具体语法格式如下。

```
CREATE TABLE table_name (字段名 1 属性,字段名 2 属性,...);
```

【例 6-1】 使用 CREATE TABLE 语句在 MySQL 数据库 db_library 中创建一个名为 tb_bookinfo 的数据表，该表包括 id、barcode、bookname、typeid、author、ISBN、price、page、bookcase、inTime 和 del 字段。具体步骤如下。

（1）选择当前使用的数据库为 db_library，具体代码如下。

```
USE db_library;
```

（2）使用 CREATE TABLE 语句创建一个名为 tb_bookinfo 的数据表，该表包括 id、barcode、bookname、typeid、author、ISBN、price、page、bookcase、inTime 和 del 字段，具体代码如下。

```
CREATE TABLE tb_bookinfo (
    barcode varchar(30),
    bookname varchar(70),
    typeid int unsigned,
    author varchar(30),
    ISBN varchar(20),
    price decimal(10, 2),
    page int unsigned,
    bookcase int unsigned,
    inTime date,
    del tinyint DEFAULT '0',
    id int NOT NULL
);
```

执行结果如图 6-1 所示。

图 6-1 创建数据表

6.1.1 设置表的存储引擎

在创建数据表时，可以使用 ENGINE 属性设置表的存储引擎。如果省略了 ENGINE 属性，那么该表将使用 MySQL 默认的存储引擎。ENGINE 属性的基本语法格式如下。

设置表的
存储引擎

```
ENGINE=存储引擎类型
```

📖 说明：关于存储引擎的类型，参见 4.2 节的相关内容。

【例 6-2】 在 MySQL 数据库 db_library 中创建一个名为 tb_booktype 的数据表，要求使用 MyISAM 存储引擎。具体步骤如下。

（1）选择当前使用的数据库为 db_library，具体代码如下。

```
USE db_library;
```

（2）在 CREATE TABLE 语句结尾处应用 ENGINE 属性设置使用 MyISAM 存储引擎，具体代码如下。

```
CREATE TABLE tb_booktype (
    id int unsigned NOT NULL,
    typename varchar(30),
    days int unsigned
) ENGINE=MyISAM;
```

执行结果如图 6-2 所示。

图 6-2　创建表时设置使用 MyISAM 存储引擎

6.1.2　设置自增类型字段

自增类型字段的值会依次递增，并且不会重复。在默认的情况下，MySQL 数据库的自增类型字段的值从 1 开始递增，并且步长为 1，即每增加一条记录，该字段的值就加 1。

设置自增类型字段

> 💾 **说明**：自增类型字段的数据类型必须为整型。向自增类型字段插入空值时，该值会被自动设置为比上一次插入的值更大的值。

在创建表时，可以使用 AUTO_INCREMENT 关键字设置某一字段为自增类型字段，其语法格式如下。

```
字段名 数据类型 AUTO_INCREMENT
```

例如，在创建 tb_booktype1 数据表时，将 id 字段设置为自增类型字段可以使用下面的代码。

```
CREATE TABLE tb_booktype1 (
    id int AUTO_INCREMENT,
    typename varchar(30),
    days int unsigned
);
```

执行上面的代码后，将显示图 6-3 所示的错误信息。

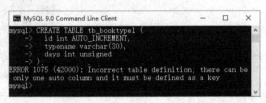

图 6-3　创建 tb_booktype1 数据表时出错

从图 6-3 中可以看出，在将字段设置为自增类型字段时，还应将其设置为主键，否则数据表将创建失败。

【例 6-3】　在 MySQL 数据库 db_library 中创建一个名为 tb_booktype1 的数据表，要求将 id 字段设置为自增类型字段。具体步骤如下。

（1）选择当前使用的数据库为 db_library，具体代码如下。

```
USE db_library;
```

（2）在定义 id 字段时，使用 AUTO_INCREMENT 关键字，并且将 id 字段设置为主键，具体代码如下。

```
CREATE TABLE tb_booktype1 (
    id int unsigned NOT NULL AUTO_INCREMENT PRIMARY KEY,
```

```
  typename varchar(30),
  days int unsigned
);
```

执行结果如图 6-4 所示。

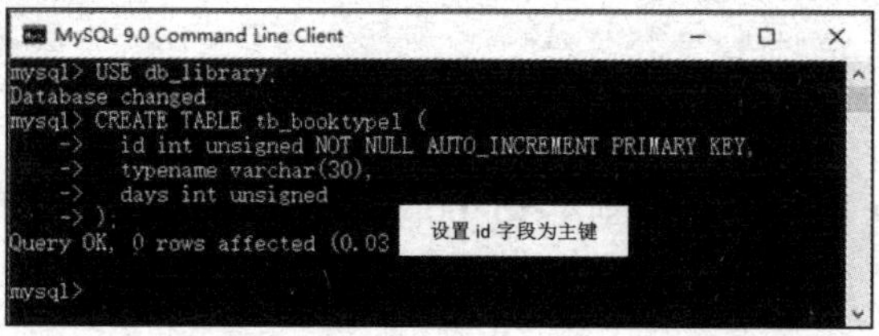

图 6-4　创建 tb_booktype1 数据表

6.1.3　设置字符集

在创建数据表时，可以通过 DEFAULT CHARSET 属性设置表的字符集。DEFAULT CHARSET 属性的基本语法格式如下。

设置字符集

```
DEFAULT CHARSET=字符集
```

📖 **说明**：如果省略了 DEFAULT CHARSET 属性，那么该表将使用数据库所使用的字符集，即 my.ini 文件中指定的 default-character-set 变量的值。

例如，在创建图书类型表 tb_booktype1 时设置其字符集为 GBK，可以使用下面的代码。

```
CREATE TABLE tb_booktype1 (
  id int unsigned NOT NULL AUTO_INCREMENT,
  typename varchar(30),
  days int unsigned,
  PRIMARY KEY (id)
) DEFAULT CHARSET=gbk;
```

6.1.4　复制表

CREATE TABLE 语句还有另外一种用法，即为已经存在的数据表创建副本，也就是复制表。这种用法的语法格式如下。

```
CREATE TABLE [IF NOT EXISTS] 数据表名
    {LIKE 源数据表名 | (LIKE 源数据表名)};
```

复制表

参数说明如下。

- ❑ [IF NOT EXISTS]：可选项，如果使用该参数，表示只有当要创建的数据表不存在时，才创建数据表；如果不使用该参数，当要创建的数据表已经存在时，将出现错误。
- ❑ 数据表名：新创建的数据表的名称，该数据表不能与当前数据库中存在的表同名。
- ❑ {LIKE 源数据表名 |(LIKE 源数据表名)}：必选项，用于指定依照哪个数据表来创建新表，也就是要为哪个数据表创建副本。

📖 **说明**：使用该语句复制数据表时，将创建一个与源数据表结构相同的新表，源数据表的字段名、数据类型、空值允许性和索引都将被复制，但是表的内容不会被复制。因此，新创建的表是一张空表。如果想要复制表中的内容，可以使用"AS+查询表达式"子句来实现。

【例 6-4】　在数据库 db_library 中创建数据表 tb_bookinfo 的副本 tb_bookinfobak。具体步骤如下。

（1）选择数据表所在的数据库 db_library，具体代码如下。

```
USE db_library;
```

（2）应用下面的语句向数据表 tb_bookinfo 中插入一条数据。

```
INSERT INTO tb_bookinfo VALUES ('12804703','Java Web程序设计慕课版',3,'明日科技',
'9787115525956',51.90,350,1,'2024-09-10',0,1);
```

📖 **说明：** 关于如何向数据表中插入数据，参见 8.1 节的相关内容。

（3）创建数据表 tb_bookinfo 的副本 tb_bookinfobak，具体代码如下。

```
CREATE TABLE tb_bookinfobak
    LIKE tb_bookinfo;
```

执行结果如图 6-5 所示。

图 6-5　创建数据表 tb_bookinfo 的副本 tb_bookinfobak

（4）查看数据表 tb_bookinfo 和 tb_bookinfobak 的表结构，具体代码如下。

```
DESC tb_bookinfo;
DESC tb_bookinfobak;
```

执行结果如图 6-6 所示。

图 6-6　数据表 tb_bookinfo 和 tb_bookinfobak 的表结构

从图 6-6 中可以看出，数据表 tb_bookinfobak 和 tb_bookinfo 的表结构是一样的。

（5）分别查看数据表 tb_bookinfo 和 tb_bookinfobak 的内容，具体代码如下。

```
SELECT * FROM tb_bookinfo;
SELECT * FROM tb_bookinfobak;
```
执行结果如图 6-7 所示。

图 6-7　数据表 tb_bookinfo 和 tb_bookinfobak 的内容

从图 6-7 中可以看出，在复制表时，并没有复制表中的数据。

（6）如果想在复制数据表的同时复制其中的数据，需要使用下面的代码。

```
CREATE TABLE tb_bookinfobak1
    AS SELECT * FROM tb_bookinfo;
```
执行结果如图 6-8 所示。

（7）查看数据表 tb_bookinfobak1 中的数据，具体代码如下。

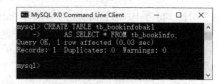

```
SELECT * FROM tb_bookinfobak1;
```
执行结果如图 6-9 所示。

图 6-8　复制数据表的同时复制其中的数据

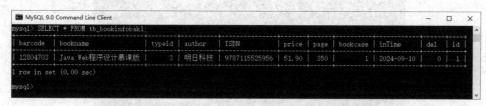

图 6-9　数据表 tb_bookinfobak1 中的数据

从图 6-9 中可以看出，在复制表的同时复制了表中的数据。但是，新复制的数据表并不包括源数据表中设置的主键、自增类型字段等内容。如果想要得到与源数据表的表结构和数据都完全一样的数据表，需要使用下面的两条语句。

```
CREATE TABLE tb_bookinfobak1 LIKE tb_bookinfo;
INSERT INTO tb_bookinfobak1 SELECT * FROM tb_bookinfo;
```

6.2　修改表结构

6.2.1　修改字段

修改表结构可以使用 ALTER TABLE 语句。修改表结构指增加或删除字段、修改字段名或字段类型、设置/取消主键或外键、设置/取消索引以及修改表的注释等。语法格式如下。

修改字段

```
ALTER[IGNORE] TABLE 数据表名 alter_spec[,alter_spec]...;
```

⚠ **注意**：当指定[IGNORE]时，如果关键的行出现重复，则只执行一行，其他重复的行被删除。

其中，alter_spec 子句用于定义要修改的内容，其语法格式如下。

```
alter_specification:
    ADD [COLUMN] create_definition [FIRST | AFTER column_name ]   --添加新字段
  | ADD INDEX [index_name] (index_col_name,...)                   --添加索引名称
  | ADD PRIMARY KEY (index_col_name, ...)                         --添加主键名称
  | ADD UNIQUE [index_name] (index_col_name, ...)                 --添加唯一性索引
  | ALTER [COLUMN] col_name {SET DEFAULT literal | DROP DEFAULT}  --修改字段名
  | CHANGE [COLUMN] old_col_name create_definition                --修改字段类型
  | MODIFY [COLUMN] create_definition                             --修改子句定义字段
  | DROP [COLUMN] col_name                                        --删除字段名
  | DROP PRIMARY KEY                                              --删除主键名称
  | DROP INDEX index_name                                         --删除索引名称
  | RENAME [AS] new_tbl_name                                      --修改表名
  | table_options
```

在 ALTER TABLE 语句中可指定多个动作，动作间使用逗号分隔，每个动作表示对表的一个修改。

【例 6-5】 在数据表 tb_bookinfobak 中添加 translator 字段，类型为 varchar(30)，不允许为空值，将字段 inTime 的类型由 date 改为 DATETIME(6)，代码如下。

```
ALTER TABLE tb_bookinfobak ADD translator varchar(30) NOT NULL,
MODIFY inTime DATETIME(6);
```

运行结果如图 6-10 所示。

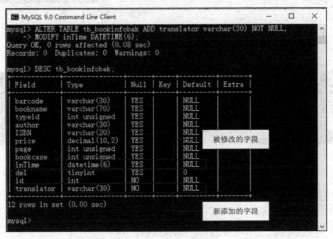

图 6-10　修改表结构

修改数据表结构后，可以使用 DESC tb_bookinfobak;语句查看表结构，以确认是否修改成功。

📖 **说明：** 使用 ALTER 语句修改表列的前提是必须将表中的数据全部删除。

6.2.2　修改约束条件

创建数据表后，还可以对其约束条件进行修改，如添加约束条件和删除约束条件，下面分别进行介绍。

修改约束条件

1．添加约束条件

为表添加约束条件的语法格式如下。

```
ALTER TABLE 数据表名 ADD CONSTRAINT 约束名 约束类型 (字段名);
```

MySQL 支持的约束类型及其说明如表 6-3 所示。

表 6-3　MySQL 支持的约束类型及其说明

约束类型	说明
PRIMARY KEY	主键约束
DEFAULT	默认值约束
UNIQUE KEY	唯一性约束
NOT NULL	非空约束
FOREIGN KEY	外键约束

例如，为数据表 tb_bookinfo 添加主键约束，可以使用下面的代码。

```
ALTER TABLE tb_bookinfo ADD CONSTRAINT mrprimary PRIMARY KEY (id);
```

执行结果如图 6-11 所示。

图 6-11　为数据表 tb_bookinfo 添加主键约束

修改后，使用 DESC tb_bookinfo;语句查看表结构，如图 6-12 所示。

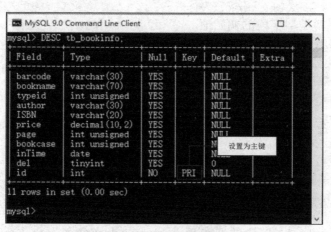

图 6-12　修改后的表结构

2．删除约束条件

在 MySQL 中，要删除的约束条件不同，使用的语句也是不一样的。下面分别进行介绍。

❑ 删除主键约束。

删除主键约束的语法格式如下。

```
ALTER TABLE 表名 DROP PRIMARY KEY;
```

例如，要删除数据表 tb_bookinfo 的主键约束，可以使用下面的语句。

```
ALTER TABLE tb_bookinfo DROP PRIMARY KEY;
```

❑ 删除外键约束。

删除外键约束的语法格式如下。

```
ALTER TABLE 表名 DROP FOREIGN KEY 约束名;
```

例如，要删除数据表 tb_bookinfo 的外键约束，可以使用下面的语句。

```
ALTER TABLE tb_bookinfo DROP FOREIGN KEY mrfkey;
```

❏ 删除唯一性约束。

删除唯一性约束的语法格式如下。

```
ALTER TABLE 表名 DROP INDEX 唯一性索引;
```

例如，要删除数据表 tb_bookinfo 的唯一性约束，可以使用下面的语句。

```
ALTER TABLE tb_bookinfo DROP INDEX mrindex;
```

6.2.3 修改表的其他选项

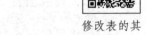

修改表的其
他选项

在 MySQL 中，还可以修改表的存储引擎、默认字符集、自增类型字段的
初始值等，下面分别进行介绍。

❏ 修改表的存储引擎。

修改表的存储引擎的语法格式如下。

```
ALTER TABLE 表名 ENGINE=新的存储引擎类型;
```

例如，要修改数据表 tb_bookinfo 的存储引擎为 MyISAM，可以使用下面的语句。

```
ALTER TABLE tb_bookinfo ENGINE=MyISAM;
```

❏ 修改表的默认字符集。

修改表的默认字符集的语法格式如下。

```
ALTER TABLE 表名 DEFAULT CHARSET=新的字符集;
```

例如，要修改数据表 tb_bookinfo 的默认字符集为 GBK，可以使用下面的语句。

```
ALTER TABLE tb_bookinfo DEFAULT CHARSET=gbk;
```

❏ 修改表的自增类型字段的初始值。

修改表的自增类型字段的初始值的语法格式如下。

```
ALTER TABLE 表名 AUTO_INCREMENT=新的初始值;
```

例如，要修改数据表 tb_bookinfo 的自增类型字段的初始值为 100，可以使用下面的语句。

```
ALTER TABLE tb_bookinfo AUTO_INCREMENT=100;
```

6.2.4 修改表名

修改表名

重命名数据表可以使用 RENAME TABLE 语句，语法格式如下。

```
RENAME TABLE 数据表名1 TO 数据表名2;
```

📖 说明：使用该语句可以同时对多个数据表进行重命名，多个表之间以英文逗号（,）分隔。

【例 6-6】 将 tb_bookinfo 表的副本 tb_bookinfobak 重命名为 tb_books，代码如下。

```
RENAME TABLE tb_bookinfobak TO tb_books;
```

执行结果如图 6-13 所示。

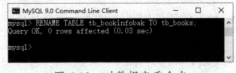

图 6-13　对数据表重命名

6.3 删除表

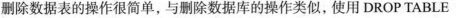

删除表

删除数据表的操作很简单，与删除数据库的操作类似，使用 DROP TABLE

语句即可实现。语法格式如下。

```
DROP TABLE 数据表名;
```

【例 6-7】 删除重命名后的 tb_bookinfo 表的副本
tb_books，代码如下。

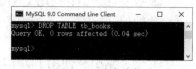

```
DROP TABLE tb_books;
```

执行结果如图 6-14 所示。

图 6-14 删除数据表

⚠️ **注意：** 应该谨慎使用 DROP TABLE 语句。因为一旦删除了数据表，表中的数据就会全部被清除，如果没有备份则无法恢复。

删除一个不存在的表将会产生错误，可通过在 DROP TABLE 语句中添加 IF EXISTS 关键字来避免出现错误。语法格式如下。

```
DROP TABLE IF EXISTS 数据表名;
```

6.4 设置索引

索引是一种对数据库中单列或多列的值进行排序的结构。在 MySQL 中，索引由数据表中的一列或多列组成，创建索引是为了提高数据库的查询速度。下面对 MySQL 中的索引进行详细介绍。

6.4.1 索引概述

通过索引查询数据，不但可以提高查询速度，还可以降低服务器的负载。创建索引后，用户查询数据时，系统可以不必遍历数据表中的所有记录，而只需查询索引列。这样可以有效地提高数据库系统的整体性能。这和我们通过图书的目录查找想要阅读的章节内容类似，十分方便。

索引概述

凡事都有两面性。使用索引可以提高检索数据的速度，对于具有依赖关系的子表和父表之间的联合查询，使用索引也可以提高查询速度，并且可以提高系统性能。但是，创建和维护索引需要耗费时间，并且耗费的时间与数据量的大小成正比；另外，索引需要占用物理存储空间，会给数据的维护带来麻烦。

总体来说，索引可以提高查询的速度，但是会影响插入操作。因为，向有索引的表中插入记录时，数据库系统会按照索引对记录进行排序。用户可以先将索引删除再插入数据，当数据插入操作完成后，重新创建索引。

📖 **说明：** 不同的存储引擎支持的每个表的最大索引数和最大索引长度不同。存储引擎对每个表至少支持 16 个索引，总索引长度至少为 256 字节。有些存储引擎支持更多的索引数和更大的索引长度。索引有两种类型，即 B 型树索引和哈希索引。其中 B 型树索引为系统默认的索引类型。

MySQL 中常用的索引包括以下 6 个。

- 普通索引：没有任何限制条件的索引，该类型的索引可以在任何数据类型中创建。字段本身的约束条件决定其值是否为空或唯一。创建该类型的索引后，用户便可以通过索引进行查询。

❑ 唯一性索引：使用 UNIQUE 参数可以设置唯一性索引。创建该类型的索引时，索引的值必须唯一，通过唯一性索引可以快速地定位某条记录。主键是一种特殊的唯一性索引。

❑ 全文索引：使用 FULLTEXT 参数可以设置索引为全文索引。全文索引只能创建在 CHAR、VARCHAR 或 TEXT 类型的字段上。查询数据量较大的字符串类型的字段时，使用全文索引可以提高查询速度。例如，查询带有文章回复内容的字段可以使用全文索引。需要注意的是，在默认情况下，全文索引对大小写不敏感。对索引的列应用二进制排序规则后，可以实现对大小写敏感的全文索引。

❑ 单列索引：只对应一个字段的索引。其包括上面介绍的 3 种索引类型。应用单列索引时，只需要保证索引值对应一个字段。

❑ 多列索引：在表的多个字段上创建的索引。该索引指向创建时指定的多个字段，用户可以通过这几个字段进行查询。要想应用该索引，查询条件必须包含索引的第一个字段。

❑ 空间索引：使用 SPATIAL 参数可以设置索引为空间索引。空间索引只能建立在空间数据类型（如几何数据类型、地理数据类型等）上，使用空间索引可以提高系统获取空间数据的效率。MySQL 中只有 MyISAM 存储引擎支持通过空间索引检索，而且索引的字段不能为空值。

6.4.2　创建索引

创建索引是指在表的至少一列上建立索引，以提高数据库性能。本小节将介绍通过几种不同的方式创建索引，包括在建立数据表时创建索引、在已建立的数据表中创建索引。

创建索引

1. 在建立数据表时创建索引

在建立数据表时可以直接创建索引，这种方式比较直接，且方便、易用。在建立数据表时创建索引的基本语法格式如下。

```
CREATE TABLE table_name(
字段名  数据类型[约束条件],
字段名  数据类型[约束条件]
…
字段名  数据类型
[UNIQUE | FULLTEXT | SPATIAL ]  INDEX | KEY
[别名]( 字段名1 [(长度)] [ASC | DESC])
);
```

其中，字段名后的属性值的含义如下。

❑ UNIQUE：可选参数，表明索引为唯一性索引。

❑ FULLTEXT：可选参数，表明索引为全文索引。

❑ SPATIAL：可选参数，表明索引为空间索引。

❑ INDEX 和 KEY：用于指定字段索引，用户在选择时，只需选择其中的一种。

❑ 别名：可选参数，其作用是给创建的索引取一个新名称。别名的参数说明如下。

- 字段名 1：索引对应的字段名，该字段必须被预先定义。

- 长度：可选参数，指索引的长度，索引是字符串类型时才可以使用。

- ASC、DESC：可选参数，ASC 表示升序排列，DESC 表示降序排列。

【例 6-8】 创建考生成绩表，名称为 tb_score，并在该表的 id 字段上建立索引，代码如下。

```
CREATE TABLE tb_score(
  id int AUTO_INCREMENT PRIMARY KEY NOT NULL,
  name varchar(50) NOT NULL,
  math int NOT NULL,
  english int NOT NULL,
  chinese int NOT NULL,
  INDEX(id));
```

执行结果如图 6-15 所示。

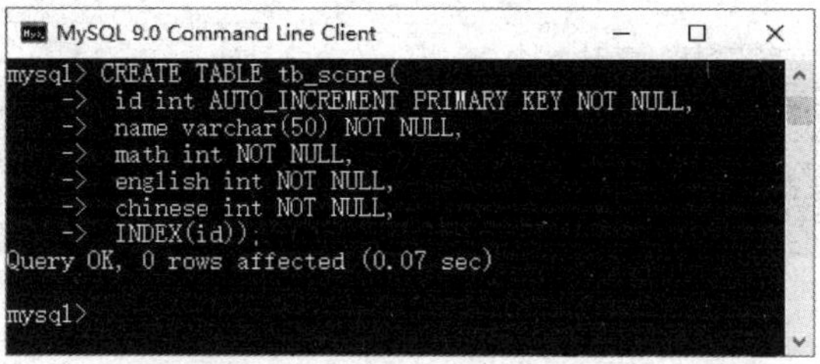

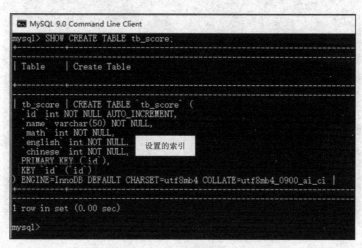

图 6-15　创建索引

使用 SHOW CREATE TABLE 语句查看该表的结构，代码如下。

```
SHOW CREATE TABLE tb_score;
```

执行结果如图 6-16 所示。

从图 6-16 中可以清晰地看到该表的索引为 id 字段，说明索引建立成功。

图 6-16　查看数据表结构

2．在已建立的数据表中创建索引

在 MySQL 中，用户不但可以在创建数据表时创建索引，也可以直接在已经创建的数据表中创建索引。其基本的语法格式如下。

```
CREATE [UNIQUE | FULLTEXT |SPATIAL ] INDEX index_name
ON table_name(属性 [(length)] [ ASC | DESC]);
```

参数说明如下。

❑ index_name 为索引名称，该参数的作用是为用户创建的索引赋予新的名称。

❑ table_name 为表名，即指定创建索引的表的名称。

❑ UNIQUE、FULLTEXT、SPATIAL 为可选参数，用于指定索引类型。

- 属性参数用于指定索引对应的字段名。该字段必须已经存在于用户想要操作的数据表中，如果该数据表中不存在用户指定的字段，则系统会提示异常。
- length 为可选参数，用于指定索引长度。
- ASC 和 DESC 参数用于指定数据表的排列顺序。

【例 6-9】 为图书信息表 tb_bookinfo 的 bookname 字段设置索引，代码如下。

```
CREATE INDEX idx_name ON tb_bookinfo (bookname);
```

执行结果如图 6-17 所示。

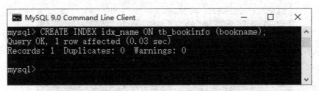

图 6-17 为图书信息表创建索引

使用 SHOW CREATE TABLE 语句查看该数据表的结构，执行结果如图 6-18 所示。

图 6-18 查看建立索引后的表结构

从图 6-18 中可以看出，名称为 idx_name 的索引创建成功。

6.4.3 删除索引

在 MySQL 中，创建索引后，如果用户不再需要该索引，则可以将其删除。索引会占用系统资源，且可能导致更新速度变慢，从而极大地影响数据表的性能。所以，在不需要索引时，可以手动删除指定索引。删除索引可以通过 DROP 语句来实现，其基本的语法格式如下。

删除索引

```
DROP INDEX index_name ON table_name;
```

其中，参数 index_name 是需要删除的索引的名称，参数 table_name 是数据表的名称。

【例 6-10】 将在图书信息表 tb_bookinfo 的 bookname 字段上设置的索引 idx_name 删

除，代码如下。

```
DROP INDEX idx_name ON tb_bookinfo;
```

执行结果如图 6-19 所示。

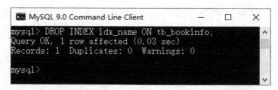

图 6-19   删除图书信息表的 idx_name 索引

删除索引后，为确定该索引是否已被删除，可以再次使用 SHOW CREATE TABLE 语句查看数据表结构。执行结果如图 6-20 所示。

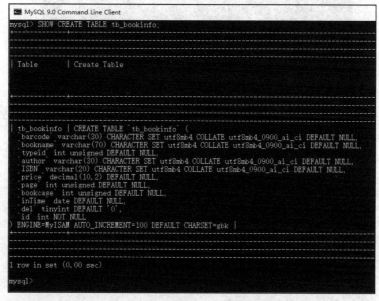

图 6-20   查看删除索引后的数据表结构

从图 6-20 中可以看出，名称为 idx_name 的索引已经被删除。

6.5 定义约束

6.5.1 定义主键约束

主键可以是表中的某一列，也可以是表中的多列。由多列组合而成的主键也称为复合主键。在 MySQL 中，主键的定义必须遵守以下规则。

定义主键约束

- □ 一个表只能有一个主键。
- □ 唯一性原则。主键的值（也称键值）必须能够唯一标识表中的每一条记录，且不能为 NULL。也就是说，一个表中两个不同的行在主键上不能具有相同的值。
- □ 最小化规则。复合主键不能包含不必要的列。也就是说，从复合主键中删除一列后，如果剩下的列仍能满足唯一性原则，那么这个复合主键是不正确的。

□ 在复合主键中，每一个列名只能出现一次。

在 MySQL 中，可以在 CREATE TABLE 或 ALTER TABLE 语句中使用 PRIMARY KEY 子句来创建主键约束，其实现方法有以下两种。

（1）作为列的完整性约束：在定义表的某列的属性时，加上关键字 PRIMARY KEY。

【例 6-11】 在创建管理员信息表 tb_manager 时，将 id 字段设置为主键，代码如下。

```
CREATE TABLE tb_manager(
  id int unsigned NOT NULL AUTO_INCREMENT PRIMARY KEY,
  name varchar(30),
  pwd varchar(30)
);
```

运行上述代码，结果如图 6-21 所示。

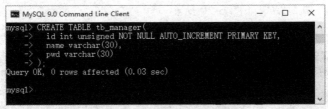

图 6-21　将 id 字段设置为主键

（2）作为表的完整性约束：在表的所有列的属性定义后加上 PRIMARY KEY(index_col_name,…)子句。

【例 6-12】 在创建学生信息表 tb_student 时，将学号（id）和所在班级号（classid）字段设置为主键，代码如下。

```
CREATE TABLE tb_student(
  id int AUTO_INCREMENT,
  name varchar(30) NOT NULL,
  sex varchar(2),
  classid int NOT NULL,
  birthday date,
  PRIMARY KEY(id,classid)
);
```

运行上述代码，结果如图 6-22 所示。

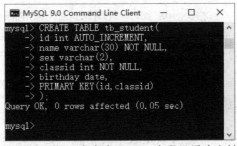

图 6-22　将 id 字段和 classid 字段设置为主键

说明：如果主键为表中的某一列，那么用以上两种方法均可以定义主键约束；如果主键由表中的多列构成，那么只能用第二种方法定义主键约束。另外，定义主键约束后，MySQL 会自动为主键创建一个唯一性索引，默认名为 PRIMARY，也可以修改为其他名称。

6.5.2　定义候选键约束

如果一个属性集能唯一标识元组，且不包含多余的属性，那么这个属性集称为关系的候选键。例如，在包含学号、姓名、性别、年龄、院系、班级等字段的学生信息表中，学号能够唯一标识一名学生，因此，它可以作为候选键；而如果规定不允许有同名的学生，那么姓名也可以作为候选键。

定义候选键
约束

候选键可以是表中的某一列，也可以是表中的多列。候选键的值必须是唯一的，且不能为 NULL。可以在 CREATE TABLE 或 ALTER TABLE 语句中使用关键字 UNIQUE 来定义候选键，其实现方法与定义主键约束类似，也包含作为列的完整性约束和作为表的完整性约束两种。

在 MySQL 中，候选键与主键之间的区别如下。

❑ 一个表只能有一个主键，但可以有若干个候选键。
❑ 定义主键约束时，系统会自动创建 PRIMARY KEY 索引，而定义候选键约束时，系统会自动创建 UNIQUE 索引。

【例 6-13】 创建 tb_bookinfobak 表，将 bookname 字段设置为候选键，代码如下。

```
CREATE TABLE tb_bookinfobak (
  barcode varchar(30),
  bookname varchar(70) UNIQUE,
  typeid int unsigned,
  author varchar(30),
  ISBN varchar(20),
  price decimal(10, 2),
  page int unsigned,
  bookcase int unsigned,
  inTime date,
  del tinyint DEFAULT '0',
  id int NOT NULL
);
```

运行上述代码，结果如图 6-23 所示。

图 6-23　将 bookname 字段设置为候选键

6.5.3　定义非空约束

在 MySQL 中，可以通过在 CREATE TABLE 或 ALTER TABLE 语句中某列的定义后面加上关键字 NOT NULL 来定义非空约束，使该列的值不能为 NULL。

定义非空约束

【例 6-14】 创建图书馆管理系统的管理员信息表 tb_manager1，并为其 id 字段设置非空约束，代码如下。

```
CREATE TABLE tb_manager1(
    id int unsigned NOT NULL AUTO_INCREMENT PRIMARY KEY,
    name varchar(30),
    pwd varchar(30)
);
```

运行上述代码，结果如图 6-24 所示。

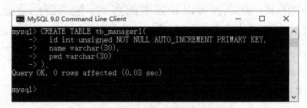

图 6-24　为 id 字段设置非空约束

6.5.4　定义 CHECK 约束

与非空约束一样，CHECK 约束也可以在 CREATE TABLE 或 ALTER TABLE 语句中定义。可以分别对列和表定义 CHECK 约束，语法格式如下。

定义 CHECK 约束

```
CHECK(expr)
```

其中，expr 是一个 SQL 表达式，用于指定需要检查的限定条件。在更新表数据时，MySQL 会检查更新后的数据是否满足 CHECK 约束中的限定条件。该限定条件可以是简单的表达式，也可以是复杂的表达式（如子查询）。

下面将分别介绍如何对列和表定义 CHECK 约束。

□ 对列定义 CHECK 约束。

将 CHECK 子句置于表的某列的定义之后即可对列定义 CHECK 约束。下面将通过一个实例来说明如何对列定义 CHECK 约束。

【例 6-15】 创建学生信息表 tb_student1，限制其 age 字段的值只能是 7～18（不包括18）的数，代码如下。

```
CREATE TABLE tb_student1(
id int AUTO_INCREMENT,
name varchar(30) NOT NULL,
sex varchar(2),
age int NOT NULL CHECK(age>6 and age<18),
remark varchar(100),
PRIMARY KEY(id)
);
```

运行上述代码，结果如图 6-25 所示。

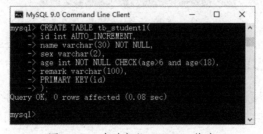

图 6-25　对列定义 CHECK 约束

❏ 对表定义 CHECK 约束。

将 CHECK 子句置于表中所有列的定义以及主键约束和外键定义之后，即可对表定义 CHECK 约束。下面将通过一个实例来说明如何对表定义 CHECK 约束。

【例 6-16】创建图书信息表 tb_bookinfo1，限制其 del 字段的值只能是 0 或 1，代码如下。

```
CREATE TABLE tb_bookinfo1(
    barcode varchar(30),
    bookname varchar(70) UNIQUE,
    typeid int unsigned,
    author varchar(30),
    ISBN varchar(20),
    price decimal(10, 2),
    page int unsigned,
    bookcase int unsigned,
    inTime date,
    del tinyint DEFAULT '0',
    id int NOT NULL,
    CHECK(del IN (0, 1))
);
```

运行上述代码，结果如图 6-26 所示。

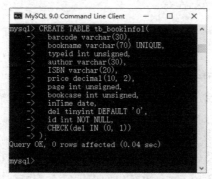

图 6-26　对表定义 CHECK 约束

6.6 AI 辅助编程

在我们学习 MySQL 表结构管理时，AI 工具可以提供有力的支持。下面介绍如何利用 AI 工具来帮助我们巩固本章所学的知识，设计相应的实例。

6.6.1 创建电影信息数据表

在 AI 工具的输入框中输入"MySQL 创建电影信息数据表"，按 Enter 键，AI 工具会自动生成实例的实现方法，内容如下。

在 MySQL 中创建一个电影信息数据表是数据库设计的一部分。这个表将存储关于电影的各种信息，如电影 id、电影标题、电影描述、发行日期、时长、评分等。以下是创建电影信息数据表的实例 SQL 代码：

```
CREATE TABLE movies (
    movie_id INT AUTO_INCREMENT PRIMARY KEY,    -- 电影 id，自动递增，作为主键
    title VARCHAR(255) NOT NULL,                 -- 电影标题，非空
    description TEXT,                            -- 电影描述，可以为空
    release_date DATE,                           -- 发行日期
    runtime INT,                                 -- 时长，以分钟为单位
    rating DECIMAL(3, 1),                        -- 评分，如 7.5，可以有小数点后一位
    genre VARCHAR(100),                          -- 类别，如动作、喜剧、科幻等
```

```
            director VARCHAR(255),                          -- 导演姓名
            producer VARCHAR(255),                          -- 制片人姓名
            budget DECIMAL(15, 2),                          -- 预算, 如150000000.00
            revenue DECIMAL(15, 2)                          -- 收入, 如300000000.00
            -- 你可以根据需要添加更多字段, 如上映国家、语言、IMDb 链接等
);
```

在执行以上代码之前, 请确保你已经选择了要创建表的数据库。

```
USE your_database_name; -- 选择数据库
```

请注意, 上面的表设计只是一个基础实例, 可能不完全符合你的需求。在实际应用中, 你可能需要考虑以下几点来优化你的表设计。

（1）数据完整性：使用外键来确保数据之间的关系完整性, 例如, 将导演名和制片人姓名存储在单独的表中, 并在 movies 表中使用外键来引用它们。

（2）性能优化：为经常用于搜索或排序的字段添加索引。

（3）可扩展性：考虑未来可能需要添加的新字段或新表。

（4）安全性：确保你的数据库用户只被分配必要的权限来访问和修改数据。

（5）数据备份：定期备份你的数据库, 以防数据丢失。

6.6.2 管理电影信息数据表

在 AI 工具的输入框中输入 "MySQL 修改电影信息数据表的字段, 创建索引和定义 CHECK 约束", 按 Enter 键, AI 工具会自动生成实例的实现方法, 内容如下。

在 MySQL 中, 修改数据表的字段、创建索引和定义 CHECK 约束（尽管 MySQL 直到 8.0.16 版本才开始部分支持 CHECK 约束）通常涉及几个 SQL 语句。以下是这些操作的实例, 假设你已经有一个名为 movies 的电影信息数据表。

1. 修改字段

假设你想要修改 runtime 字段的数据类型, 使其能够存储更大的值（例如, 从 INT 改为 BIGINT）, 并且你想要将 description 字段设置为不允许为空（NOT NULL）, 你可以使用 ALTER TABLE 语句来修改这些字段：

```
ALTER TABLE movies
MODIFY COLUMN runtime BIGINT,
MODIFY COLUMN description TEXT NOT NULL;
```

或者, 如果你想要添加一个新字段, 如 imdb_rating, 你可以这样做：

```
ALTER TABLE movies
ADD COLUMN imdb_rating DECIMAL(3, 1);
```

2. 创建索引

假设你想要为 title 字段和 genre 字段创建索引, 以加速基于这些字段的查询, 你可以使用 CREATE INDEX 语句：

```
CREATE INDEX idx_title ON movies (title);
CREATE INDEX idx_genre ON movies (genre);
```

或者, 你也可以在 ALTER TABLE 语句中创建索引：

```
ALTER TABLE movies
ADD INDEX idx_title (title),
ADD INDEX idx_genre (genre);
```

3. 定义 CHECK 约束

假设你想要添加一个 CHECK 约束来确保 rating 字段的值在 0 和 10 之间, 你可以这样做：

```
ALTER TABLE movies
ADD CONSTRAINT chk_rating CHECK (rating BETWEEN 0 AND 10);
```

但是, 如果你使用的是较早版本的 MySQL, 并且想要模拟 CHECK 约束的行为, 你可能需要使用触发器来强制执行这些规则。

小结

本章主要介绍了管理 MySQL 表结构的相关内容，主要包括如何创建表、修改表结构和删除表，以及设置索引和定义约束等内容。其中，最常用的是创建表、设置索引和定义约束的相关操作，这些也是本章的重点。

上机指导

在已创建的 db_shop 数据库中创建一个名为 tb_sell 的数据表，要求将 id 字段设置为无符号整型、自增类型，并且将其设置为主键，还需要设置该数据表采用 utf8mb4 字符集，结果如图 6-27 所示。

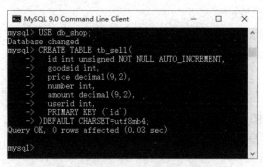

图 6-27　创建名为 tb_sell 的数据表

具体实现步骤如下。

（1）设置当前使用的数据库为 db_shop（如果该数据库不存在，则需要先创建该数据库），具体代码如下。

```
USE db_shop;
```

（2）创建名为 tb_sell 的数据表，具体代码如下。

```
CREATE TABLE tb_sell(
  id int unsigned NOT NULL AUTO_INCREMENT,
  goodsid int,
  price decimal(9,2),
  number int,
  amount decimal(9,2),
  userid int,
  PRIMARY KEY (id)
)DEFAULT CHARSET=utf8mb4;
```

习题

1. MySQL 中创建数据表的语句是什么？
2. 在创建数据表时，使用哪个属性设置表的存储引擎？
3. 在 MySQL 中，主键的定义必须遵守哪些规则？
4. 在 MySQL 中，候选键与主键之间的区别有哪些？
5. 在 MySQL 中，定义非空约束需要使用什么关键字？

第7章 MySQL 函数

本章要点

- 掌握数学函数的使用方法
- 掌握字符串函数的使用方法
- 掌握日期和时间函数的使用方法
- 熟悉条件判断函数的使用方法

MySQL 提供了丰富的函数，包括数学函数、字符串函数、日期和时间函数、条件判断函数、格式化函数等。使用这些函数可以简化操作。函数的执行速度非常快，可以提高 MySQL 的处理速度。本章将详细介绍 MySQL 函数的相关知识。

7.1 MySQL 函数概述

MySQL 函数是指 MySQL 数据库提供的内置函数。这些内置函数可以帮助用户更加方便地处理表中的数据。本节将简单地介绍 MySQL 函数，以及这些函数的使用范围和作用。MySQL 函数的类别及其作用如表 7-1 所示。

MySQL 函数
概述

表 7-1　MySQL 函数的类别及其作用

函数类别	作用
数学函数	用于处理数字。这类函数包括绝对值函数、正弦函数、余弦函数和获取随机数函数等
字符串函数	用于处理字符串。这类函数包括字符串连接函数、字符串比较函数、字符串中的字母大小写转换函数等
日期和时间函数	用于处理日期和时间。这类函数包括获取当前时间的函数、获取当前日期的函数、返回年份的函数和返回日期的函数等
条件判断函数	用于在 SQL 语句中控制条件选择。这类函数包括 IF 语句、CASE 语句和 WHEN 语句等
其他函数	包括格式化函数和锁函数等

MySQL 函数不但可以在 SELECT 语句中应用，也可以在 INSERT、UPDATE 和 DELETE 等语句中应用。例如，在 INSERT 语句中应用日期和时间函数获取系统的当前时间，并且将其添加到数据表中。使用 MySQL 函数可以对表中数据进行相应的处理，以得到想要的数据。这些内置函数使 MySQL 数据库的功能更加强大。下面对常用的 MySQL 函数逐一进行介绍。

7.2 数学函数

数学函数是 MySQL 中常用的一类函数，主要用于处理数字（包括整数和浮点数等）。MySQL 的数学函数及其作用如表 7-2 所示。

数学函数

表 7-2　MySQL 的数学函数及其作用

函数	作用
ABS(x)	返回 x 的绝对值
CEIL(x)、CEILIN(x)	返回不小于 x 的最小整数
FLOOR(x)	返回不大于 x 的最大整数
RAND()	返回 0～1 的随机数
RAND(x)	返回 0～1 的随机数，x 值相同时返回的随机数相同
SIGN(x)	返回-1、0 或 1，取决于 x 的值为负数、0 或正数
PI()	返回圆周率的值。默认显示的小数位数是 7 位，然而 MySQL 内部会使用双精度浮点数来存储和计算，这提供了更高的精度
TRUNCATE(x,y)	返回数值 x 保留到小数点后 y 位的值
ROUND(x)	返回最接近 x 的整数
ROUND(x,y)	保留 x 小数点后 y 位的值，但截断时要进行四舍五入
POW(x,y)、POWER(x,y)	返回 x 的 y 次方的值
SQRT(x)	返回非负数 x 的平方根
EXP(x)	返回 e 的 x 次方的值（自然对数的底）
MOD(x,y)	返回 x 除以 y 后的余数
LOG(x)	返回 x 的基数为 2 的对数
LOG10(x)	返回 x 的基数为 10 的对数
RADIANS(x)	将角度转换为弧度
DEGREES(x)	将弧度转换为角度
SIN(x)	返回 x 的正弦值，其中 x 的单位为弧度
ASIN(x)	返回 x 的反正弦值。若 x 不在-1 到 1 的范围内，则返回 NULL
COS(x)	返回 x 的余弦值，其中 x 的单位为弧度
ACOS(x)	返回 x 的反余弦值。若 x 不在-1 到 1 的范围内，则返回 NULL
TAN(x)	返回 x 的正切值
ATAN(x)、ATAN2(x,y)	返回反正切值
COT(x)	返回 x 的余切值

下面对其中的常用函数进行讲解。

7.2.1　ABS(x)函数

ABS(x)函数用于求绝对值。

【例 7-1】　使用 ABS(x)函数求 2 和-2 的绝对值，代码如下。

```
SELECT ABS(2),ABS(-2);
```

执行结果如图 7-1 所示。

7.2.2　RAND()函数

RAND()函数可返回 0～1 的随机数。RAND()函数返回的数是完全随机的。

图 7-1　使用 ABS(x)函数求数据的绝对值

【例 7-2】 使用 RAND()函数获取两个随机数，代码如下。

```
SELECT RAND(),RAND();
```

执行结果如图 7-2 所示。

图 7-2 使用 RAND()函数获取随机数

7.2.3 FLOOR(x)函数

FLOOR(x)函数返回小于或等于 x 的最大整数。

【例 7-3】 使用 FLOOR(x)函数求小于或等于 2.5 及-5.2 的最大整数，代码如下。

```
SELECT FLOOR(2.5),FLOOR(-5.2);
```

执行结果如图 7-3 所示。

图 7-3 使用 FLOOR(x)函数求小于或等于指定数据的最大整数

7.2.4 PI()函数

PI()函数用于获取圆周率。

【例 7-4】 使用 PI()函数获取圆周率，代码如下。

```
SELECT PI();
```

执行结果如图 7-4 所示。

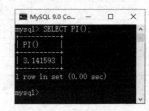

图 7-4 使用 PI()函数获取圆周率

7.2.5 TRUNCATE(x,y)函数

TRUNCATE(x,y)函数返回 x 保留小数点后 y 位的值。

【例 7-5】 使用 TRUNCATE(x,y)函数将 3.567652 保留到小数点后 3 位，代码如下。

```
SELECT TRUNCATE(3.567652,3);
```

执行结果如图 7-5 所示。

图 7-5 使用 TRUNCATE(x,y)函数获取指定位数的小数

7.2.6 ROUND(x)函数和 ROUND(x,y)函数

ROUND(x)函数返回最接近 x 的整数，也就是对 x 进行四舍五入处理；ROUND(x,y)函数返回 x 保留到小数点后 y 位的值，截断时需要进行四舍五入。

【例 7-6】 使用 ROUND(x)函数获取最接近 1.7 和 1.3 的整数，使用 ROUND(x,y)函数将 2.356789 保留到小数点后 3 位，代码如下。

```
SELECT ROUND(1.7),ROUND(1.3),ROUND(2.356789,3);
```

执行结果如图 7-6 所示。

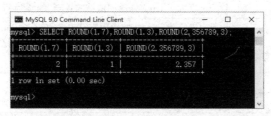

图 7-6　使用 ROUND(x)函数和 ROUND(x,y)函数获取数据

> **说明：** ROUND(x,y)函数在截取值时会进行四舍五入，而 TRUNCATE(x,y)函数直接截取值，不进行四舍五入。

7.2.7 SQRT(x)函数

SQRT(x)函数用于求平方根。

【例 7-7】 使用 SQRT(x)函数求 25 和 100 的平方根，代码如下。

```
SELECT SQRT(25),SQRT(100);
```

执行结果如图 7-7 所示。

图 7-7　使用 SQRT(x)函数求 25 和 100 的平方根

7.3 字符串函数

字符串函数是 MySQL 中最常用的一类函数。字符串函数主要用于处理表中的字符串。MySQL 的字符串函数及其作用如表 7-3 所示。

字符串函数

表 7-3　MySQL 的字符串函数及其作用

函数	作用
CHAR_LENGTH(s)	返回字符串 s 的字符数
LENGTH(s)	返回值为字符串 s 的长度，单位为字节。一个 N 字节字符的长度为 N 字节。这意味着对一个包含 5 个 2 字节字符的字符串使用 LENGTH()函数时，返回值为 10，而使用 CHAR_LENGTH()函数时的返回值为 5
CONCAT(s1,s2,...)	返回结果为连接参数产生的字符串。如有任何一个参数为 NULL，则返回值为 NULL。如果所有参数均为非二进制字符串，则返回值为非二进制字符串。如果参数中含有二进制字符串，则返回值为一个二进制字符串。数字参数会被转换为相应的二进制字符串，若要避免这种情况，可使用显式类型转换函数 CAST()，例如 SELECT CONCAT(CAST(int_col AS CHAR), char_col)
CONCAT_WS(x,s1,s2,...)	同 CONCAT(s1,s2,...)函数，但是每个字符串前要加上 x

函数	作用
INSERT(s1,x,len,s2)	用字符串 s2 替换字符串 s1 中从 x 位置开始长度为 len 的字符串
UPPER(s)、UCASE(s)	将字符串 s 的所有字母都转换成大写字母
LOWER(s)、LCASE(s)	将字符串 s 的所有字母都转换成小写字母
LEFT(s,n)	返回字符串 s 的前 n 个字符
RIGHT(s,n)	返回字符串 s 从右往左的 n 个字符
LPAD(s1,len,s2)	返回字符串 s1, 其左边用字符串 s2 填充到 len 个字符长度。假如字符串 s1 的长度大于 len, 则返回值被缩短至 len 个字符
RPAD(s1,len,s2)	返回字符串 s1, 其右边用字符串 s2 填充到 len 个字符长度。假如字符串 s1 的长度大于 len, 则返回值被缩短至 len 个字符
LTRIM(s)	返回字符串 s, 其开头的空格字符会被删除
RTRIM(s)	返回字符串 s, 其结尾的空格字符会被删除
TRIM(s)	去掉字符串 s 中开始处和结尾处的空格
TRIM(s1 FROM s)	去掉字符串 s 中开始处和结尾处的字符串 s1
REPEAT(s,n)	将字符串 s 重复 n 次
SPACE(n)	返回 n 个空格
REPLACE(s,s1,s2)	用字符串 s2 代替字符串 s 中的字符串 s1
STRCMP(s1,s2)	比较字符串 s1 和 s2
SUBSTRING(s,n,len)	获取从字符串 s 的第 n 个位置开始长度为 len 的字符串
MID(s,n,len)	同 SUBSTRING(s,n,len)
LOCATE(s1,s)、POSITION(s1 IN s)	从字符串 s 中获取字符串 s1 的开始位置
INSTR(s,s1)	从字符串 s 中获取字符串 s1 的开始位置
REVERSE(s)	将字符串 s 逆序排列
ELT(n,s1,s2,…)	返回第 n 个字符串
EXPORT_SET(bits,on,off[, separator[,number_of_bits]])	返回一个字符串, 生成规则如下: 针对 bits 的二进制格式, 如果其位为 1, 则返回一个 on 值; 如果其位为 0, 则返回一个 off 值。字符串之间使用 separator 作为分隔符, 默认值为 ","。number_of_bits 参数用于指定 bits 的有效位, 默认值为 64 位。例如, 生成数字 182 的二进制 (10110110) 替换格式, 以 "@" 作为分隔符, 设置有效位为 6 位, 代码为 SELECT EXPORT_SET (182,'Y','N','@',6)。其运行结果为 N@Y@Y@N@Y@Y
FIELD(s,s1,s2,…)	返回第一个与字符串 s 匹配的字符串的位置
FIND_IN_SET(s1,s2)	返回在字符串 s2 中与字符串 s1 匹配的字符串的位置
MAKE_SET(x,s1,s2,…,sn)	按 x 的二进制数从字符串 s1,s2,…,sn 中选取字符串

下面对其中的常用函数进行讲解。

7.3.1　INSERT(s1,x,len,s2)函数

INSERT(s1,x,len,s2)函数的作用是将字符串 s1 中从 x 位置开始长度为 len 的字符串用字符串 s2 替换。

【例 7-8】　使用 INSERT()函数将 mingrinihao 字符串中的 nihao 替换为 soft, 代码如下。

```
SELECT INSERT('mingrinihao',7,5,'soft');
```

执行结果如图 7-8 所示。

图 7-8　使用 INSERT()函数替换指定字符串

7.3.2　UPPER(s)函数和 UCASE(s)函数

使用 UPPER(s)函数和 UCASE(s)函数可将字符串 s 的所有字母都转换成大写字母。

【例 7-9】　使用 UPPER()函数和 UCASE()函数将 mrkj 字符串中的所有字母转换成大写字母，代码如下。

```
SELECT UPPER('mrkj'),UCASE('mrkj');
```

转换后的结果如图 7-9 所示。

图 7-9　使用 UPPER()函数和 UCASE()函数将字符串的所有字母转换成大写字母

7.3.3　LEFT(s,n)函数

LEFT(s,n)函数返回字符串 s 的前 n 个字符。

【例 7-10】　使用 LEFT()函数获取 mingrisoft 字符串的前 4 个字符，代码如下。

```
SELECT LEFT('mingrisoft',4);
```

结果如图 7-10 所示。

图 7-10　使用 LEFT()函数获取指定字符串的前 4 个字符

7.3.4　RTRIM(s)函数

使用 RTRIM(s)函数可去掉字符串 s 结尾处的空格。

【例 7-11】　使用 RTRIM()函数去掉字符串结尾处的空格，代码如下。

```
SELECT CONCAT('+',RTRIM(' mingrisoft '),'+');
```

结果如图 7-11 所示。

图 7-11　使用 RTRIM()函数去掉字符串结尾处的空格

7.3.5 SUBSTRING(s,n,len)函数

使用 SUBSTRING(s,n,len)函数可获取从字符串 s 的第 n 个位置开始长度为 len 的字符串。

【例 7-12】使用 SUBSTRING()函数从 mingrisoft 字符串的第 3 位开始，获取 6 个字符，代码如下。

```
SELECT SUBSTRING('mingrisoft',3,6);
```
结果如图 7-12 所示。

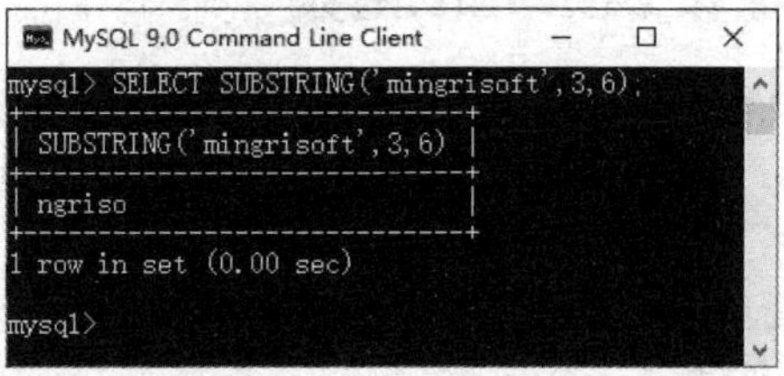

图 7-12　使用 SUBSTRING()函数获取指定位置和长度的字符串

7.3.6 REVERSE(s)函数

使用 REVERSE(s)函数可将字符串 s 逆序排列。

【例 7-13】 使用 REVERSE()函数将 mrbccd 字符串逆序排列，代码如下。

```
SELECT REVERSE('mrbccd');
```
结果如图 7-13 所示。

图 7-13　使用 REVERSE()函数
将 mrbccd 字符串逆序排列

7.3.7 FIELD(s,s1,s2,…)函数

FIELD(s,s1,s2,…)函数返回第一个与字符串 s 匹配的字符串的位置。

【例 7-14】使用 FIELD()函数获取第一个与字符串 mr 匹配的字符串的位置，代码如下。

```
SELECT FIELD('mr','mrbook','mrsoft','mr','mrbccd');
```
结果如图 7-14 所示。

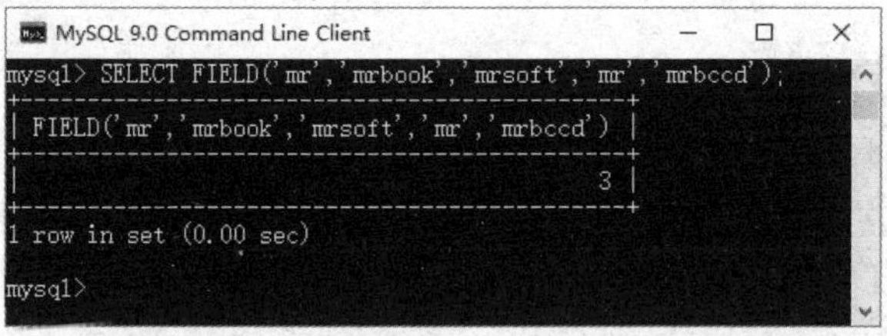

图 7-14　使用 FIELD()函数获取第一个与字符串 mr 匹配的字符串的位置

7.4　日期和时间函数

日期和时间函数也是 MySQL 中非常常用的函数，主要用于对表中的日期和时间数据进行处理。MySQL 的日期和时间函数及其作用如表 7-4 所示。

日期和时间
函数

表 7-4　MySQL 的日期和时间函数及其作用

函数	作用
CURDATE()、CURRENT_DATE()	返回当前日期
CURTIME()、CURRENT_TIME()	返回当前时间
NOW()、CURRENT_TIMESTAMP()、LOCALTIME()、SYSDATE()、LOCALTIMESTAMP()	返回当前日期和时间
UNIX_TIMESTAMP()	以 UNIX 时间戳的形式返回当前时间
UNIX_TIMESTAMP(d)	将时间 d 以 UNIX 时间戳的形式返回
FROM_UNIXTIME(d)	把 UNIX 时间戳形式的时间 d 转换为普通格式的时间
UTC_DATE()	返回 UTC（Universal Time Coordinated，世界协调时）日期
UTC_TIME()	返回 UTC 时间
MONTH(d)	返回日期 d 中的月份，范围是 1～12
MONTHNAME(d)	返回日期 d 中的月份名称，如 January、February 等
DAYNAME(d)	返回日期 d 是星期几，如 Monday、Tuesday 等
DAYOFWEEK(d)	返回日期 d 是星期几，1 表示星期日，2 表示星期一，以此类推
WEEKDAY(d)	返回日期 d 是星期几，0 表示星期一，1 表示星期二，以此类推
WEEK(d)	计算日期 d 是本年的第几个星期，范围是 0～53
WEEKOFYEAR(d)	计算日期 d 是本年的第几个星期，范围是 1～53
DAYOFYEAR(d)	计算日期 d 是本年的第几天
DAYOFMONTH(d)	计算日期 d 是本月的第几天
YEAR(d)	返回日期 d 中的年份
QUARTER(d)	返回日期 d 是第几季度，范围是 1～4
HOUR(t)	返回时间 t 中的小时
MINUTE(t)	返回时间 t 中的分钟
SECOND(t)	返回时间 t 中的秒
EXTRACT(type FROM d)	从日期 d 中获取指定的值，type 用于指定返回的值，如 YEAR、HOUR 等
TIME_TO_SEC(t)	将时间 t 转换为秒
SEC_TO_TIME(s)	将以秒为单位的时间 s 转换为时分秒的格式
TO_DAYS(d)	计算日期 d 距 0000 年 1 月 1 日的天数
FROM_DAYS(n)	计算从 0000 年 1 月 1 日开始 n 天后的日期
DATEDIFF(d1,d2)	计算日期 d1、d2 相隔的天数
ADDDATE(d,n)	计算起始日期 d 加上 n 天的日期
ADDDATE(d,INTERVAL expr type)	计算起始日期 d 加上一个时间段后的日期
DATE_ADD(d,INTERVAL expr type)	同 ADDDATE(d,INTERVAL n type)
SUBDATE(d,n)	计算起始日期 d 减去 n 天后的日期
SUBDATE(d,INTERVAL expr type)	计算起始日期 d 减去一个时间段后的日期
ADDTIME(t,n)	计算起始时间 t 加上 n 秒的时间
SUBTIME(t,n)	计算起始时间 t 减去 n 秒的时间
DATE_FROMAT(d,f)	按照表达式 f 的要求显示日期 d
TIME_FROMAT(t,f)	按照表达式 f 的要求显示时间 t
GET_FORMAT(type,s)	根据字符串 s 获取 type 类型数据的显示格式

7.4.1　CURDATE()函数和 CURRENT_DATE()函数

CURDATE()和 CURRENT_DATE()函数用于获取当前日期。

【例 7-15】　使用 CURDATE()和 CURRENT_DATE()函数获取当前日期，代码如下。

```
SELECT CURDATE(),CURRENT_DATE();
```

结果如图 7-15 所示。

图 7-15　使用 CURDATE()和 CURRENT_DATE()函数获取当前日期

7.4.2　CURTIME()函数和 CURRENT_TIME()函数

CURTIME()和 CURRENT_TIME()函数用于获取当前时间。

【例 7-16】　使用 CURTIME()和 CURRENT_TIME()函数获取当前时间，代码如下。

```
SELECT CURTIME(),CURRENT_TIME();
```

结果如图 7-16 所示。

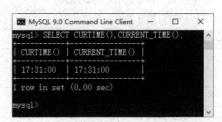

图 7-16　使用 CURTIME()和 CURRENT_TIME()函数获取当前时间

7.4.3　NOW()函数

NOW()函数用于获取当前日期和时间。CURRENT_TIMESTAMP()函数、LOCALTIME()函数、SYSDATE()函数和 LOCALTIMESTAMP()函数也可用于获取当前日期和时间。

【例 7-17】　使用 NOW()函数、CURRENT_TIMESTAMP()函数、LOCALTIME()函数、SYSDATE()函数和 LOCALTIMESTAMP()函数获取当前日期和时间，代码如下。

```
SELECT NOW(),CURRENT_TIMESTAMP(),LOCALTIME(),SYSDATE(),LOCALTIMESTAMP();
```

结果如图 7-17 所示。

图 7-17　使用 NOW()、CURRENT_TIMESTAMP()等函数获取当前日期和时间

7.4.4 DATEDIFF(d1,d2)函数

DATEDIFF(d1,d2)函数用于计算日期 d1 与 d2 相隔的天数。

【例 7-18】 使用 DATEDIFF(d1,d2)函数计算 2024-10-01 与 2024-08-16 相隔的天数，代码如下。

```
SELECT DATEDIFF('2024-10-01','2024-08-16');
```
结果如图 7-18 所示。

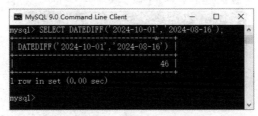

图 7-18　使用 DATEDIFF(d1,d2)函数计算两个日期相隔的天数

7.4.5 ADDDATE(d,n)函数

ADDDATE(d,n)函数返回起始日期 d 加上 n 天的日期。

【例 7-19】 使用 ADDDATE(d,n)函数获取 2024-08-16 加上 6 天的日期，代码如下。

```
SELECT ADDDATE('2024-08-16',6);
```
结果如图 7-19 所示。

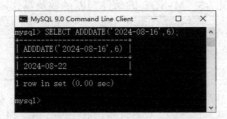

图 7-19　使用 ADDDATE(d,n)函数获取 2024-08-16 加上 6 天的日期

7.4.6 ADDDATE(d,INTERVAL expr type)函数

ADDDATE(d,INTERVAL expr type)函数返回起始日期 d 加上一个时间段后的日期。

【例 7-20】 使用 ADDDATE(d,INTERVAL expr type)函数获取 2024-08-16 加上 1 年 2 个月后的日期，代码如下。

```
SELECT ADDDATE('2024-08-16',INTERVAL '1 2' YEAR_MONTH);
```
结果如图 7-20 所示。

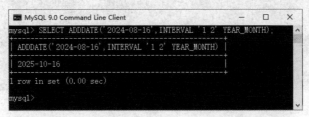

图 7-20　获取 2024-08-16 加上 1 年 2 个月后的日期

7.4.7　SUBDATE(d,n)函数

SUBDATE(d,n)函数返回起始日期 d 减去 n 天的日期。

【例 7-21】　使用 SUBDATE(d,n)函数获取 2024-08-16 减去 6 天后的日期，代码如下。

```
SELECT SUBDATE('2024-08-16',6);
```

结果如图 7-21 所示。

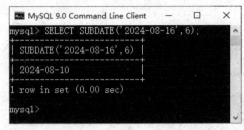

图 7-21　使用 SUBDATE(d,n)函数获取 2024-08-16 减去 6 天后的日期

7.5　条件判断函数

条件判断函数用来在 SQL 语句中进行条件判断。系统会根据条件判断的结果执行不同的 SQL 语句。MySQL 的条件判断函数及其作用如表 7-5 所示。

条件判断函数

表 7-5　MySQL 的条件判断函数及其作用

函数	作用
IF(expr,v1,v2)	如果表达式 expr 成立，则执行 v1；否则执行 v2
IFNULL(v1,v2)	如果 v1 不为空，则显示 v1 的值；否则显示 v2 的值
CASE WHEN expr1 THEN v1 [WHEN expr2 THEN v2, …][ELSE vn] END	CASE 表示函数开始，END 表示函数结束。如果表达式 expr1 成立，则返回 v1 的值；如果表达式 expr2 成立，则返回 v2 的值。依次类推，如果遇到 ELSE，则返回 vn 的值
CASE expr WHEN e1 THEN v1 [WHEN e2 THEN v2, …][ELSE vn] END	CASE 表示函数开始，END 表示函数结束。如果表达式 expr 的值为 e1，则返回 v1 的值；如果表达式 expr 的值为 e2，则返回 v2 的值；依次类推，如果遇到 ELSE，则返回 vn 的值

【例 7-22】　使用 CASE WHEN 语句执行分支操作，代码如下。

```
SELECT CASE 2 WHEN 1 THEN 'first' WHEN 2 THEN 'second' ELSE 'third' END;
```

结果如图 7-22 所示。

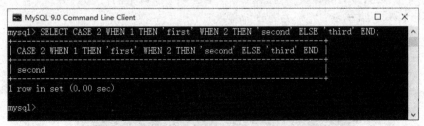

图 7-22　使用 CASE WHEN 语句执行分支操作

7.6 其他函数

除了上述内置函数以外，MySQL 还包含很多函数，例如数字格式化函数 FORMAT(x,n)、IP 地址与数字的转换函数 INET_ATON(IP)、加锁函数 GET_LOCT(name,time)、解锁函数 RELEASE_LOCK(name)等。表 7-6 所示为 MySQL 的其他函数及其作用。

其他函数

表 7-6　MySQL 的其他函数及其作用

函数	作用
FORMAT(x,n)	将数字 x 格式化，保留到小数点后 n 位。这个过程需要进行四舍五入
ASCII(s)	返回字符串 s 的第一个字符的 ASCII 值
BIN(x)	返回 x 的二进制编码
HEX(x)	返回 x 的十六进制编码
OCT(x)	返回 x 的八进制编码
CONV(x,f1,f2)	将 x 从 f1 进制数转换成 f2 进制数
INET_ATON(IP)	将 IP 地址转换为数字表示形式
INET_NTOA(n)	将数字 n 转换成 IP 地址的形式
GET_LOCT(name,time)	定义一个名为 name、持续时间为 time 秒的锁。如果锁定成功，则返回 1；如果尝试超时，则返回 0；如果遇到错误，则返回 NULL
RELEASE_LOCK(name)	解除名为 name 的锁。如果解锁成功，则返回 1；如果尝试超时，则返回 0；如果解锁失败，则返回 NULL
IS_FREE_LOCK(name)	判断是否使用名为 name 的锁。如果使用，则返回 0；否则返回 1
BENCHMARK(count,expr)	将表达式 expr 重复执行 count 次，然后返回执行时间。该函数可以用来判断 MySQL 处理表达式的速度
CONVERT(s USING cs)	将字符串 s 的字符集设置为 cs
CAST(x AS type)	将 x 变成 type 类型，该函数只对 BINARY、CHAR、DATE、DATETIME、TIME、SIGNED INTEGER、UNSIGNED INTEGER 类型起作用。该函数只改变了输出值的数据类型，并没有改变表中字段的类型

【例 7-23】　使用 FORMAT(x,n)函数将 57.2656 和 57.5636 格式化，保留到小数点后两位，代码如下。

```
SELECT FORMAT(57.2656,2),FORMAT(57.5636,2);
```

结果如图 7-23 所示。

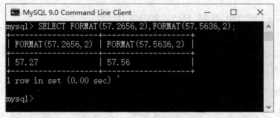

图 7-23　使用 FORMAT()函数格式化数据

57.2656 格式化后的结果是 57.27，57.5636 格式化后的结果是 57.56。这两个数据都被保留到小数点后两位，而且都进行了四舍五入处理。

7.7 AI 辅助编程

在我们学习 MySQL 函数时，AI 工具可以提供有力的支持。下面介绍如何利用 AI 工具来帮助我们巩固本章所学的知识，设计相应的实例。

7.7.1 对产品信息数据表使用数学函数

在 AI 工具的输入框中输入"MySQL 对产品信息数据表使用数学函数"，按 Enter 键，AI 工具会自动生成实例的实现方法，内容如下。

以下是一些针对产品信息数据表使用 MySQL 内置数学函数的代码实例。

1. 使用 ROUND(x,y)函数格式化折扣后的价格

```
SELECT product_id, ROUND(price * (1 - discount_rate), 2) AS discounted_price
FROM products;
```

2. 使用 CEIL(x)函数计算价格的上限

```
SELECT product_id, CEIL(price) AS ceiling_price
FROM products;
```

3. 使用 FLOOR(x)函数计算价格的下限

```
SELECT product_id, FLOOR(price) AS floor_price
FROM products;
```

4. 使用 ABS(x)函数计算价格变动的绝对值

```
SELECT product_id, ABS(price - old_price) AS price_change_absolute
FROM products;
```

5. 使用 SQRT(x)函数计算价格的平方根

```
SELECT product_id, SQRT(price) AS price_square_root
FROM products;
```

6. 使用 POWER(x,y)函数计算价格的幂

```
SELECT product_id, POWER(price, 2) AS price_squared
FROM products;
```

7. 使用 MOD(x,y)函数计算价格除以某个数的余数

```
SELECT product_id, MOD(price, 10) AS price_mod_10
FROM products;
```

8. 使用 TRUNCATE(x,y)函数使价格保留指定的小数位数

```
SELECT product_id, TRUNCATE(price, 1) AS truncated_price
FROM products;
```

这些实例展示了如何在 MySQL 查询中使用内置的数学函数来处理产品信息数据。根据你的具体需求，你可以选择合适的数学函数来执行所需的计算。

7.7.2 对产品信息数据表使用字符串函数

在 AI 工具的输入框中输入"MySQL 对产品信息数据表使用字符串函数"，按 Enter 键，AI 工具会自动生成实例的实现方法，内容如下。

在 MySQL 中，字符串函数用于处理文本数据，执行字符串连接、截取、替换、转换等操作。以下是一些常用的 MySQL 字符串函数及其在产品信息数据表（假设表名为 products）中的应用实例。

1. CONCAT() 函数

连接两个或多个字符串：

```
SELECT product_id, CONCAT(product_name, ' - ', brand_name) AS product_info
FROM products;
```

2. SUBSTRING() 函数

从字符串中返回一个字符串：

```
SELECT product_id, SUBSTRING(product_description, 1, 50)
AS short_description FROM products;
```

3. LEFT() 和 RIGHT() 函数

分别从字符串的左侧或右侧返回指定数量的字符：

```
SELECT product_id, LEFT(product_code, 3)
AS code_prefix, RIGHT(product_code, 4) AS code_suffix FROM products;
```

4. REPLACE() 函数

在字符串中替换指定的字符串：

```
SELECT product_id, REPLACE(product_name, 'Old', 'New')
AS updated_product_name
FROM products
WHERE product_name LIKE '%Old%';
```

5. UPPER() 和 LOWER() 函数

将字符串转换为大写或小写：

```
SELECT product_id, UPPER(product_name) AS uppercase_name, LOWER(brand_name)
AS lowercase_brand
FROM products;
```

6. LENGTH() 和 CHAR_LENGTH() 函数

返回字符串以字节为单位的长度或字符数（对于多字节字符集，两者可能不同）：

```
SELECT product_id, LENGTH(product_description)
AS byte_length, CHAR_LENGTH(product_description) AS char_length
FROM products;
```

7. TRIM() 函数

去除字符串两侧的空格或其他指定字符：

```
SELECT product_id, TRIM(BOTH ' ' FROM product_name) AS trimmed_name
FROM products;
```

这些函数可以帮助你在 MySQL 查询中处理和转换字符串数据，从而满足各种数据处理和分析需求。根据你的具体需求，你可以选择合适的字符串函数来执行所需的操作。

小结

本章介绍了 MySQL 数据库提供的内置函数。这些函数包括数学函数、字符串函数、日期和时间函数、条件判断函数等。字符串函数、日期和时间函数是本章重点介绍的内容。条件判断函数是本章的难点，因为条件判断函数涉及条件判断和跳转的语句。这些函数通常与 SELECT、INSERT、UPDATE、DELETE 语句一起使用。读者一定要上机实际应用这些函数，以更好地掌握函数的用法。

上机指导

使用 RAND()、ROUND()、FLOOR()和 CEILING()这 4 个函数生成 3 个
1～100 的随机整数，结果如图 7-24 所示。

上机指导

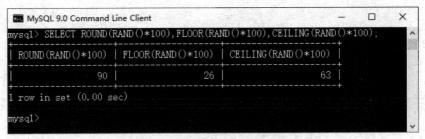

图 7-24　生成 3 个 1～100 的随机整数

使用 ROUND(x)函数可以生成一个与 x 最接近的整数。使用 FLOOR(x)函数可以生成一个小于或等于 x 的最大整数。使用 CEILING(x)函数可以生成大于或等于 x 的最小整数。RAND()函数产生的是随机数，所以每次执行的结果都是不一样的。代码如下。

```
SELECT ROUND(RAND()*100),FLOOR(RAND()*100),CEILING(RAND()*100);
```

习题

1. 举例说明 FLOOR(x)函数和 CEILING(x)函数的区别。
2. 列举 MySQL 中常用的字符串函数。
3. MySQL 中用于获取当前日期和时间的函数有哪几个？
4. 简述 MySQL 中条件判断函数的作用。
5. MySQL 中对数字进行格式化的是哪个函数？

第8章 表记录的更新操作

第 **8** 章

本章要点

- 掌握向表中插入单条记录的方法
- 掌握向表中插入多条记录的方法
- 掌握修改表记录的方法
- 掌握使用 DELETE 语句删除表记录的方法
- 掌握清空表记录的方法

表记录的更新操作主要包括向表中插入记录、修改表中的记录以及删除表中的记录等。下面将详细介绍在 MySQL 中对表记录进行更新操作的方法。

8.1 插入表记录

建立数据库和数据表后，首先需要考虑的是如何向数据表中添加数据，该操作可以使用 INSERT 语句来完成。使用 INSERT 语句可以向数据表中插入一条或多条数据记录。下面将分别进行介绍。

8.1.1 使用 INSERT…VALUES 语句插入新记录

使用 INSERT…VALUES 语句插入数据的语法格式如下。

```
INSERT [LOW_PRIORITY | DELAYED | HIGH_PRIORITY] [IGNORE]
    [INTO] 数据表名 [(字段名,…)]
    VALUES ({值 | DEFAULT},…),(…),…
    [ ON DUPLICATE KEY UPDATE 字段名=表达式, … ];
```

参数说明如表 8-1 所示。

使用 INSERT…
VALUES 语句
插入新记录

表 8-1　INSERT…VALUES 语句的参数说明

参数	说明
[LOW_PRIORITY | DELAYED | HIGH_PRIORITY]	可选项，其中 LOW_PRIORITY 是 INSERT、UPDATE 和 DELETE 语句都支持的一种可选修饰符，通常应用在多用户访问数据库的情况下，用于指示 MySQL 降低 INSERT、DELETE 或 UPDATE 操作的优先级。DELAYED 是 INSERT 语句支持的一种可选修饰符，用于指定 MySQL 服务器把待插入的行数据放到一个缓冲器中，直到待插入数据的表空闲时，才真正在表中插入数据行。HIGH_PRIORITY 是 INSERT 和 SELECT 语句支持的一种可选修饰符，它的作用是指定 INSERT 和 SELECT 操作优先执行

参数	说明
[IGNORE]	可选项，表示在执行 INSERT 语句时，出现的错误都会被当作警告处理
[INTO] 数据表名	用于指定被操作的数据表，其中[INTO]为可选项
[(字段名, …)]	可选项，当不指定该选项时，表示向表中的所有列插入数据，否则表示向数据表的指定列插入数据
VALUES ({值 | DEFAULT},…),(…),…	必选项，用于指定需要插入的数据清单，其顺序必须与字段的顺序一致。其中的每一列的数据可以为常量、变量、表达式或者 NULL，但是其数据类型要与对应的字段类型相匹配。也可以直接使用 DEFAULT 关键字，表示向相应列插入默认值，但是使用 DEFAULT 的前提是已经明确指定了默认值，否则会出错
ON DUPLICATE KEY UPDATE 子句	可选项，用于指定向表中插入行数据时，如果 UNIQUE KEY 或 PRIMARY KEY 出现重复值，系统是否根据 UPDATE 后的语句修改表中原有的行数据

INSERT…VALUES 语句的使用方法有以下两种。

1．插入完整数据记录

使用 INSERT…VALUES 语句可以向数据表中插入完整的数据记录。下面通过一个具体的实例来演示如何向数据表中插入完整的数据记录。

【例 8-1】 使用 INSERT…VALUES 语句向图书馆管理系统的管理员信息表 tb_manager 中插入一条完整的数据记录。

（1）查看数据表 tb_manager 的表结构，具体代码如下。

```
USE db_library;
DESC tb_manager;
```

执行结果如图 8-1 所示。

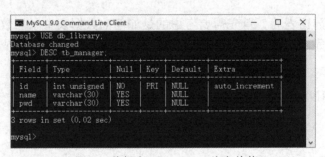

图 8-1　数据表 tb_manager 的表结构

（2）编写 SQL 语句，使用 INSERT…VALUES 语句向数据表 tb_manager 中插入一条完整的数据记录，具体代码如下。

```
INSERT INTO tb_manager VALUES(1,'mr','mrsoft');
```

执行结果如图 8-2 所示。

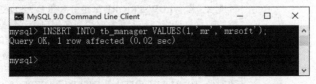

图 8-2　向数据表 tb_manager 中插入一条完整的数据记录

（3）查看数据表 tb_manager 中的数据，具体代码
如下。

```
SELECT * FROM tb_manager;
```

执行结果如图 8-3 所示。

图 8-3　查看新插入的数据

2．插入数据记录的一部分

使用 INSERT…VALUES 语句还可以向数据表中
插入数据记录的一部分，也就是只插入某几个字段的值。下面通过一个具体的实例来演示
如何向数据表中插入数据记录的一部分。

【例 8-2】使用 INSERT…VALUES 语句向数据表 tb_manager 中插入数据记录的一部分。

（1）编写 SQL 语句，使用 INSERT…VALUES 语句向数据表 tb_manager 中插入一条记
录，该记录只包括 name 和 pwd 字段的值，具体代码如下。

```
INSERT INTO tb_manager (name,pwd) VALUES('Tony','xtb123456');
```

执行结果如图 8-4 所示。

（2）查看数据表 tb_manager 中的数据，具体代码如下。

```
SELECT * FROM tb_manager;
```

执行结果如图 8-5 所示。

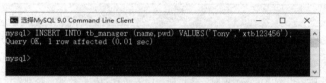

图 8-4　向数据表 tb_manager 中插入数据记录的一部分

图 8-5　查看新插入的数据

> 说明：由于在设计数据表时将 id 字段设置为了自增类型，因此即使没有指定 id 的值，
> MySQL 也会自动为它填上相应的编号。

8.1.2　插入多条记录

使用 INSERT…VALUES 语句还可以一次性插入多条数据记录。使用该
方法批量插入数据，比使用多条单行的 INSERT 语句的效率高。下面将通过
一个具体的实例演示如何一次性插入多条记录。

插入多条记录

【例 8-3】使用 INSERT…VALUES 语句向数据表 tb_manager 中一次性
插入多条记录。

（1）编写 SQL 语句，使用 INSERT…VALUES 语句向数据表 tb_manager 中插入 3 条记
录（都只包括 name 和 pwd 字段的值），具体代码如下。

```
INSERT INTO tb_manager (name,pwd)
VALUES('Kelly','556677')
,( 'Henry','666666')
,( 'Alice','123456');
```

执行结果如图 8-6 所示。

（2）查看数据表 tb_manager 中的数据，具体代码如下。

```
SELECT * FROM tb_manager;
```

执行结果如图 8-7 所示。

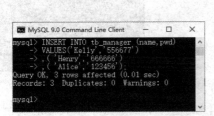

图 8-6　向数据表 tb_manager 中插入 3 条记录　　图 8-7　查看新插入的 3 行数据

8.1.3　使用 INSERT...SELECT 语句插入结果集

MySQL 支持将查询结果插入指定的数据表中，这可以通过
INSERT...SELECT 语句来实现。语法格式如下。

```
INSERT [LOW_PRIORITY | HIGH_PRIORITY] [IGNORE]
    [INTO] 数据表名 [(字段名,…)]
    SELECT…
    [ ON DUPLICATE KEY UPDATE 字段名=表达式, … ];
```

使用 INSERT...
SELECT 语句
插入结果集

参数说明如表 8-2 所示。

表 8-2　INSERT...SELECT 语句的参数说明

参数	说明
[LOW_PRIORITY	HIGH_PRIORITY] [IGNORE]	可选项，其作用与 INSERT...VALUES 语句中的相应参数相同，这里不赘述
[INTO] 数据表名	用于指定被操作的数据表，其中，[INTO]为可选项，可以省略
[(字段名,…)]	可选项，当不指定该选项时，表示向表中的所有列插入数据，否则表示向数据表的指定列插入数据
SELECT 子句	用于快速地从一个或多个表中取出数据，并将这些数据作为行数据插入目标数据表中。需要注意的是，SELECT 子句返回的结果集中的字段数、字段类型必须与目标数据表完全一致
[ON DUPLICATE KEY UPDATE 子句]	可选项，其作用与 INSERT...VALUES 语句中的相应参数相同，这里不赘述

【例 8-4】　从图书馆管理系统的借阅表 tb_borrow 中获取部分借阅信息（readerid 和 bookid），并将其插入归还表 tb_giveback 中。

（1）创建借阅表，主要包括 id、readerid、bookid、borrowTime、backTime、operator、ifback 字段，具体代码如下。

```
CREATE TABLE tb_borrow (
    id int unsigned NOT NULL AUTO_INCREMENT,
    readerid int unsigned,
    bookid int,
    borrowTime date,
    backTime date,
    operator varchar(30),
    ifback tinyint DEFAULT '0',
    PRIMARY KEY (id)
);
```

（2）向借阅表中插入两条记录，具体代码如下。

```
INSERT INTO tb_borrow (readerid,bookid,borrowTime,backTime,operator,ifback) VALUES
    (1,1,'2024-08-14','2024-08-16','mr',1),
    (1,2,'2024-08-14','2024-08-21','mr',0);
```

（3）查询借阅表中的数据，具体代码如下。

```sql
SELECT * FROM tb_borrow;
```

步骤（1）～步骤（3）的执行结果如图8-8所示。

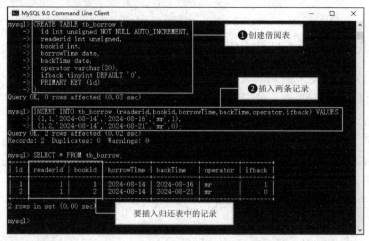

图8-8　创建借阅表并插入数据

（4）创建归还表，主要包括 id、readerid、bookid、backTime、operator 字段，具体代码如下。

```sql
CREATE TABLE tb_giveback (
    id int unsigned NOT NULL AUTO_INCREMENT,
    readerid int,
    bookid int,
    backTime date,
    operator varchar(30),
    PRIMARY KEY (id)
);
```

（5）从数据表 tb_borrow 中获取 readerid 和 bookid 字段的值，将其插入数据表 tb_giveback 中，具体代码如下。

```sql
INSERT INTO tb_giveback
    (readerid,bookid)
    SELECT readerid,bookid FROM tb_borrow;
```

（6）查看数据表 tb_giveback 中的数据，具体代码如下。

```sql
SELECT * FROM tb_giveback;
```

步骤（5）和步骤（6）的执行结果如图8-9所示。

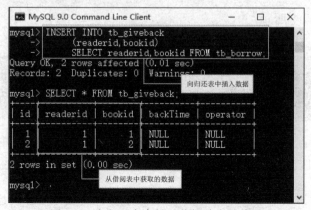

图8-9　向归还表中插入数据并查看结果

> 📖 说明：INSERT 语句和 SELECT 语句中可以使用相同的字段名，也可以使用不同的字段名，因为 MySQL 不关心 SELECT 语句返回的字段名，它只是将返回的值按列插入新表中。

8.1.4 使用 REPLACE 语句插入新记录

还可以使用 REPLACE 语句插入新记录。REPLACE 语句与 INSERT 语句类似，不同的是，如果要插入新记录的表中存在主键约束或唯一性约束，而且要插入的新记录中又包含与要插入新记录的表中相同的主键约束或唯一性约束列的值，那么使用 INSERT 语句不能插入这条新记录；而使用 REPLACE 语句可以插入，只不过它会先将数据表中会与新记录起冲突的记录删除，再插入新记录。

使用 REPLACE
语句插入新记录

REPLACE 语句有以下 3 种语法格式。

语法格式一如下。

```
REPLACE INTO 数据表名[(字段列表)] VALUES(值列表);
```

语法格式二如下。

```
REPLACE INTO 目标数据表名[(字段列表1)] SELECT (字段列表2) FROM 源表 [WHERE 条件表达式];
```

语法格式三如下。

```
REPLACE INTO 数据表名 SET 字段1=值1,字段2=值2,字段3=值3,…;
```

例如，成功执行【例 8-4】后，使用下面的代码向归还表 tb_giveback 中插入两条数据。

```
INSERT INTO tb_giveback
    SELECT id,readerid,bookid,backtime, operator FROM tb_borrow;
```

执行结果如图 8-10 所示。

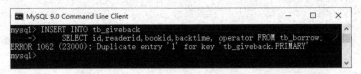

图 8-10 使用 INSERT 语句插入数据

从图 8-10 中可以发现，在插入数据时出现了主键重复的情况。下面使用 REPLACE 语句实现同样的操作，代码如下。

```
REPLACE INTO tb_giveback
    SELECT id,readerid,bookid,backtime, operator FROM tb_borrow;
```

执行结果如图 8-11 所示。

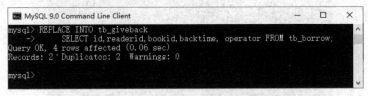

图 8-11 使用 REPLACE 语句插入数据

从图 8-11 中可以发现，数据被成功插入。查看数据表 tb_giveback 中的数据，具体代码如下。

```
SELECT * FROM tb_giveback;
```

执行结果如图 8-12 所示。

图 8-12　查看插入的数据

从图 8-12 中可以看出，数据被成功插入。tb_giveback 表中的原数据参见图 8-9。

8.2 修改表记录

修改表记录

要修改表记录，可以使用 UPDATE 语句，语法格式如下。

```
UPDATE 数据表名 SET column_name = new_value1,column_name2 = new_value2,…WHERE 条件表达式;
```

其中，SET 子句用于指出要修改的列和相应的值。WHERE 子句是可选的，如果给出，那么它将指定哪条记录应该被更新，否则所有的记录都将被更新。

【例 8-5】　将图书馆管理系统的借阅表中 id 字段值为 2 的记录的 ifback 字段值设置为 1。

（1）编写 SQL 语句，使用 UPDATE 语句更新 tb_borrow 数据表中的记录，具体代码如下。

```
UPDATE tb_borrow SET ifback=1 WHERE id=2;
```

（2）查看数据表 tb_borrow 中的数据，具体代码如下。

```
SELECT * FROM tb_borrow;
```

执行结果如图 8-13 所示。

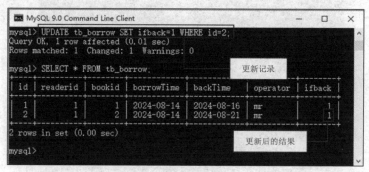

图 8-13　修改指定记录

⚠注意：更新记录时一定要保证 WHERE 子句的正确性，如果 WHERE 子句出错，将会破坏所有被修改的数据。

8.3 删除表记录

删除表记录

8.3.1 使用 DELETE 语句删除表记录

在数据库中，如果有些数据已经失去意义或者出现错误，就需要将它们删除，此时可以使用 DELETE 语句，语法格式如下。

```
DELETE FROM 数据表名 WHERE 条件表达式;
```

⚠ **注意：** 执行该语句时，如果没有指定 WHERE 条件，将删除所有的记录；如果指定了 WHERE 条件，将按照指定的条件进行删除。

【例 8-6】 将图书馆管理系统的管理员信息表 tb_manager 中名称为 mr 的管理员的记录删除。

（1）查看数据表 tb_manager 中的数据，具体代码如下。

```
SELECT * FROM tb_manager;
```

（2）删除名称为 mr 的管理员的记录，具体代码如下。

```
DELETE FROM tb_manager WHERE name='mr';
```

（3）查看删除记录之后数据表 tb_manager 中的数据，具体代码如下。

```
SELECT * FROM tb_manager;
```

执行结果如图 8-14 所示。

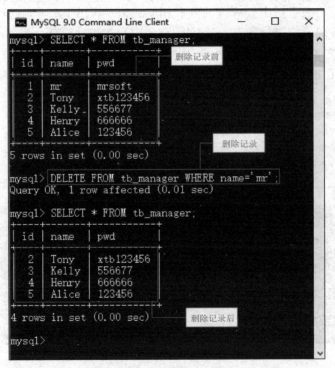

图 8-14　删除指定记录

⚠ **注意：** 在实际的应用中，执行删除操作时，执行删除的条件一般应该为数据的 id，而不是具体的某个字段值，这样可以避免错误的发生。

8.3.2　使用 TRUNCATE TABLE 语句清空表记录

如果要删除表中的所有记录，可以使用 TRUNCATE TABLE 语句，其基本的语法格式如下。

```
TRUNCATE [TABLE] 数据表名;
```

数据表名是要删除的数据表的名称，也可以使用"数据库名.数据表名"来指定该数据表属于哪个数据库。

⚠️ **注意：** 由于 TRUNCATE TABLE 语句会删除数据表中的所有数据，并且数据无法恢复，因此使用 TRUNCATE TABLE 语句时一定要十分小心。

【例 8-7】　清空图书馆管理系统的管理员信息表 tb_manager。

（1）使用 TRUNCATE TABLE 语句清空管理员信息表 tb_manager，具体代码如下。

```
TRUNCATE TABLE tb_manager;
```

（2）使用 SELECT 语句查看数据表 tb_manager 中的数据，具体代码如下。

```
SELECT * FROM tb_manager;
```

执行结果如图 8-15 所示。

图 8-15　清空管理员数据表 tb_manager

DELETE 语句和 TRUNCATE TABLE 语句的区别如下。

❑ 执行 TRUNCATE TABLE 语句后，表中的 AUTO_INCREMENT 计数器将被重新设置为相应列的初始值。

❑ 对于建立了索引和视图的表，不能使用 TRUNCATE TABLE 语句来删除数据，而应使用 DELETE 语句。

❑ TRUNCATE TABLE 操作比 DELETE 操作使用的系统资源和事务日志资源少。DELETE 语句每删除一条记录，事务日志中都会新增一条记录，而 TRUNCATE TABLE 语句则是通过释放存储表数据所用的数据页来删除数据的，因此事务日志中只记录页的释放。

8.4　AI 辅助编程

在我们学习表记录的更新操作时，AI 工具可以提供有力的支持。下面介绍如何利用 AI 工具来帮助我们巩固本章所学的知识，设计相应的实例。

8.4.1　向产品信息数据表插入记录

在 AI 工具的输入框中输入"MySQL 向产品信息数据表插入记录"，按 Enter 键，AI 工具会自动生成实例的实现方法，内容如下。

在 MySQL 中，向产品信息数据表插入记录可以通过使用 INSERT 语句来实现。假设我们有一个名为 products 的产品信息数据表，并且这个表有以下结构：

```
CREATE TABLE products (
    product_id INT AUTO_INCREMENT PRIMARY KEY,
```

```
    product_name VARCHAR(255) NOT NULL,
    description TEXT,
    price DECIMAL(10, 2) NOT NULL,
    stock_quantity INT NOT NULL,
    created_at TIMESTAMP DEFAULT CURRENT_TIMESTAMP
);
```

向这个表插入记录的步骤和实例如下。

1. 插入完整记录

```
INSERT INTO products (product_name, description, price, stock_quantity)
VALUES ('Laptop', 'A high-performance laptop suitable for gaming and professional use.',
1599.99, 50);
```

2. 插入部分记录（省略可选字段）

```
INSERT INTO products (product_name, price, stock_quantity)
VALUES ('Smartphone', 699.99, 100);
```

3. 插入多条记录

```
INSERT INTO products (product_name, description, price, stock_quantity)
VALUES
('Tablet', 'A sleek and portable tablet for everyday use.', 299.99, 20),
('Headphones', 'High-quality wireless headphones with noise cancellation.', 199.99, 30),
('Monitor', 'A large, high-resolution monitor for detailed work.', 499.99, 15);
```

4. 使用子查询插入记录

```
INSERT INTO products (product_name, price, stock_quantity)
SELECT product_name, price, quantity
FROM old_products
WHERE quantity > 10;
```

8.4.2　修改和删除产品信息数据表中的记录

在 AI 工具的输入框中输入"MySQL 修改和删除产品信息数据表中的记录"，按 Enter
键，AI 工具会自动生成实例的实现方法，内容如下。

在 MySQL 中，修改和删除产品信息数据表中的记录分别可以通过 UPDATE 和 DELETE 语句来实
现。以下是执行这些操作的详细说明和实例。

1. 修改记录

UPDATE 语句用于修改表中已存在的记录。你可以通过指定要修改的字段和新的值，以及一个用于
定位要修改记录的 WHERE 子句来执行此操作。

假设你想要将 products 表中 product_name 为'Laptop'的产品的价格修改为 1699.99：

```
UPDATE products
SET price = 1699.99
WHERE product_name = 'Laptop';
```

如果你想要同时修改多个字段，可以在 SET 子句中列出它们，字段之间用逗号分隔：

```
UPDATE products
SET price = 1699.99, stock_quantity = 45
WHERE product_name = 'Laptop';
```

2. 删除记录

DELETE 语句用于从表中删除记录。同样，你需要使用一个 WHERE 子句来指定哪些记录应该被删除。

假设你想要删除 products 表中 product_name 为'Smartphone'的记录：

```
DELETE FROM products
WHERE product_name = 'Smartphone';
```

查询表中的数据以验证修改和删除是否成功：

```
SELECT * FROM products;
```

通过这些步骤,你应该能够成功地修改和删除 MySQL 产品信息数据表中的记录。始终要记得在执行这些操作之前仔细检查 WHERE 子句中的条件,以避免意外修改或删除数据。

小结

本章主要介绍了对表记录进行更新操作的相关知识,包括插入表记录、修改表记录以及删除表记录等。其中,在介绍插入表记录时,共介绍了 4 种方法,包括插入单条记录的方法、插入多条记录的方法、插入结果集的方法以及使用 REPLACE 语句插入新记录的方法。在这 4 种方法中,最常用的是插入单条记录和插入多条记录的方法,读者需要重点掌握,灵活运用。

上机指导

上机指导

向第 6 章上机指导中创建的 tb_sell 数据表中插入两条销售记录,然后将第 2 条记录删除,结果如图 8-16 所示。

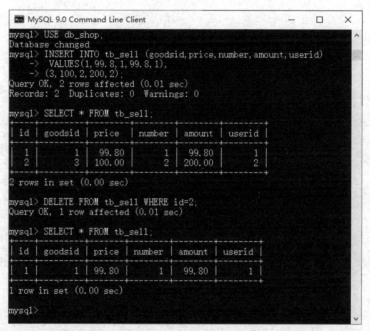

图 8-16 向数据表 tb_sell 中插入记录和删除记录

具体实现步骤如下。

(1)选择当前使用的数据库为 db_shop(如果该数据库不存在,则需要先创建该数据库),具体代码如下。

```
USE db_shop;
```

(2)使用 INSERT 语句向数据表 tb_sell 中批量插入两条记录,具体代码如下。

```
INSERT INTO tb_sell (goodsid,price,number,amount,userid)
 VALUES(1,99.8,1,99.8,1),
(3,100,2,200,2);
```

（3）查询数据表 tb_sell 中的数据，具体代码如下。

```
SELECT * FROM tb_sell;
```

（4）使用 DELETE 语句删除插入的第 2 条记录，由于 id 字段为自增类型，因此第 2 条记录的 id 应该为 2，具体代码如下。

```
DELETE FROM tb_sell WHERE id=2;
```

（5）查询删除记录后的数据表 tb_sell 中的数据，具体代码如下。

```
SELECT * FROM tb_sell;
```

习题

1. 在 MySQL 中可以使用哪些 SQL 语句向表中插入数据？
2. REPLACE 语句有哪几种语法格式？
3. 请说明 INSERT 语句和 REPLACE 语句的区别。
4. 在 MySQL 中可以使用什么 SQL 语句修改表记录？
5. MySQL 中删除表记录的语句有哪些，它们之间的区别是什么？

第 **9** 章 表记录的检索

第 9 章

本章要点

- 了解基本查询语句
- 了解 MySQL 的单表查询
- 掌握使用聚合函数查询数据的方法
- 掌握连接查询和子查询的方法
- 掌握合并查询结果的方法
- 掌握为表和字段取别名的方法
- 掌握正则表达式的使用方法

　　表记录的检索是指从数据库中获取所需的数据，也称为数据查询，是数据库中最常用、最重要的操作。用户可以根据自己的需求，使用不同的查询方式获得所需数据。在 MySQL 中可使用 SELECT 语句来查询数据。本章将对查询语句的基本语法、在单表上查询数据、使用聚合函数查询数据、合并查询结果等内容进行讲解，帮助读者轻松掌握查询数据的方法。

9.1 基本查询语句

基本查询语句

　　SELECT 语句是最常用的查询语句，它的使用方法有些复杂，但功能相当强大。SELECT 语句的基本语法格式如下。

```
SELECT selection_list          #指定要查询的内容，即选择哪些列
FROM 数据表名                   #指定数据表
WHERE primary_constraint       #查询时行需要满足的条件
GROUP BY grouping_columns      #如何对结果进行分组
ORDER BY sorting_clowmns       #如何对结果进行排序
HAVING secondary_constraint    #查询时需要满足的第二条件
LIMIT count;                   #限定输出的查询结果
```

下面介绍 SELECT 语句的简单应用。

1. 使用 SELECT 语句查询一个数据表

　　使用 SELECT 语句时，首先应确定要查询的列。"*"代表所有的列。例如，查询 db_library 数据库的 tb_manager 表中的所有数据，代码如下。

```
SELECT * FROM tb_manager;
```

执行结果如图 9-1 所示。

2．查询表中的一列或多列

针对表中的一列或多列进行查询，只需在 SELECT 后面指定要查询的字段名，字段名之间用"，"分隔。例如，查询 tb_manager 表中的 id 和 name 字段，代码如下。

```
SELECT id, name FROM tb_manager;
```

执行结果如图 9-2 所示。

图 9-1　查询 tb_manager 表中的所有数据

图 9-2　查询表中的一列或多列

3．从多个表中获取数据

使用 SELECT 语句进行多表查询时，需要确定要查询的数据在哪个表中，表之间同样使用"，"分隔。

例如，从 tb_bookinfo 表和 tb_booktype 表中查询 tb_bookinfo.id、tb_bookinfo.bookname、tb_booktype.typename、tb_bookinfo.price 和 tb_bookinfo.author 字段的值，代码如下。

```
SELECT tb_bookinfo.id,tb_bookinfo.bookname,tb_booktype.typename,
    tb_bookinfo.price, tb_bookinfo.author FROM tb_booktype,tb_bookinfo;
```

执行结果如图 9-3 所示。

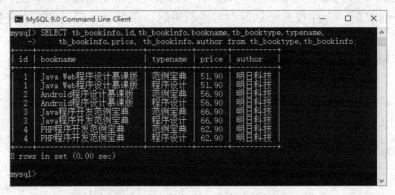

图 9-3　查询多个表中的数据

在查询结果中，每一本图书都有两条记录（只是图书类型不同），如果不想要这样的结果，可以在 WHERE 子句中使用连接运算来确定表之间的联系，然后根据这个条件返回查询结果。例如，从 tb_bookinfo 表和 tb_booktype 表中查询 tb_bookinfo.id、tb_bookinfo.bookname、tb_booktype.typename、tb_bookinfo.price 字段的值，代码如下。

```
SELECT tb_bookinfo.id,tb_bookinfo.bookname,tb_booktype.typename,
tb_bookinfo.price FROM  tb_booktype,tb_bookinfo
WHERE tb_bookinfo.typeid=tb_booktype.id;
```

其中，tb_bookinfo.typeid=tb_booktype.id 将表 tb_bookinfo 和 tb_booktype 连接起来，叫

作等同连接；如果不使用 tb_bookinfo.typeid=tb_booktype.id，那么产生的结果将是两个表的笛卡儿积，叫作全连接。

执行结果如图 9-4 所示。

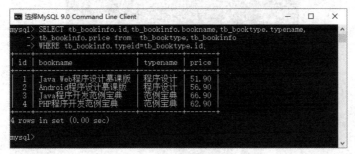

图 9-4　使用等同连接查询数据

9.2　单表查询

单表查询是指从一个表中查询需要的数据。单表查询操作比较简单。下面对几种常见的操作进行详细介绍。

9.2.1　查询所有字段

查询所有字段是指查询表中所有字段的数据。在 MySQL 中可以使用"*"代表所有的字段，语法格式如下。

查询所有字段

```
SELECT * FROM 表名;
```

【例 9-1】　查询图书馆管理系统的图书信息表 tb_bookinfo 的全部数据，具体代码如下。

```
SELECT * FROM tb_bookinfo;
```

执行结果如图 9-5 所示。

图 9-5　查询图书信息表的全部数据

9.2.2　查询指定字段

查询指定字段的语法格式如下。

查询指定字段

```
SELECT 字段名 FROM 表名;
```

如果要查询多个字段，可以使用","分隔各字段。

【例 9-2】　从图书馆管理系统的图书信息表 tb_bookinfo 中查询图书的名称（对应字段为 bookname）和作者（对应字段为 author），具体代码如下。

```
SELECT bookname,author FROM tb_bookinfo;
```
执行结果如图 9-6 所示。

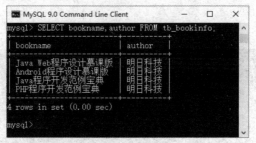

图 9-6　查询图书的名称和作者

9.2.3　查询指定数据

如果要从很多记录中查询指定的记录，那么需要添加查询条件。设定查询条件可使用 WHERE 子句。通过它可以实现复杂的条件查询。在使用 WHERE 子句时，需要使用比较运算符来确定查询条件。

查询指定数据

【例 9-3】　使用 WHERE 子句从图书馆管理系统的管理员信息表 tb_manager 中查询名称为 mr 的管理员的记录，具体代码如下。
```
SELECT * FROM tb_manager WHERE name='mr';
```
执行结果如图 9-7 所示。

图 9-7　查询指定数据

9.2.4　带 IN 关键字的查询

IN 关键字可用于判断某个字段的值是否在指定的集合中。如果字段的值在集合中，则满足查询条件，相应记录将被查询出来；如果不在集合中，则不满足查询条件。带 IN 关键字的查询的语法格式如下。

带 IN 关键字
的查询

```
SELECT * FROM 表名 WHERE 条件 [NOT] IN(元素 1,元素 2,…,元素 n);
```
- ❑ NOT 是可选参数，加上 NOT 表示字段值不在集合内时满足条件。
- ❑ "元素"表示集合中的元素，各元素之间用逗号隔开，字符串类型的元素需要用单引号引起来。

【例 9-4】　从图书馆管理系统的图书信息表 tb_bookinfo 中查询 id 为 2 或 3 的图书信息，查询语句如下。
```
SELECT bookname,author,price,page,bookcase FROM tb_bookinfo WHERE id IN(2,3);
```
查询结果如图 9-8 所示。

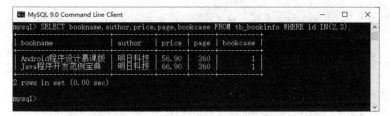

图 9-8　使用 IN 关键字查询数据

9.2.5　带 BETWEEN AND 的范围查询

BETWEEN AND 可用于判断某个字段的值是否在指定的范围内。
如果字段的值在指定范围内,则满足查询条件,相应记录将被查询出来;
如果不在指定范围内,则不满足查询条件。带 BETWEEN AND 的范围
查询的语法格式如下。

带 BETWEEN AND
的范围查询

```
SELECT * FROM 表名 WHERE 条件 [NOT] BETWEEN 取值1 AND 取值2;
```

- NOT:可选参数,加上 NOT 表示字段值不在指定范围内时满足
  条件。
- 取值1:范围的起始值。
- 取值2:范围的终止值。

【例 9-5】 从图书馆管理系统的图书信息表 tb_bookinfo 中查询 inTime 的值在 2024-
09-06—2024-09-07 的图书信息,查询语句如下。

```
SELECT * FROM tb_bookinfo WHERE intime BETWEEN '2024-09-06' AND '2024-09-07';
```

查询结果如图 9-9 所示。

图 9-9　使用 BETWEEN AND 查询数据

如果要查询 tb_bookinfo 表中 inTime 的值不在 2024-09-06—2024-09-07 的数据,则可以
通过 NOT BETWEEN AND 来完成。查询语句如下。

```
SELECT * FROM tb_bookinfo WHERE intime NOT BETWEEN '2024-09-06' AND '2024-09-07';
```

9.2.6　带 LIKE 的字符匹配查询

LIKE 是较常用的比较运算符,通过它可以实现模糊查询。它有两种通
配符:“%”和下画线 (_)。

带 LIKE 的字符
匹配查询

- “%”可以匹配一个或多个字符,可以代表任意长度(包括 0)的字
  符串。例如,“明%技”表示以“明”开头、以“技”结尾的任意长
  度的字符串。该字符串可以是明日科技、明日编程科技、明日图书
  科技等。
- “_”只匹配一个字符。例如,“m_n”表示以 m 开头、以 n 结尾的 3 个字符。中间的
  “_”可以代表任意一个字符。

📖 说明："p"和"明"都算作一个字符，在这点上英文字母和中文是没有区别的。

【例9-6】 查询 tb_bookinfo 表中 bookname 字段包含"Java"字符串的数据，具体代码如下。

```
SELECT * FROM tb_bookinfo WHERE bookname like '%Java%';
```

查询结果如图9-10所示。

图 9-10 模糊查询结果

9.2.7 用 IS NULL 查询空值

IS NULL 可以用来判断字段的值是否为空值。如果字段的值是空值，则满足查询条件，相应记录将被查询出来。如果字段的值不是空值，则不满足查询条件。其语法格式如下。

```
IS [NOT] NULL
```

用 IS NULL
查询空值

其中，NOT 是可选参数，加上 NOT 表示字段值不是空值时满足条件。

【例9-7】 使用 IS NULL 关键字查询 tb_readertype 表中 name 字段的值为空值的记录，具体代码如下。

```
SELECT * FROM tb_readertype WHERE name IS NULL;
```

查询结果如图9-11所示。

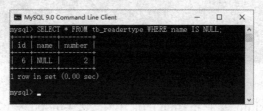

图 9-11 查询 name 字段值为空值的记录

9.2.8 带 AND 的多条件查询

AND 关键字可以用来联合多个条件进行查询。使用 AND 关键字时，只有同时满足所有查询条件的记录才会被查询出来。如果不满足这些查询条件中的任意一个，对应的记录将被排除掉。带 AND 的多条件查询的语法格式如下。

带 AND 的多
条件查询

```
SELECT * FROM 数据表名 WHERE 条件1 AND 条件2 [...AND 条件表达式n];
```

AND 关键字用于连接两个条件表达式，也可以同时使用多个 AND 关键字来连接多个条件表达式。

【例9-8】 查询 tb_manager 表中 name 字段值为 Tony，并且 pwd 字段值为 xtb123456 的记录，查询语句如下。

```
SELECT * FROM tb_manager WHERE name='Tony' AND pwd='xtb123456';
```
查询结果如图 9-12 所示。

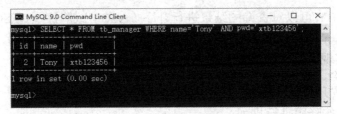

图 9-12　使用 AND 关键字实现多条件查询

9.2.9　带 OR 的多条件查询

OR 关键字也可以用来联合多个条件进行查询，但是与 AND 关键字不同的是，使用 OR 关键字时只要满足查询条件中的一个，相应记录就会被查询出来；如果不满足这些查询条件中的任何一个，相应记录会被排除掉。带 OR 的多条件查询的语法格式如下。

带 OR 的多条件查询

```
SELECT * FROM 数据表名 WHERE 条件1 OR 条件2 [...OR 条件表达式 n];
```
OR 可以用来连接两个条件表达式。也可以同时使用多个 OR 关键字连接多个条件表达式。

【例 9-9】　查询 tb_manager 表中 name 字段值为 Tony 或 Kelly 的记录，查询语句如下。
```
SELECT * FROM tb_manager WHERE name='Tony' OR name='Kelly';
```
查询结果如图 9-13 所示。

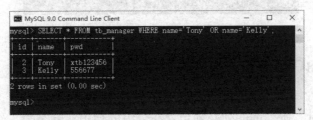

图 9-13　使用 OR 关键字实现多条件查询

9.2.10　用 DISTINCT 关键字去除结果中的重复记录

使用 DISTINCT 关键字可以去除查询结果中的重复记录，语法格式如下。

用 DISTINCT 关键字去除结果中的重复记录

```
SELECT DISTINCT 字段名 FROM 表名;
```
【例 9-10】　使用 DISTINCT 关键字去除 tb_bookinfo 表的 typeid 字段中的重复记录，查询语句如下。
```
SELECT DISTINCT typeid FROM tb_bookinfo;
```
查询结果如图 9-14 所示。去除重复记录前的 typeid 字段值如图 9-15 所示。

图 9-14　使用 DISTINCT 关键字去除结果中的重复记录　　图 9-15　去除重复记录前的 typeid 字段值

9.2.11　用 ORDER BY 子句对查询结果进行排序

使用 ORDER BY 可以对查询的结果进行升序（ASC）或降序（DESC）排列，在默认情况下，ORDER BY 按升序输出结果。如果要按降序排列，可以使用 DESC 来实现。语法格式如下。

用 ORDER BY 子句对查询结果进行排序

```
ORDER BY 字段名 [ASC|DESC];
```
　　❏ ASC 表示按升序进行排列。
　　❏ DESC 表示按降序进行排列。

📖 说明：对含有空值的列进行排序时，如果是按升序排列，空值将出现在最前面；如果是按降序排列，空值将出现在最后。

【例 9-11】 对图书借阅信息进行排序。要求查询 tb_borrow 表中的所有信息，并按照 backTime 字段进行降序排列，查询语句如下。

```
SELECT * FROM tb_borrow ORDER BY backTime DESC;
```
查询结果如图 9-16 所示。

图 9-16　按 backTime 字段进行降序排列

9.2.12　用 GROUP BY 子句分组查询

使用 GROUP BY 子句可以将数据划分到不同的组中，从而对记录进行分组查询。在查询时，所查询的列必须包含在分组的列中，这是为了确保查询结果的一致性和准确性。

用 GROUP BY 子句分组查询

1．使用 GROUP BY 子句进行分组查询

通常情况下，GROUP BY 子句会与聚合函数一起使用。当使用 GROUP BY 子句时，查询结果会显示每个分组基于聚合函数计算的汇总记录。关于聚合函数的内容参见 9.3 节。

【例 9-12】 分组统计每本图书的借阅次数。要求使用 GROUP BY 子句对 tb_borrow 表中的 bookid 字段进行分组查询，查询语句如下。

```
SELECT bookid,COUNT(*) FROM tb_borrow GROUP BY bookid;
```
查询结果如图 9-17 所示。

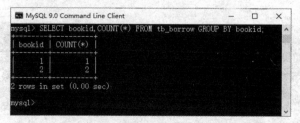

图 9-17　使用 GROUP BY 子句进行分组查询

2．使用 GROUP BY 子句和 GROUP_CONCAT()函数进行分组查询

使用 GROUP BY 子句和 GROUP_CONCAT()函数进行查询，可以将每个组中的所有字段值都显示出来。

【例 9-13】 对借阅表 tb_borrow 进行分组统计，使用 GROUP BY 子句和 GROUP_CONCAT()函数对表中的 bookid 字段进行分组查询，查询语句如下。

```
SELECT bookid, GROUP_CONCAT(readerid) FROM tb_borrow GROUP BY bookid;
```

查询结果如图 9-18 所示。

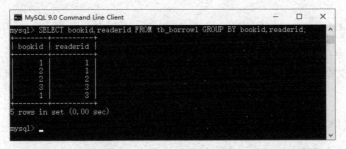

图 9-18　使用 GROUP BY 子句和 GROUP_CONCAT()函数进行分组查询

从图 9-18 中可以看出，bookid 为 2 的图书被 readerid 为 1 和 2 的读者共借阅了两次。

3．按多个字段进行分组查询

使用 GROUP BY 子句也可以按多个字段进行分组查询。在分组查询过程中，先按照第一个字段的值进行分组，当第一个字段有相同值时，再按第二个字段的值进行分组，以此类推。

【例 9-14】 对 tb_borrow1 表中的 bookid 字段和 readerid 字段进行分组查询。分组过程中，先按照 bookid 字段的值进行分组。当 bookid 字段的值相等时，再按照 readerid 字段的值进行分组，查询语句如下。

```
SELECT bookid,readerid FROM tb_borrow1 GROUP BY bookid,readerid;
```

查询结果如图 9-19 所示。

图 9-19　使用 GROUP BY 子句按多个字段进行分组查询

9.2.13　用 LIMIT 限制查询结果的数量

查询数据时，可能会查询出很多的记录。而用户需要的记录可能只是很少的一部分。这就需要限制查询结果的数量。LIMIT 是 MySQL 中的一个特殊关键字。使用 LIMIT 关键字可以限制查询结果的数量，控制输出的行数。下面通过一个实例来介绍 LIMIT 的使用方法。

用 LIMIT 限制查询结果的数量

【例 9-15】 查询最后被借阅的 3 本图书。查询 tb_borrow1 表，按照 borrowTime 字段进行降序排列，输出前 3 条记录，查询语句如下。

```
SELECT * FROM tb_borrow1 ORDER BY borrowTime DESC LIMIT 3;
```

查询结果如图 9-20 所示。

图 9-20　使用 LIMIT 关键字输出指定数量的记录

使用 LIMIT 还可以从查询结果的中间部分取值。首先要定义两个参数，参数 1 是开始读取的第一条记录的编号（在查询结果中，第一条记录的编号是 0，而不是 1），参数 2 是要查询记录的数量。

【例 9-16】 对 tb_borrow1 表按照 borrowTime 字段进行降序排列，并从第二条记录开始，输出 3 条记录，查询语句如下。

```
SELECT * FROM tb_borrow1 ORDER BY borrowTime DESC LIMIT 1,3;
```

查询结果如图 9-21 所示。

图 9-21　使用 LIMIT 关键字查询指定范围的记录

9.3　聚合函数查询

聚合函数可根据一组数据求出一个值。聚合函数只对选定行中非 NULL 的值进行计算，NULL 会被忽略。

9.3.1　COUNT()函数

使用 "*" 以外的参数时，COUNT()函数返回所选择集合中非 NULL 的行的数目；使用参数 "*" 时，返回选择集合中所有行（包含 NULL）的数目。没有 WHERE 子句的 COUNT()查询经过数据库内部优化，能够高效地返回表中的记录总数。

COUNT()函数

【例 9-17】 统计图书馆管理系统中图书类型的数量。使用 COUNT()函数统计 tb_booktype 表中的记录数，查询语句如下。

```
SELECT COUNT(*) FROM tb_booktype;
```

查询结果如图 9-22 所示。结果显示，tb_booktype 表中有两条记录，表示有两种图书类型。

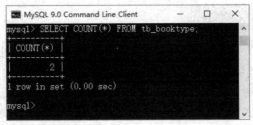

图 9-22　使用 COUNT()函数统计记录数

9.3.2　SUM()函数

使用 SUM()函数可以求出表中数字类型字段值的总和。

【例 9-18】　统计商品的销售金额。使用 SUM()函数统计 tb_sell 表中销售金额（amount）字段值的总和。

SUM()函数

在统计前，先查询 tb_sell 表中 amount 字段的值，代码如下。

```
USE db_shop;
SELECT amount FROM tb_sell;
```

结果如图 9-23 所示。

使用 SUM()函数来统计销售金额的总和，查询语句如下。

```
SELECT SUM(amount) FROM tb_sell;
```

查询结果如图 9-24 所示。结果显示 amount 字段值的总和为 280.90。

图 9-23　查询 tb_sell 表中 amount 字段的值

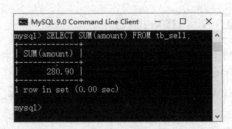

图 9-24　使用 SUM()函数统计销售金额的总和

9.3.3　AVG()函数

使用 AVG()函数可以求出表中数字类型字段的平均值。

【例 9-19】　计算学生的平均成绩。使用 AVG()函数求出 tb_student 表中总成绩（score）字段的平均值。

AVG()函数

在计算前，先查询 tb_student 表中 score 字段的值，代码如下。

```
SELECT score FROM tb_student;
```

结果如图 9-25 所示。

使用 AVG()函数来计算 score 字段的平均值，具体代码如下。

```
SELECT AVG(score) FROM tb_student;
```

查询结果如图 9-26 所示。

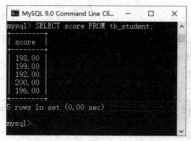

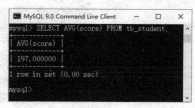

图 9-25　查询 tb_student 表中 score 字段的值　　图 9-26　使用 AVG() 函数求 score 字段的平均值

9.3.4　MAX() 函数

使用 MAX() 函数可以求出表中数字类型字段的最大值。

【例 9-20】　求出 tb_student 表中的最高成绩。使用 MAX() 函数求出 tb_student 表中 score 字段的最大值，代码如下。

MAX() 函数

```
SELECT MAX(score) FROM tb_student;
```
查询结果如图 9-27 所示。

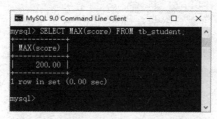

图 9-27　使用 MAX() 函数求 score 字段的最大值

9.3.5　MIN() 函数

MIN() 函数的用法与 MAX() 函数基本相同，它可以求出表中数字类型字段的最小值。

【例 9-21】　求出 tb_student 表中的最低成绩。使用 MIN() 函数求出 tb_student 表中 score 字段的最小值，代码如下。

MIN() 函数

```
SELECT MIN(score) FROM tb_student;
```
查询结果如图 9-28 所示。

图 9-28　使用 MIN() 函数求 score 字段的最小值

9.4　连接查询

连接是指把不同表的记录连到一起。有一种观点：MySQL 的简单性和源代码的开放性使它不擅长连接。这种观点是错误的。MySQL 从一开始就能够很好地支持连接，现在还支持标准的 SQL2 连接语句，这种连接语句可以多种高级方法来组合表记录。

9.4.1　内连接查询

内连接是最常见的连接类型之一，它要求参与连接的每个表中用于连接的列的值匹配，不匹配的行将被排除在结果集之外。

内连接查询

内连接包括相等连接和自然连接，最常用的是相等连接，即使用等号运算符根据每个表共有列的值匹配两个表中的行。这种情况下，最后的结果集只包含参与连接的表中与指定连接条件相符的行。

【例 9-22】　使用内连接查询图书的借阅信息。该操作主要涉及图书信息表 tb_bookinfo 和借阅表 tb_borrow，这两个表通过图书 id 进行关联。具体步骤如下。

（1）查询图书信息表中 id、bookname、author、price 和 page 字段的值，代码如下。

```
SELECT id,bookname,author,price,page FROM tb_bookinfo;
```

查询结果如图 9-29 所示。

（2）查询借阅表中 bookid、borrowTime、backTime 和 ifback 字段的值，代码如下。

```
SELECT bookid,borrowTime,backTime,ifback FROM tb_borrow;
```

查询结果如图 9-30 所示。

图 9-29　图书信息表的数据　　　　　图 9-30　借阅表的数据

（3）从图 9-29 和图 9-30 中可以看出，tb_bookinfo 表的 id 字段与 tb_borrow 表的 bookid 字段相等，因此可以通过它们连接这两个表。代码如下。

```
SELECT bookid,borrowTime,backTime,ifback,bookname,author,price
FROM tb_borrow,tb_bookinfo WHERE tb_borrow.bookid=tb_bookinfo.id;
```

查询结果如图 9-31 所示。

图 9-31　内连接查询结果

9.4.2　外连接查询

与内连接不同，外连接使用 OUTER JOIN 关键字将两个表连接起来。外连接分为左外连接（LEFT JOIN）、右外连接（RIGHT JOIN）和全外连接 3 种

外连接查询

类型。外连接生成的结果集不仅包含符合连接条件的行数据，还包括左表（左外连接时的表）、右表（右外连接时的表）或两边连接表（全外连接时的表）中所有的行数据。语法格式如下。

```
SELECT 字段名 FROM 表名1 LEFT|RIGHT JOIN 表名2 ON 表名1.字段名1=表名2.字段名2;
```

1．左外连接

左外连接是指将左表中的所有数据分别与右表中的每条数据进行连接组合，返回的结果除内连接的数据外，还包括左表中不符合条件的数据，并在右表的相应列中添加NULL。

例如，通过左外连接查询图 9-29 和图 9-30 所示的信息，代码如下。

```
SELECT bookid,borrowTime,backTime,ifback,bookname,author,price
 FROM tb_borrow LEFT JOIN tb_bookinfo ON tb_borrow.bookid=tb_bookinfo.id;
```
结果如图 9-32 所示。

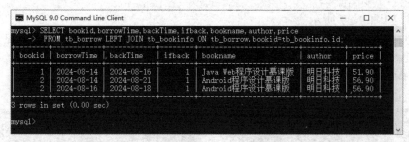

图 9-32　通过左外连接查询图书借阅信息（1）

从图 9-31 和图 9-32 中可以看出，针对这里的图书信息表和借阅表，内连接和左外连接得到的结果是一样的。这是因为左表（借阅表）中的数据在右表（图书信息表）中一定有与之对应的数据。而如果将图书信息表作为左表，借阅表作为右表，则将得到图 9-33 所示的结果。

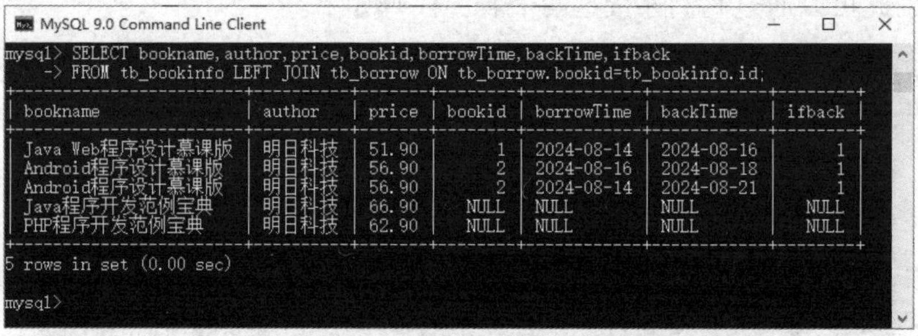

图 9-33　通过左外连接查询图书借阅信息（2）

【例 9-23】　在图书馆管理系统中，图书信息表（tb_bookinfo）和图书类型表（tb_booktype）通过 typeid 和 id 字段相关联，图书类型表中保存着图书的可借阅天数。因此，要获取图书的最多借阅天数，需要使用左外连接。具体代码如下。

```
SELECT bookname,author,price,typeid,days
FROM tb_bookinfo LEFT JOIN tb_bookTYPE ON tb_bookinfo.typeid=tb_booktype.id;
```
查询结果如图 9-34 所示。

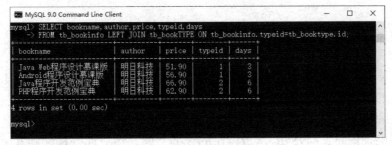

图 9-34　查询结果

2．右外连接

右外连接是指将右表中的所有数据分别与左表中的每条数据进行连接组合，返回的结果除内连接的数据外，还包括右表中不符合条件的数据，并在左表的相应列中添加 NULL。

【例 9-24】　对例 9-23 中的两个数据表进行右外连接查询，其中图书类型表（tb_booktype）作为右表，图书信息表（tb_bookinfo）作为左表，两表通过 typeid 和 id 字段关联，代码如下。

```
SELECT tb_booktype.id,days,bookname,author,price
FROM tb_bookinfo RIGHT JOIN tb_booktype ON tb_booktype.id = tb_bookinfo.typeid;
```
查询结果如图 9-35 所示。

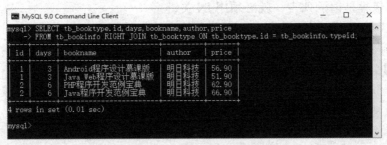

图 9-35　右外连接查询结果

9.4.3　复合条件连接查询

复合条件
连接查询

在进行连接查询时，也可以增加其他的限制条件，实现多个条件的复合查询，得到的查询结果会更加准确。

【例 9-25】　查询未归还的图书借阅信息，需要用到复合条件连接查询，在查询时需要加上 ifback 字段的值等于 0 的条件，具体代码如下。

```
SELECT bookid,borrowTime,backTime,ifback,bookname,author,price
FROM tb_borrow1,tb_bookinfo WHERE tb_borrow1.bookid=tb_bookinfo.id AND ifback=0;
```
查询结果如图 9-36 所示。

图 9-36　复合条件连接查询

9.5 子查询

子查询也是 SELECT 查询，只是附属于另一个 SELECT 查询。MySQL 4.1 支持嵌套多个查询，在外面一层的查询中使用里面一层查询产生的结果集。这样就不是执行两个（或者多个）独立的查询，而是执行包含一个（或者多个）子查询的查询。

当遇到多层查询时，MySQL 从最内层的查询开始，然后向外移动到外层（主）查询。在这个过程中，每层查询产生的结果集都被赋给它的父查询，接着这个父查询被执行，它的结果也被赋给它的父查询。

除了结果集经常是包含一个或多个值的列之外，子查询和常规 SELECT 查询的执行方式一样。子查询可以用在任何可以使用表达式的地方，但它必须由父查询包围，而且，如同常规的 SELECT 查询，它必须包含一个字段列表（这是一个单列列表）、一个包含一个或多个表名的 FROM 子句，以及可选的 WHERE、HAVING 和 GROUP BY 子句。

9.5.1 带 IN 关键字的子查询

比较运算符只适用于子查询返回的结果集只包含一个值的情况。假如子查询返回的结果集是值的列表，就必须用 IN 关键字。

IN 关键字可用于检测结果集中是否存在某个特定的值，如果存在，就执行外部的查询。

带 IN 关键字的
子查询

【例 9-26】 使用带 IN 关键字的子查询查询被借阅过的图书信息。

先分别查询 tb_bookinfo 表中 id 字段的值和 tb_borrow 表中 bookid 字段的值，以便进行对比，如图 9-37 和图 9-38 所示。

图 9-37 查询 tb_bookinfo 表中 id 字段的值

图 9-38 查询 tb_borrow 表中 bookid 字段的值

从上面的查询结果中可以看出，tb_borrow 表的 bookid 字段值中没有出现 3 和 4。编写带 IN 关键字的子查询语句，代码如下。

```
SELECT id,bookname,author,price
FROM tb_bookinfo WHERE id IN(SELECT bookid FROM tb_borrow);
```
查询结果如图 9-39 所示。

查询结果中只有 id 为 1 和 2 的记录，因为 tb_borrow 表的 bookid 字段值中没有出现 3 和 4。

📖 说明：NOT IN 关键字的作用与 IN 关键字刚好相反。在本例中，如果将 IN 换为 NOT IN，则查询结果将会显示 id 为 3 和 4 的记录。

图 9-39　使用 IN 关键字实现子查询

9.5.2　带比较运算符的子查询

子查询中可以使用比较运算符，包括=、!=、>、>=、<、<=等。比较运算符在子查询中使用得非常广泛。

带比较运算符
的子查询

【例 9-27】　从 tb_student 表和 tb_grade 表中查询考试成绩为优秀的学生信息。

从 tb_grade 表中查询考试成绩为优秀的分数，代码如下。

```
SELECT score FROM tb_grade WHERE name='优秀';
```

查询结果如图 9-40 所示。

从结果中可以看出，当分数大于或等于 198.00 时即为"优秀"。

查询 tb_student 表中的记录，代码如下。

```
SELECT * FROM tb_student;
```

查询结果如图 9-41 所示。

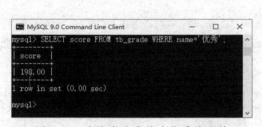

图 9-40　查询考试成绩为优秀的分数

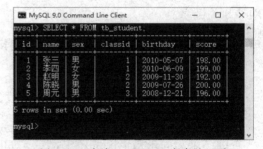

图 9-41　查询 tb_student 表中的记录

综合来看可以发现，有 3 名学生的成绩为优秀。

使用带比较运算符的子查询来查询成绩为优秀的学生信息，代码如下。

```
SELECT * FROM tb_student
WHERE score >=( SELECT score FROM tb_grade WHERE name='优秀');
```

查询结果如图 9-42 所示。

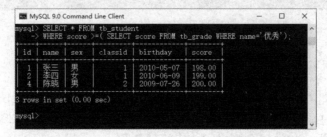

图 9-42　使用带比较运算符的子查询来查询成绩为优秀的学生信息

9.5.3 带 EXISTS 关键字的子查询

使用 EXISTS 关键字时，内层查询语句不返回查询的记录，而是返回真假值。如果内层查询语句查询到满足条件的记录，就返回真值（true）；否则，将返回假值（false）。当返回的值为 true 时，外层查询语句将进行查询；当返回的值为 false 时，外层查询语句不进行查询或者查询不出任何记录。

带 EXISTS 关键字
的子查询

【例 9-28】 使用带 EXISTS 关键字的子查询查询已经被借阅的图书信息。具体代码如下。

```
SELECT id,bookname,author,price FROM tb_bookinfo
 WHERE EXISTS (SELECT * FROM tb_borrow WHERE tb_borrow.bookid=tb_bookinfo.id);
```
查询结果如图 9-43 所示。

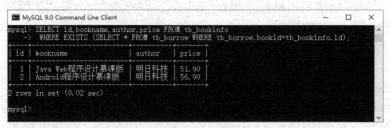

图 9-43 使用带 EXISTS 关键字的子查询

因为子查询的 tb_borrow 表中存在 bookid 字段与 tb_bookinfo 表的 id 字段相等的记录，即返回值为真，外层查询接收到真值后，开始执行查询。

当 EXISTS 关键字与其他查询条件一起使用时，需要使用 AND 或 OR 来连接表达式与 EXISTS 关键字。

📖 说明：NOT EXISTS 与 EXISTS 的作用刚好相反，使用 NOT EXISTS 时，如果返回的值是 true，外层查询语句不进行查询；如果返回值是 false，外层查询语句将进行查询。

例如，将【例 9-28】中的 EXISTS 修改为 NOT EXISTS，代码如下。

```
SELECT id,bookname,author,price FROM tb_bookinfo
 WHERE NOT EXISTS (SELECT * FROM tb_borrow WHERE tb_borrow.bookid=tb_bookinfo.id);
```
查询结果为尚未被借阅的图书信息，如图 9-44 所示。

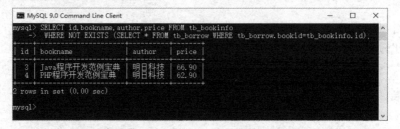

图 9-44 使用带 NOT EXISTS 的子查询

9.5.4 带 ANY 关键字的子查询

ANY 关键字表示满足其中任意一个条件，通常与比较运算符一起使用。使用 ANY 关键字时，只要内层查询语句返回的结果中的任意一个满足条件，就可以使用该结果来执行外层查询语句。语法格式如下。

带 ANY 关键字
的子查询

列名 比较运算符 ANY(子查询)

如果比较运算符是"<"，则表示小于子查询结果集中的某一个值；如果是">"，则表示至少大于子查询结果集中的某一个值（即大于子查询结果集中的最小值）。

【例 9-29】 查询比班级 id 为 2 的班级最低分高的全部学生信息，具体代码如下。

```
SELECT * FROM tb_student
WHERE score > ANY(SELECT score FROM tb_student WHERE classid=2);
```

查询结果如图 9-45 所示。

图 9-45　使用带 ANY 关键字的子查询

为了使结果更加直观，应用下面的语句查询 tb_student 表中班级 id 为 2 的班级的学生成绩和 tb_student 表中全部学生的成绩。

```
SELECT score FROM tb_student WHERE classid=2;
SELECT score FROM tb_student;
```

查询结果如图 9-46 所示。

结果显示，班级 id 为 2 的班级的学生成绩的最小值为 192.00，在 tb_student 表中成绩大于 192.00 的记录有 4 条，与带 ANY 关键字的子查询结果相同。

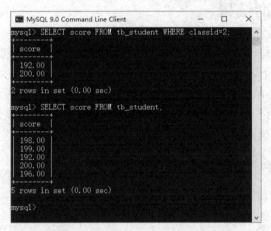

图 9-46　tb_student 表中班级 id 是 2 的班级的学生成绩和全部学生的成绩

9.5.5　带 ALL 关键字的子查询

ALL 关键字表示满足所有条件，通常与比较运算符一起使用。使用 ALL 关键字时，只有满足内层查询语句返回的所有结果才可以执行外层查询语句。语法格式如下。

带 ALL 关键字
的子查询

列名 比较运算符 ALL(子查询)

如果比较运算符是"<"，则表示小于子查询结果集中的任何一个值（即小于子查询结果集中的最小值）；如果是">"，则表示大于子查询结果集中的任何一个值（即大于子查询结果集中的最大值）。

【例9-30】 查询比班级 id 是 1 的班级最高分高的全部学生信息，具体代码如下。

```
SELECT * FROM tb_student
WHERE score > ALL(SELECT score FROM tb_student WHERE classid=1);
```

查询结果如图 9-47 所示。

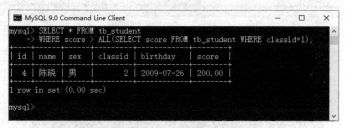

图 9-47　使用带 ALL 关键字的子查询

从图 9-45 可以看出，班级 id 是 1 的班级的最高分是 199.00，在 tb_student 表中成绩大于 199.00 的记录只有一条，与带 ALL 关键字的子查询结果相同。

> 📖 说明：ANY 关键字和 ALL 关键字的使用方式是一样的，但是这两者的作用有很大的区别。使用 ANY 关键字时，只要内层查询语句返回的结果中的任意一个满足条件，就可以使用该结果来执行外层查询语句。而使用 ALL 关键字时，只有满足内层查询语句返回的所有结果，才可以执行外层查询语句。

9.6 合并查询结果

合并查询结果是指将多个 SELECT 语句的查询结果合并到一起。因为在某些情况下，需要将几个 SELECT 语句查询出来的结果合并显示。合并查询结果可以使用 UNION 和 UNION ALL。使用 UNION 可将所有的查询结果合并到一起，并去除相同记录；而使用 UNION ALL 则只是简单地将结果合并到一起。下面分别介绍这两种合并方法。

合并查询结果

1. 使用 UNION 合并查询结果

使用 UNION 可以将多个结果集合并到一起，并且去除相同记录。下面举例说明其具体的使用方法。

【例9-31】 将 tb_bookinfo 表和 tb_bookinfo1 表合并。

先分别查询 tb_bookinfo 表和 tb_bookinfo1 表中 bookname 字段的值，查询结果如图 9-48 和图 9-49 所示。

结果显示，tb_bookinfo 表中 bookname 字段的值有 4 个，而 tb_bookinfo1 表中 bookname 字段的值也有 4 个。它们的前两个值是相同的。下面使用 UNION 合并两个表的查询结果，查询语句如下。

图 9-48　tb_bookinfo 表中 bookname
字段的值

```
SELECT bookname FROM tb_bookinfo
UNION
SELECT bookname FROM tb_bookinfo1;
```
查询结果如图 9-50 所示，其中无重复值。

图 9-49　tb_bookinfo1 表中 bookname 字段的值

图 9-50　使用 UNION 合并查询结果

2．使用 UNION ALL 合并查询结果

UNION ALL 的作用同 UNION 类似，也是将多个结果集合并到一起，但是不会去除相同记录。

下面修改【例 9-31】，查询 tb_bookinfo 表和 tb_bookinfo1 表中的 bookname 字段，并使用 UNION ALL 关键字合并查询结果，但是不去除重复值，具体代码如下。

```
SELECT bookname FROM tb_bookinfo
UNION ALL
SELECT bookname FROM tb_bookinfo1;
```
查询结果如图 9-51 所示。

图 9-51　使用 UNION ALL
合并查询结果

9.7　定义表和字段的别名

在查询时，可以为表和字段取别名，从而使查询更加方便，并使查询结果以更加合理的方式显示。

9.7.1　为表取别名

当表的名称特别长或者进行连接查询时，在查询语句中直接使用表名很不方便。这时可以为表取一个合适的别名。

为表取别名

【例 9-32】 使用左外连接查询出图书的完整信息，并为 tb_bookinfo 表指定别名为 book，为 tb_booktype 表指定别名为 type。具体代码如下。

```
SELECT bookname,author,price,page,typename,days
FROM tb_bookinfo AS book
LEFT JOIN tb_booktype AS type ON book.typeid=type.id;
```
其中，"tb_bookinfo AS book" 表示 tb_bookinfo 表的别名为 book，book.typeid 表示 tb_bookinfo 表中的 typeid 字段。查询结果如图 9-52 所示。

图 9-52　为表取别名并进行查询

9.7.2　为字段取别名

查询数据时，MySQL 会显示每个输出字段的名称。默认情况下，显示的
字段名是创建表时定义的字段名。我们同样可以为字段取一个别名。另外，
在使用聚合函数进行查询时，也可以为统计结果字段设置别名。

MySQL 中为字段取别名的基本语法格式如下。

为字段取别名

字段名 [AS] 别名;

【例 9-33】　统计每本图书的借阅次数，并取别名为 time。在【例 9-12】的基础上进行
修改，在 COUNT(*)后面加上 AS 关键字和别名 times 即可，修改后的代码如下。

```
SELECT bookid,COUNT(*) AS times FROM tb_borrow GROUP BY bookid;
```

执行结果如图 9-53 所示。

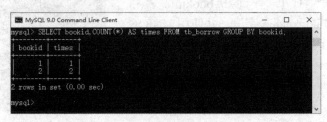

图 9-53　为字段取别名并进行查询

9.8　使用正则表达式查询

正则表达式是用某种模式去匹配一类字符串。正则表达式的查询能力比通配字符的查
询能力更强大，而且更加灵活。下面详细讲解如何使用正则表达式进行查询。

在 MySQL 中，使用 REGEXP 关键字来匹配查询正则表达式。其基本语法格式如下。

字段名 REGEXP '匹配方式'

- 字段名表示需要查询的字段名称。
- 匹配方式表示以哪种方式进行匹配查询，其支持的模式匹配字符及其含义和应用举例
  如表 9-1 所示。

表 9-1　正则表达式支持的模式匹配字符及其含义和应用举例

模式匹配字符	含义	应用举例
^	匹配以特定字符或字符串开头的记录	查询 tb_book 表中 books 字段以字符串 Java 开头的记录，语句如下： SELECT books FROM tb_book WHERE books REGEXP '^Java';
$	匹配以特定字符或字符串结尾的记录	查询 tb_book 表中 books 字段以"大全"结尾的记录，语句如下： SELECT books FROM tb_book WHERE books REGEXP '大全$';

模式匹配字符	含义	应用举例
.	匹配字符串中的任意一个字符，包括回车符和换行符	查询 tb_book 表的 books 字段中包含 P 字符的记录，语句如下： SELECT books FROM tb_book WHERE books REGEXP 'P.';
[字符集合]	匹配"字符集合"中的任意一个字符	查询 tb_book 表的 books 字段中包含 P、C 或 A 字符的记录，语句如下： SELECT books FROM tb_book WHERE books REGEXP '[PCA]';
[^字符集合]	匹配除"字符集合"以外的任意字符	查询 tb_program 表的 talk 字段中包含除字母 e～z 以外的字符的记录，语句如下： SELECT talk FROM tb_program WHERE talk REGEXP '[^e-z]';
S1|S2|S3	匹配 S1、S2 和 S3 中的任意一个字符串	查询 tb_books 表的 books 字段中包含 HTML、CSS 或 JavaScript 字符串中任意一个字符串的记录，语句如下： SELECT books FROM tb_books WHERE books REGEXP 'HTML|CSS|JavaScript';
*	匹配多个该符号之前的字符，包括 0 个和 1 个	查询 tb_book 表的 books 字段中 a 字符之前出现过 J 字符的记录，语句如下： SELECT books FROM tb_book WHERE books REGEXP 'J*a';
+	匹配多个该符号之前的字符，包括 1 个	查询 tb_book 表的 books 字段中 a 字符前面至少出现过一个 J 字符的记录，语句如下： SELECT books FROM tb_book WHERE books REGEXP 'J+a';
字符串{N}	匹配字符串出现 N 次	查询 tb_book 表的 books 字段中连续出现 3 次 c 字符的记录，语句如下： SELECT books FROM tb_book WHERE books REGEXP 'c{3}';
字符串{M,N}	匹配字符串出现至少 M 次，最多 N 次	查询 tb_book 表的 books 字段中 g 字符最少出现 2 次、最多出现 5 次的记录，语句如下： SELECT books FROM tb_book WHERE books REGEXP 'g{2,5}';

9.8.1 匹配指定字符中的任意一个

使用方括号（[]）可以将需要查询的字符组成字符集。只要记录中包含方括号中的任意字符，该记录就会被查询出来。例如，通过"[abc]"可以查询包含字母 a、b 或 c 的记录。

匹配指定字符中的任意一个

【例 9-34】 在图书馆管理系统中查询 name 字段中包含字母 t、k 或 h 的管理员信息，具体代码如下。

```
SELECT * FROM tb_manager
WHERE name REGEXP '[tkh]';
```

查询结果如图 9-54 所示。

为了比较查询结果，再查询出管理员信息表中的全部数据，如图 9-55 所示。

图 9-54　匹配指定字符中的任意一个

图 9-55　查询管理员信息表中的全部数据

从图 9-54 和图 9-55 中可以看出，由于 mr 和 Alice 中不包含字母 t、k 或 h，因此这两个记录没有被查询出来。

9.8.2 使用 "*" 和 "+" 来匹配多个字符

在正则表达式中，"*" 和 "+" 都可以匹配多个该符号之前的字符。但是，"+" 至少表示一个字符，而 "*" 可以表示 0 个字符。

使用 "*" 和 "+" 来匹配多个字符

【例 9-35】 在图书馆管理系统中查询指定的管理员信息。要求管理员名称以一个或多个字母 T 开头，或者以 K 开头，后面包含 0 个或多个字母 e。具体代码如下。

```
SELECT * FROM tb_manager
WHERE name REGEXP 'T+' OR name REGEXP 'Ke*';
```

查询结果如图 9-56 所示。

图 9-56　查询指定的管理员信息

9.9 AI 辅助编程

在我们学习表记录的检索时，AI 工具可以提供有力的支持。下面介绍如何利用 AI 工具来帮助我们巩固本章所学的知识，设计相应的实例。

9.9.1 对产品信息数据表实现多条件查询

在 AI 工具的输入框中输入 "MySQL 对产品信息数据表实现多条件查询"，按 Enter 键，AI 工具会自动生成实例的实现方法，内容如下。

在 MySQL 中，对产品信息数据表实现多条件查询通常使用 WHERE 子句，并在其中指定多个条件。这些条件可以使用逻辑运算符（如 AND、OR、NOT）来组合，以创建复杂的查询逻辑。

1. 使用 AND 运算符

查询价格高于 1000 且库存数量大于 50 的产品：

```
SELECT * FROM products
WHERE price > 1000 AND stock_quantity > 50;
```

2. 使用 OR 运算符

查询价格高于 1000 或库存数量大于 100 的产品：

```
SELECT * FROM products
WHERE price > 1000 OR stock_quantity > 100;
```

3. 使用 NOT 运算符

查询价格不高于 1000 的产品：

```
SELECT * FROM products
WHERE NOT price > 1000;
```

4. 使用 IN 运算符

查询产品 id 为 1、2 或 3 的产品:

```
SELECT * FROM products
WHERE product_id IN (1, 2, 3);
```

5. 使用 BETWEEN AND 运算符

查询价格在 500 和 1500 之间的产品:

```
SELECT * FROM products
WHERE price BETWEEN 500 AND 1500;
```

6. 使用 LIKE 运算符进行模糊查询

查询产品名称以 A 开头的产品:

```
SELECT * FROM products
WHERE product_name LIKE 'A%';
```

7. 综合多条件查询

```
SELECT product_name, price, stock_quantity, category_id
FROM products
WHERE (price > 1000 AND stock_quantity > 20)
    OR (category_id = 3 AND product_name LIKE '%Pro%')
ORDER BY price DESC
LIMIT 10;
```

以上代码将查询价格高于 1000 且库存数量大于 20 的产品,或者属于类别 3 且产品名称包含 Pro 的产品,按价格从高到低排序,并只返回前 10 条记录。

通过这些实例和说明,你应该能够灵活地在 MySQL 中对产品信息数据表实现多条件查询。

9.9.2 对产品信息数据表和产品类别数据表实现内连接查询

在 AI 工具的输入框中输入 "MySQL 对产品信息数据表和产品类别数据表实现内连接查询",按 Enter 键,AI 工具会自动生成实例的实现方法,内容如下。

在 MySQL 中,若要对产品信息数据表(如 products)和产品类别数据表(如 categories)进行内连接查询,你可以使用 INNER JOIN 子句。内连接查询会返回两个表中满足连接条件的所有记录。如果一个表中的某个记录在另一个表中没有匹配记录,则它不会出现在结果集中。

假设 products 表中有一个 category_id 字段,它是 categories 表中 id 字段的外键。以下是一个使用 INNER JOIN 进行内连接查询的实例。

```
SELECT
    products.product_name,
    products.price,
    categories.category_name
FROM
    products
INNER JOIN
    categories
ON
    products.category_id = categories.id;
```

执行这个查询后,你将得到一个结果集,包含每个产品及其对应类别的名称和价格。只有那些在 products 表和 categories 表中都有匹配记录的产品才会出现在结果集中。

如果你想进一步过滤结果,可以在查询中添加 WHERE 子句。例如,如果你只想查看某个特定类别的产品,你可以这样做:

```
SELECT
    products.product_name,
    products.price,
    categories.category_name
```

```
FROM
    products
INNER JOIN
    categories
ON
    products.category_id = categories.id
WHERE
    categories.category_name = 'Electronics';
```

这个查询将返回所有属于 Electronics 类别的产品及其价格。

小结

本章对 MySQL 数据库常见的表记录的检索方法进行了详细讲解,并列举了大量实例,使读者能更好地理解所学知识。在学习本章时,读者应该重点掌握多条件查询、连接查询、子查询和对查询结果排序。本章的难点是使用正则表达式进行查询。正则表达式的功能很强大,使用起来很灵活。希望读者能够了解正则表达式的相关信息,从而加深对正则表达式的了解。

上机指导

上机指导

在 db_shop 数据库中创建一个名为 tb_goods 的数据表,并向该数据表中插入 3 条记录,然后应用连接查询获取包括商品信息在内的销售数据,结果如图 9-57 所示。

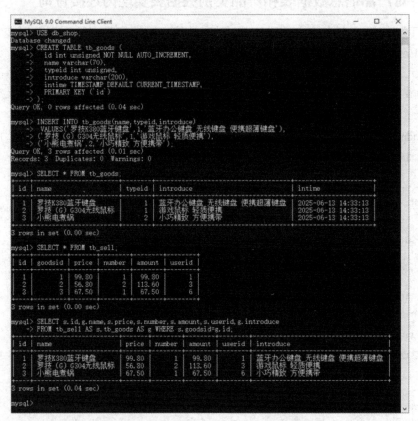

图 9-57 获取包括商品信息在内的销售数据

具体实现步骤如下。

（1）选择当前使用的数据库为 db_shop（如果该数据库不存在，则需要先创建该数据库），具体代码如下。

```
USE db_shop;
```

（2）创建名为 tb_goods 的商品信息表，包括 id、name、typeid、introduce 和 intime 5 个字段，代码如下。

```
CREATE TABLE tb_goods (
  id int unsigned NOT NULL AUTO_INCREMENT,
  name varchar(70),
  typeid int unsigned,
  introduce varchar(200),
  intime TIMESTAMP DEFAULT CURRENT_TIMESTAMP,
  PRIMARY KEY (id)
);
```

（3）使用 INSERT 语句向数据表 tb_goods 中批量插入 3 条记录，具体代码如下。

```
INSERT INTO tb_goods(name,typeid,introduce)
 VALUES('罗技 K380 蓝牙键盘',1,'蓝牙办公键盘 无线键盘 便携超薄键盘'),
('罗技（G）G304 无线鼠标',1,'游戏鼠标 轻质便携'),
('小熊电煮锅',2,'小巧精致 方便携带');
```

（4）查询数据表 tb_goods 中的数据，具体代码如下。

```
SELECT * FROM tb_goods;
```

（5）查询数据表 tb_sell 中的数据，具体代码如下。

```
SELECT * FROM tb_sell;
```

（6）应用连接查询获取包括商品信息在内的销售数据，具体代码如下。

```
SELECT s.id,g.name,s.price,s.number,s.amount,s.userid,g.introduce
FROM tb_sell AS s,tb_goods AS g WHERE s.goodsid=g.id;
```

习题

1. 如何查询所有字段？
2. 如何实现带 LIKE 关键字的查询？
3. 如何对查询结果进行排序？
4. MySQL 中包含哪些聚合函数，它们的作用分别是什么？
5. 什么是子查询？

## 第 10 章

视图

本章要点

- 掌握使用 CREATE VIEW 语句创建视图的方法
- 了解创建视图的注意事项
- 掌握使用 SHOW TABLE STATUS 语句查看视图的方法
- 掌握使用 CREATE OR REPLACE VIEW 语句修改视图的方法
- 掌握使用 ALTER VIEW 语句修改视图的方法
- 掌握更新视图和使用 DROP VIEW 语句删除视图的方法

视图是从一个或多个表中导出的表，是一种虚拟的表。视图就像一个窗口，通过这个窗口可以看到系统专门提供的数据。这样，用户可以不用看到整个数据库表中的数据，而只关心对自己有用的数据。视图可以使用户的操作更方便，而且可以保障数据库系统的安全。本章将介绍视图的概念和特性，并介绍如何创建视图、查看视图、修改视图、更新视图和删除视图。

10.1 视图概述

视图是由数据库中的一个表或多个表导出的虚拟表，可方便用户对数据的操作。本节将详细讲解视图的概念及特性。

10.1.1 视图的概念

视图是一个虚拟表，是从数据库中的一个或多个表中导出来的表，其内容由查询定义。同真实的表一样，视图包含一系列带有名称的列和行数据。但是，数据库中只存放了视图的定义，并没有存放视图中的数据。这些数据存放在原来的表中。使用视图查询数据时，数据库系统会从原来的表中取出对应的数据。因此，视图中的数据依赖于原来的表中的数据。一旦表中的数据发生改变，显示在视图中的数据也会发生改变。

视图的概念

使用视图主要有两个原因：一个原因是安全，视图可以隐藏一些数据，例如在员工信息表中，通过视图可以只显示姓名、工龄、地址，而不显示社会保险号和工资等；另一个原因是可使复杂的查询易于理解和使用。

10.1.2 视图的特性

对视图所引用的基础表来说，视图的作用类似于筛选。视图可以来自当前数据库或其他数据库的一个或多个表，或者其他视图。通过视图进行查询没有任何限制，通过其进行数据修改的限制也很少。下面介绍视图的特性。

视图的特性

1．简单性

看到的就是需要的。视图不仅可以帮助用户理解数据，也可以简化用户对数据的操作。可以将经常使用的查询定义为视图，从而不必为每次的操作指定全部条件。

2．安全性

视图可以防止未授权的用户查看特定的行或列。使用用户只能看到表中特定行的方法如下。

（1）在表中增加一个表示用户名的列。

（2）建立视图，使用户只能看到标有自己名称的行。

（3）把视图授权给其他用户。

3．数据独立性

视图可以使应用程序和数据库表在一定程度上相互独立。如果没有视图，应用程序需要建立在表上。有了视图，应用程序就可以建立在视图之上，从而与数据库表分隔开。视图可以在以下4个方面使应用程序与数据库表相互独立。

（1）如果应用程序建立在数据库表上，当数据库表发生变化时，可以在表上建立视图，通过视图屏蔽表的变化，从而使应用程序不发生变化。

（2）如果应用程序建立在数据库表上，当应用程序发生变化时，可以在表上建立视图，通过视图屏蔽应用程序的变化，从而使数据库表不发生变化。

（3）如果应用程序建立在视图上，当数据库表发生变化时，可以在表上修改视图，通过视图屏蔽表的变化，从而使应用程序不发生变化。

（4）如果应用程序建立在视图上，当应用程序发生变化时，可以在表上修改视图，通过视图屏蔽应用程序的变化，从而使数据库不发生变化。

10.2 创建视图

创建视图是指在已经存在的数据库表上建立视图。视图可以建立在一个表上，也可以建立在多个表上。本节主要讲解创建视图的方法。

10.2.1 查看创建视图的权限

创建视图需要具有 CREATE VIEW 权限和查询涉及的列的 SELECT 权限。可以使用 SELECT 语句来查询权限信息，语法格式如下。

查看创建
视图的权限

```
SELECT Select_priv,Create_view_priv FROM mysql.user WHERE user='用户名';
```

❑ Select_priv 属性表示用户是否拥有 SELECT 权限，Y 表示拥有 SELECT 权限，N 表示没有 SELECT 权限。

- □ Create_view_priv 属性表示用户是否拥有 CREATE VIEW 权限。
- □ mysql.user 表示 MySQL 数据库中的 user 表。
- □ 用户名参数表示要查询的用户，该参数需要用单引号引起来。

【例 10-1】 查询 MySQL 中的 root 用户是否拥有创建视图的权限，代码如下。

```
SELECT Select_priv,Create_view_priv FROM mysql.user WHERE user='root';
```

执行结果如图 10-1 所示。

图 10-1 查询用户是否拥有创建视图的权限

Select_priv 和 Create_view_priv 列的值都为 Y，这表示 root 用户拥有 SELECT 和 CREATE VIEW 权限。

10.2.2 创建视图

在 MySQL 中，创建视图是通过 CREATE VIEW 语句实现的。其语法格式如下。

```
CREATE [ALGORITHM={UNDEFINED|MERGE|TEMPTABLE}]
       VIEW 视图名[(属性清单)]
       AS SELECT 语句
       [WITH [CASCADED|LOCAL] CHECK OPTION];
```

创建视图

- □ ALGORITHM 是可选参数，表示视图选择的算法。
- □ 视图名参数表示要创建的视图的名称。
- □ 属性清单是可选参数，用于指定视图中各个属性的名称，默认情况下与 SELECT 语句中查询的属性名称相同。
- □ SELECT 语句是一个完整的查询语句，表示从某个表中查出满足某些条件的记录，将这些记录导入视图中。
- □ WITH[CASCADED|LOCAL] CHECK OPTION 是可选参数，表示更新视图时要保证在该视图的权限范围之内。

【例 10-2】 在数据库 db_library 中创建一个保存有完整图书信息的视图，命名为 v_book，该视图包括两个数据表，分别是 tb_bookinfo 表和 tb_booktype 表。视图包含 tb_bookinfo 表中的 barcode、bookname、author、price 和 page 字段，以及 tb_booktype 表中的 typename 字段。代码如下。

```
CREATE VIEW
v_book (barcode,bookname,author,price,page,booktype)
AS SELECT barcode,bookname,author,price,page,typename
FROM tb_bookinfo AS b,tb_booktype AS t WHERE b.typeid=t.id;
```

执行结果如图 10-2 所示。

📖 说明：在执行上面的代码前，如果没有执行过选择当前数据库的语句，则需要先执行 USE db_library;语句选择当前的数据库。

图 10-2　创建视图 v_book

视图 v_book 创建后，就可以通过 SELECT 语句查询视图中的数据（即完整的图书信息），具体代码如下。

```
SELECT * FROM v_book;
```

执行结果如图 10-3 所示。

图 10-3　通过视图查看完整的图书信息

在获取图书信息时，如果还需要获取对应的书架名称，可以使用下面的代码创建一个名称为 v_book1 的视图。该视图包括 3 个数据表，分别是 tb_bookinfo 表、tb_booktype 表和 tb_bookcase 表。

```
CREATE VIEW v_book1 (barcode,bookname,author,price,page,booktype,bookcase)
AS
SELECT barcode,bookname,author,price,page,typename,c.name
FROM
(SELECT b.*,t.typename FROM tb_bookinfo AS b ,tb_booktype AS t WHERE b.typeid=t.id)
AS book,tb_bookcase AS c
WHERE book.bookcase=c.id;
```

视图创建完毕后，可以使用下面的 SQL 语句查询包括书架名称的图书信息。

```
SELECT * FROM v_book1;
```

执行结果如图 10-4 所示。

图 10-4　查询包括书架名称的图书信息

10.2.3　创建视图的注意事项

创建视图时需要注意以下几点。

（1）执行创建视图的语句需要用户具有 CREATE VIEW 权限，若加了[or replace]，用户还需要具有 DROP VIEW 权限。

（2）SELECT 语句不能包含 FROM 子句中的子查询。

创建视图的
注意事项

视图 / 第10章

（3）SELECT 语句不能引用系统变量或用户变量。

（4）SELECT 语句不能引用预处理语句的参数。

（5）在存储子程序内，视图的定义不能引用子程序的参数或局部变量。

（6）在视图的定义中引用的表或视图必须存在。但是，创建了视图后，可以删除定义时引用的表或视图。要想检查视图的定义是否存在这类问题，可使用 CHECK TABLE 语句。

（7）在视图的定义中不能引用临时表，不能创建临时视图。

（8）在视图的定义中命名的表必须存在。

（9）不能将触发程序与视图关联在一起。

（10）在视图的定义中通常不建议使用 ORDER BY 子语，因为从该视图中进行选择时，该 ORDER BY 子语可能被忽略。排序方式应该在最终查询视图时通过外层查询的 ORDER BY 子句来指定。

10.3 视图操作

10.3.1 查看视图

查看视图是指查看数据库中已存在的视图。查看视图必须要有 SHOW VIEW 权限。查看视图可以使用 DESCRIBE 语句、SHOW TABLE STATUS 语句、SHOW CREATE VIEW 语句等。本小节将主要介绍这几种查看视图的语句。

查看视图

1. DESCRIBE 语句

DESCRIBE 可以缩写成 DESC，DESC 语句的语法格式如下。

```
DESC 视图名;
```

例如，使用 DESC 语句查询 v_book 视图的结构，代码如下。

```
DESC v_book;
```

执行结果如图 10-5 所示。

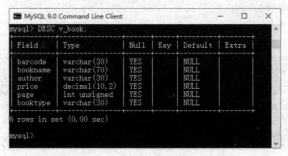

图 10-5 查询 v_book 视图的结构

结果显示了字段的名称（Field）、数据类型（Type）、是否为空（Null）、是否为主外键（Key）、默认值（Default）和额外信息（Extra）等内容。

> 说明：如果只需了解视图各个字段的简单信息，可以使用 DESCRIBE 语句。使用 DESCRIBE 语句查看视图的方式与查看普通表的方式是相同的，结果的显示方式也相同。通常情况下，使用 DESC 代替 DESCRIBE。

2．SHOW TABLE STATUS 语句

在 MySQL 中，可以使用 SHOW TABLE STATUS 语句查看视图的相关信息。其语法格式如下。

```
SHOW TABLE STATUS LIKE '视图名';
```

❑ LIKE 表示匹配的是字符串。

❑ 视图名参数指要查看的视图的名称，需要用单引号引起来。

📖 说明：在 MySQL 的命令行窗口中，语句结束符可以为 "；" "\G" "\g"。其中 "；" 和 "\g" 的作用是一样的，都是按表格的形式显示结果，而 "\G" 则会把原来的列按行显示。

【例 10-3】 使用 SHOW TABLE STATUS 语句查看 v_book 视图的相关信息，代码如下。

```
SHOW TABLE STATUS LIKE 'v_book'\G
```

执行结果如图 10-6 所示。

从结果可以看出，存储引擎、数据长度等都为 NULL，说明视图为虚拟表，与普通数据表是有区别的。下面使用 SHOW TABLE STATUS 语句查看 tb_bookinfo 表的信息，执行结果如图 10-7 所示。

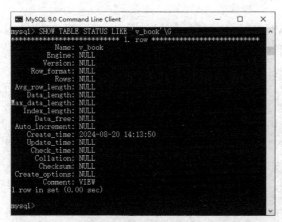

图 10-6　使用 SHOW TABLE STATUS 语句查看
v_book 视图的相关信息

图 10-7　使用 SHOW TABLE STATUS 语句查看
tb_bookinfo 表的信息

从上面的结果中可以看出，数据表的信息都显示了出来，这就是视图和普通数据表的区别。

3．SHOW CREATE VIEW 语句

在 MySQL 中，SHOW CREATE VIEW 语句可用于查看视图的详细定义。其语法格式如下。

```
SHOW CREATE VIEW 视图名
```

【例 10-4】 使用 SHOW CREATE VIEW 语句查看 v_book 视图的详细定义，代码如下。

```
SHOW CREATE VIEW v_book\G
```

执行结果如图 10-8 所示。

图 10-8　使用 SHOW CREATE VIEW 语句查看 v_book 视图的详细定义

10.3.2　修改视图

修改视图是指修改数据库中已存在的表的定义。当基本表的某些字段发生改变时，可以通过修改视图使视图和基本表保持一致。在 MySQL 中可以通过 CREATE OR REPLACE VIEW 语句和 ALTER VIEW 语句来修改视图。下面介绍这两种修改视图的语句。

修改视图

1. CREATE OR REPLACE VIEW 语句

在 MySQL 中，CREATE OR REPLACE VIEW 语句可以用来修改视图。该语句的使用非常灵活，在视图已经存在的情况下，可用于对视图进行修改；视图不存在时，可用于创建视图。CREATE OR REPLACE VIEW 语句的语法格式如下。

```
CREATE OR REPLACE [ALGORITHM={UNDEFINED | MERGE | TEMPTABLE}]
VIEW 视图名[(属性清单)]
AS SELECT 语句
[WITH [CASCADED | LOCAL] CHECK OPTION];
```

【例 10-5】使用 CREATE OR REPLACE VIEW 语句将 v_book 视图包含的字段修改为 barcode、bookname、price 和 booktype，代码如下。

```
CREATE OR REPLACE VIEW
v_book (barcode,bookname,price,booktype)
AS SELECT barcode,bookname,price,typename
FROM tb_bookinfo AS b,tb_booktype AS t WHERE b.typeid=t.id;
```

执行结果如图 10-9 所示。

使用 DESC 语句查询 v_book 视图，结果如图 10-10 所示。

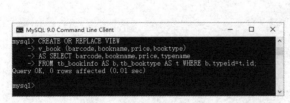

图 10-9　使用 CREATE OR REPLACE VIEW
语句修改 v_book 视图

图 10-10　使用 DESC 语句查询
v_book 视图

从上面的结果中可以看出，修改后的 v_book 视图中只有 4 个字段。

2．ALTER VIEW 语句

使用 ALTER VIEW 语句可改变视图的定义，包括被索引视图，但不影响所依赖的存储过程或触发器。该语句与 CREATE VIEW 语句有同样的限制，如果删除并重建了视图，就必须重新为它分配权限。

ALTER VIEW 语句的语法格式如下。

```
ALTER VIEW [ALGORITHM={MERGE | TEMPTABLE | UNDEFINED} ]VIEW 视图名 [属性清单)] AS
SELECT 语句[WITH [CASCADED | LOCAL] CHECK OPTION];
```

- ❑ ALGORITHM：该参数已经在创建视图中做了介绍，这里不赘述。
- ❑ 视图名：视图的名称。
- ❑ SELECT 语句：SQL 语句，用于限定视图。

⚠ **注意**：在创建视图时，如果使用了 WITH CHECK OPTION、WITH ENCRYPTION、WITH SCHEMABING 或 VIEW_METADATA 选项，并且想保留这些选项提供的功能，则 ALTER VIEW 语句必须将它们包括进去。

【例 10-6】 对 v_book 视图进行修改，将原有的 barcode、bookname、price 和 booktype 字段更改为 barcode、bookname 和 booktype 字段。代码如下。

```
ALTER VIEW v_book(barcode,bookname,booktype)
AS SELECT barcode,bookname,typename
FROM tb_bookinfo AS b,tb_booktype AS t WHERE b.typeid=t.id
WITH CHECK OPTION;
```

执行结果如图 10-11 所示。

结果显示修改成功。查看修改后的视图中的字段，如图 10-12 所示。

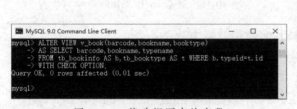

图 10-11　修改视图中的字段

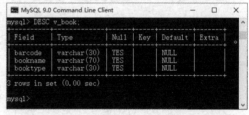

图 10-12　查看修改后的视图中的字段

结果显示，此时视图中包含 3 个字段。

10.3.3　更新视图

对视图的更新其实就是对表的更新，更新视图是指通过视图向表中插入（INSERT）数据，以及更新（UPDATE）和删除（DELETE）表中的数据。因为视图是一个虚拟表，其中没有数据，所以通过视图进行更新时，都是转换到基本表中进行操作。更新视图时，只能更新权限范围内的数据，超出了范围，就不能更新。本小节讲解更新视图的方法和更新视图的限制。

更新视图

1．更新视图

下面通过一个具体的实例介绍更新视图的方法。

【例10-7】 对 v_book 视图中的数据进行更新。

先查看 v_book 视图中的原有数据，如图 10-13
所示。

下面更新视图中的第 3 条记录，将 bookname
的值修改为"C 语言程序开发范例宝典"，代码如下。

```
UPDATE v_book SET bookname='C语言程序开发范例宝
典' WHERE barcode='12835673';
```

执行结果如图 10-14 所示。

图 10-13　查看 v_book 视图中的数据

图 10-14　更新视图中的数据

结果显示更新成功。查看 v_book 视图中的数据是否有变化，结果如图 10-15 所示。
查看 tb_bookinfo 表中的数据是否有变化，结果如图 10-16 所示。

图 10-15　查看更新后的视图中的数据　　　　图 10-16　查看 tb_bookinfo 表中的数据

从上面的结果可以看出，对视图的更新其实就是对基本表的更新。

2．更新视图的限制

并不是所有的视图都可以更新，在以下几种情况下是不能更新视图的。

（1）视图中包含 COUNT()、SUM()、MAX() 或 MIN() 等函数，如下。

```
CREATE VIEW book_view1(a_sort,a_book)
AS SELECT sort,books, COUNT(name) FROM tb_book;
```

（2）视图中包含 UNION、UNION ALL、DISTINCT、GROUP BY 或 HAVING 等关键
字，如下。

```
CREATE VIEW book_view1(a_sort,a_book)
AS SELECT sort,books, FROM tb_book GROUP BY id;
```

（3）常量视图，如下。

```
CREATE VIEW book_view1
AS SELECT 'Aric' as a_book;
```

（4）视图中的 SELECT 语句中包含子查询，如下。

```
CREATE VIEW book_view1(a_sort)
AS SELECT (SELECT name FROM tb_book);
```

（5）由不可更新的视图导出的视图，如下。

```
CREATE VIEW book_view1
AS SELECT * FROM book_view2;
```

（6）创建视图时，ALGORITHM 为 TEMPTABLE 类型，如下。

```
CREATE ALGORITHM=TEMPTABLE
VIEW book_view1
AS SELECT * FROM tb_book;
```

（7）视图对应的表中存在没有默认值的字段，而且该字段没有包含在视图中。例如，表中的 name 字段没有默认值，而且视图中不包括该字段，那么这个视图是不能更新的。因为在更新视图时，这个没有默认值的字段将没有值插入，也没有 NULL 插入。数据库系统是不会允许这样的情况出现的，所以会阻止这个视图的更新。

总结起来就是，如果更新后视图的数据和基本表的数据不一样，那么视图不能更新。

⚠ **注意**：虽然可以通过视图更新数据，但是有很多的限制。一般情况下，最好将视图作为查询数据的虚拟表，而不要通过视图更新数据。因为，使用视图更新数据时，如果没有全面考虑在视图中更新数据的限制，可能会造成数据更新失败。

10.3.4　删除视图

删除视图是指删除数据库中已存在的视图。删除视图时，只会删除视图的定义，不会删除数据。在 MySQL 中，可使用 DROP VIEW 语句来删除视图，但前提是用户必须拥有 DROP VIEW 权限。本小节将介绍删除视图的方法。

删除视图

DROP VIEW 语句的语法格式如下。

```
DROP VIEW IF EXISTS <视图名> [RESTRICT | CASCADE];
```

❑ IF EXISTS 参数用于判断视图是否存在，如果存在，则执行删除操作，不存在则不执行删除操作。

❑ 视图名参数表示要删除的视图的名称或列表，视图名称之间用逗号隔开。

该语句从数据字典中删除指定的视图定义；如果该视图导出了其他视图，则使用 CASCADE 删除方式，或者先显式删除导出的视图，再删除该视图；删除基表时，必须显式删除由该基表导出的所有视图定义。

【例 10-8】　删除 v_book 视图，代码如下。

```
DROP VIEW IF EXISTS v_book;
```

执行结果如图 10-17 所示。

执行结果显示删除成功。下面验证一下视图是否真的被删除了，执行 SHOW CREATE VIEW 语句查看视图的结构，代码如下。

```
SHOW CREATE VIEW v_book;
```

执行结果如图 10-18 所示。

图 10-17　删除视图

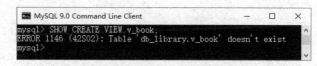

图 10-18　查看视图是否删除成功

结果显示，v_book 视图已经不存在了，说明使用 DROP VIEW 语句删除视图成功。

10.4　AI 辅助编程

在我们学习视图时，AI 工具可以提供有力的支持。下面介绍如何利用 AI 工具来帮助我们巩固本章所学的知识，设计相应的实例。

10.4.1 对产品信息数据表和产品类别数据表创建视图并查询

在 AI 工具的输入框中输入"MySQL 对产品信息数据表和产品类别数据表创建视图并查询"，按 Enter 键，AI 工具会自动生成实例的实现方法，内容如下。

在 MySQL 中，创建视图可以简化复杂查询，并且可以将多个表的数据以一种逻辑结构展示给用户。假设你有两个数据表：products（产品信息数据表）和 categories（产品类别数据表）。以下是创建视图并查询的步骤和实例。

1. 假设的表结构

产品信息数据表（products）：

```sql
CREATE TABLE products (
    product_id INT AUTO_INCREMENT PRIMARY KEY,
    product_name VARCHAR(255) NOT NULL,
    price DECIMAL(10, 2) NOT NULL,
    category_id INT,
    FOREIGN KEY (category_id) REFERENCES categories(category_id)
);
```

产品类别数据表（categories）：

```sql
CREATE TABLE categories (
    category_id INT AUTO_INCREMENT PRIMARY KEY,
    category_name VARCHAR(255) NOT NULL
);
```

2. 插入实例数据

插入产品类别数据：

```sql
INSERT INTO categories (category_name) VALUES ('Electronics'), ('Clothing'), ('Books');
```

插入产品信息数据：

```sql
INSERT INTO products (product_name, price, category_id) VALUES
('Laptop', 1200.00, 1),
('Smartphone', 800.00, 1),
('T-Shirt', 20.00, 2),
('Jeans', 50.00, 2),
('Mystery Novel', 15.00, 3),
('Science Fiction', 20.00, 3);
```

3. 创建视图

现在，我们要创建一个视图，这个视图将包含产品信息及产品类别：

```sql
CREATE VIEW product_categories AS
SELECT
    p.product_id,
    p.product_name,
    p.price,
    c.category_name
FROM
    products p
JOIN
    categories c ON p.category_id = c.category_id;
```

4. 查询视图

创建视图后，你可以像查询普通表一样查询视图：

```sql
SELECT * FROM product_categories;
```

在这个例子中，执行上述查询后，你将得到如下结果：

```
+------------+--------------+-------+---------------+
| product_id | product_name | price | category_name |
+------------+--------------+-------+---------------+
```

```
|          1 | Laptop          | 1200.00| Electronics     |
|          2 | Smartphone      |  800.00| Electronics     |
|          3 | T-Shirt         |   20.00| Clothing        |
|          4 | Jeans           |   50.00| Clothing        |
|          5 | Mystery Novel   |   15.00| Books           |
|          6 | Science Fiction |   20.00 | Books          |
+------------+-----------------+--------+-----------------+
```

通过这些步骤，你可以轻松地创建和使用视图来简化复杂查询，并将相关信息以结构化的方式展示给用户。

10.4.2　修改产品信息数据表和产品类别数据表的视图

在 AI 工具的输入框中输入 "MySQL 修改产品信息数据表和产品类别数据表的视图"，按 Enter 键，AI 工具会自动生成实例的实现方法，内容如下。

如果你的视图已经存在，并且你想要修改它的定义（例如，添加额外的筛选条件或更改列的顺序），你需要先检查你的 MySQL 版本是否支持 CREATE OR REPLACE VIEW。如果支持，你可以使用以下语句：

```
CREATE OR REPLACE VIEW product_categories AS
SELECT
    p.product_id,
    p.product_name,
    p.price,
    c.category_id,
    c.category_name
FROM
    products p
JOIN
    categories c ON p.category_id = c.category_id
WHERE
    -- 例如，添加一个新的筛选条件来只显示价格大于 100 的产品
    p.price > 100
ORDER BY
    -- 例如，按产品名称排序
    p.product_name;
```

通过这个方法，你可以基于现有的产品信息数据表和产品类别数据表来创建或修改一个视图，使它能够按照你的需求返回数据。

小结

本章对 MySQL 数据库中视图的概念和特性进行了详细讲解，并且讲解了如何创建视图、查看视图、修改视图、更新视图和删除视图。创建视图和修改视图是本章的重点内容，需要读者在计算机上实际操作。读者在创建视图和修改视图后，一定要查看视图的结构，以确保创建和修改操作成功执行。更新视图是本章的难点，因为可能存在一些造成视图不能更新的情况，希望读者在实际练习中认真分析。

上机指导

在 db_shop 数据库中创建一个名为 v_sell 的视图，用于保存包括商品信息在内的销售数据，结果如图 10-19 所示。

上机指导

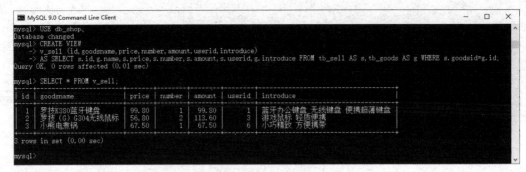

图 10-19　创建 v_sell 视图

具体实现步骤如下。

（1）选择当前使用的数据库为 db_shop（如果该数据库不存在，则需要先创建该数据库），具体代码如下。

```
USE db_shop;
```

（2）创建名为 v_sell 的视图，包括 id、goodsname、price、number、amount、userid 和 introduce 7 个字段。代码如下。

```
CREATE VIEW
v_sell (id,goodsname,price,number,amount,userid,introduce)
AS SELECT s.id,g.name,s.price,s.number,s.amount,s.userid,g.introduce FROM tb_sell AS s,tb_goods AS g WHERE s.goodsid=g.id;
```

（3）查询 v_sell 视图中的数据，具体代码如下。

```
SELECT * FROM v_sell;
```

习题

1. 什么是视图？
2. 如何查看用户是否拥有创建视图的权限？
3. 如何创建视图？
4. 创建视图时应注意什么？
5. 什么是更新视图？

第11章 触发器

本章要点

- 了解 MySQL 触发器的概念
- 掌握创建触发器的方法
- 掌握查看触发器的方法
- 掌握使用触发器的方法
- 掌握删除触发器的方法

触发器由事件来触发某个操作。这些事件包括 INSERT 语句、UPDATE 语句和 DELETE 语句等。当数据库系统执行这些语句时，就会激活触发器执行相应的操作。本章将介绍创建触发器、查看触发器、使用触发器和删除触发器等的方法。

11.1 MySQL 触发器

当满足触发器的触发条件时，数据库系统会自动执行在触发器中定义的程序语句，以保证某些操作的一致性。

11.1.1 创建触发器

在 MySQL 中，创建只有一个执行语句的触发器的基本语法格式如下。

```
CREATE TRIGGER 触发器名 BEFORE | AFTER 触发事件
ON 表名 FOR EACH ROW 执行语句;
```

创建触发器

具体的参数说明如下。

- 触发器名表示要创建的触发器的名称。
- 参数 BEFORE 和 AFTER 用于指定触发器执行的时间。BEFORE 表示在触发之前执行触发语句，AFTER 表示在触发之后执行触发语句。
- 触发事件指数据库操作的触发条件，包括 INSERT、UPDATE 和 DELETE 等。
- 表名表示触发事件操作表的名称。
- FOR EACH ROW 表示任何一条记录上的操作满足触发条件都会触发该触发器。
- 执行语句指触发器被触发后执行的语句。

【例 11-1】 插入图书信息时，自动向日志表中添加一条数据。具体的实现方法是为 tb_bookinfo 表创建一个由 INSERT 语句触发的触发器 auto_save_log。具体步骤如下。

（1）创建一个名为 tb_booklog 的数据表，该表的结构非常简单，只包括 id、event 和 logtime 3 个字段。具体代码如下。

```
CREATE TABLE IF NOT EXISTS tb_booklog (
id int PRIMARY KEY AUTO_INCREMENT NOT NULL,
event varchar(200) NOT NULL,
logtime timestamp NOT NULL DEFAULT CURRENT_TIMESTAMP
);
```

执行结果如图 11-1 所示。

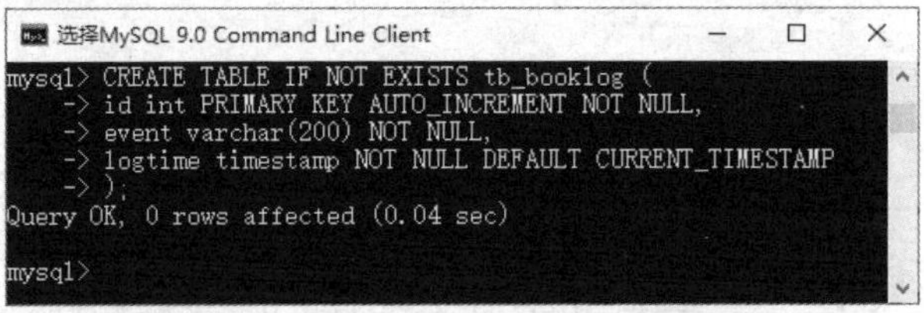

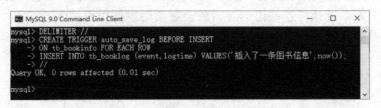

图 11-1 创建名为 tb_booklog 的数据表

（2）为 tb_bookinfo 表创建名为 auto_save_log 的触发器，代码如下。

```
DELIMITER //
CREATE TRIGGER auto_save_log BEFORE INSERT
ON tb_bookinfo FOR EACH ROW
INSERT INTO tb_booklog (event,logtime) VALUES('插入了一条图书信息',now());
//
```

执行结果如图 11-2 所示。

图 11-2 创建 auto_save_log 触发器

auto_save_log 触发器创建成功，当用户向 tb_bookinfo 表中插入数据时，数据库系统会自动在执行插入语句之前向 tb_booklog 表中插入日志信息（包括操作名称和执行时间）。下面通过向 tb_bookinfo 表中插入一条图书信息来查看触发器的作用，代码如下。

```
INSERT INTO tb_bookinfo
(barcode,bookname,typeid,author,ISBN,price,page,bookcase,inTime,del)
VALUES
('12653978','C++程序开发范例宝典',2,'明日科技','9762337895676',59.80,390,2,
'2024-09-12',0);
```

执行结果如图 11-3 所示。

图 11-3 向 tb_bookinfo 表中插入一条图书信息

执行 SELECT 语句查看 tb_booklog 表中的数据，代码如下。

```
SELECT * FROM tb_booklog;
```
执行结果如图 11-4 所示。

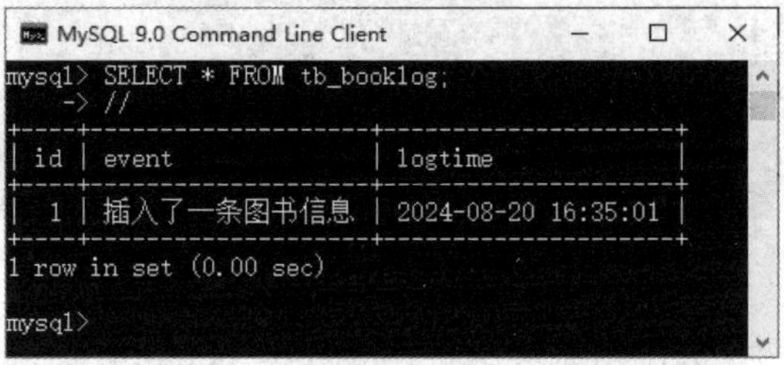

图 11-4　查看 tb_booklog 表中的数据

以上结果显示，在向 tb_bookinfo 表中插入数据时，会自动向 tb_booklog 表中插入日志信息。

11.1.2　创建包含多个执行语句的触发器

11.1.1 小节中介绍了如何创建一个最基本的触发器，但是在实际应用中，触发器中往往包含多个执行语句。创建包含多个执行语句的触发器的语法格式如下。

创建包含多个执行语句的触发器

```
CREATE TRIGGER 触发器名称 BEFORE | AFTER 触发事件
ON 表名 FOR EACH ROW
BEGIN
执行语句列表
END
```

创建包含多个执行语句的触发器的语法格式与创建基本触发器的语法格式大体相同，其参数说明可参考 11.1.1 小节中的参数说明，这里不赘述。在该语法格式中，将要执行的多个语句放入 BEGIN 与 END 之间即可，多条语句用"；"隔开。

下面创建一个由 DELETE 触发的包含多个执行语句的触发器 delete_book_info。当用户删除数据库中的某条记录后，数据库系统会自动向日志表中写入日志信息。

【例 11-2】　删除图书信息时，向日志表和图书信息临时表中各添加一条数据，具体步骤如下。

（1）在【例 11-1】的基础上，创建一个名为 tb_bookinfotemp 的图书信息临时表，可以通过直接复制 tb_bookinfo 的表结构实现，具体代码如下。

```
CREATE TABLE tb_bookinfotemp LIKE tb_bookinfo;
```

（2）创建一个由 DELETE 触发的包含多个执行语句的触发器 delete_book_info，在删除数据时，向日志表中插入一条日志信息，并且向图书信息临时表中插入删除的数据，以保证数据的安全性，其代码如下。

```
DELIMITER //
CREATE TRIGGER delete_book_info BEFORE DELETE
ON tb_bookinfo FOR EACH ROW
BEGIN
INSERT INTO tb_booklog (event,logtime) VALUES('删除了一条图书信息',now());
INSERT INTO tb_bookinfotemp SELECT * FROM tb_bookinfo WHERE id=OLD.id;
END
//
```

执行结果如图 11-5 所示。

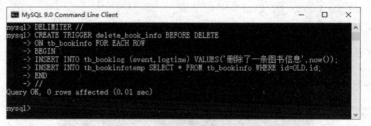

图 11-5　创建包含多个执行语句的触发器 delete_book_info

（3）触发器创建成功，执行删除操作后，将向 tb_booklog 表与 tb_bookinfotemp 表中各插入一条相关记录。执行删除操作的代码如下。

```
DELETE FROM tb_bookinfo WHERE id=5;
```

删除成功后，使用 SELECT 语句分别查看 tb_booklog 表与 tb_bookinfotemp 表中的数据。代码如下。

```
SELECT * FROM tb_booklog;
SELECT * FROM tb_bookinfotemp;
```

执行结果如图 11-6、图 11-7 所示。

图 11-6　查看 tb_booklog 表中的数据

图 11-7　查看 tb_bookinfotemp 表中的数据

从图 11-6 和图 11-7 中可以看出，触发器创建成功后，当用户对 tb_bookinfo 表执行 DELETE 操作时，将向 tb_booklog 表中插入一条日志信息，向 tb_bookinfotemp 表中插入被删除的图书信息。

> 🖉 说明：在 MySQL 的一个表上，在相同的触发事件和相同的触发时间只能创建一个触发器，如触发事件为 INSERT、触发时间为 AFTER 的触发器只能有一个。但是可以定义触发时间为 BEFORE 的 INSERT 触发器。

11.2　查看触发器

查看触发器是指查看数据库中已存在的触发器的定义、状态和语法等信息。查看触发器应使用 SHOW TRIGGERS 语句。

11.2.1 SHOW TRIGGERS

在 MySQL 中，可以使用 SHOW TRIGGERS 语句查看触发器的基本
信息，其基本语法格式如下。
```
SHOW TRIGGERS;
```
或者如下。
```
SHOW TRIGGERS\G
```

SHOW TRIGGERS

进入 MySQL 数据库，选择 db_library 数据库并查看该数据库中存在的触发器，结果如
图 11-8 所示。

```
MySQL 9.0 Command Line Client                                                              □ ×
mysql> SHOW TRIGGERS\G
*************************** 1. row ***************************
             Trigger: auto_save_log
               Event: INSERT
               Table: tb_bookinfo
           Statement: INSERT INTO tb_booklog (event,logtime) VALUES('插入了一条图书信息',now())
              Timing: BEFORE
             Created: 2024-08-20 16:34:50.00
            sql_mode: ONLY_FULL_GROUP_BY,STRICT_TRANS_TABLES,NO_ZERO_IN_DATE,NO_ZERO_DATE,ERROR_FOR_DIVISION_BY_ZERO,NO_ENGINE_SUBSTITUTION
             Definer: root@localhost
  character_set_client: gbk
  collation_connection: gbk_chinese_ci
    Database Collation: utf8mb4_0900_ai_ci
*************************** 2. row ***************************
             Trigger: delete_book_info
               Event: DELETE
               Table: tb_bookinfo
           Statement: BEGIN
INSERT INTO tb_booklog (event,logtime) VALUES('删除了一条图书信息',now());
INSERT INTO tb_bookinfotemp SELECT * FROM tb_bookinfo where id=OLD.id;
END
              Timing: BEFORE
             Created: 2024-08-20 16:53:19.16
            sql_mode: ONLY_FULL_GROUP_BY,STRICT_TRANS_TABLES,NO_ZERO_IN_DATE,NO_ZERO_DATE,ERROR_FOR_DIVISION_BY_ZERO,NO_ENGINE_SUBSTITUTION
             Definer: root@localhost
  character_set_client: gbk
  collation_connection: gbk_chinese_ci
    Database Collation: utf8mb4_0900_ai_ci
2 rows in set (0.00 sec)

mysql>
```

图 11-8 查看触发器

执行 SHOW TRIGGERS 语句即可查看选择的数据库中的所有触发器，但是使用该查看
语句存在一定弊端，即只能查询所有触发器的信息，并不能查看指定触发器的信息。这使
得查找指定触发器的信息很不方便，故建议只在触发器数量较少的情况下使用 SHOW
TRIGGERS 语句查询触发器的基本信息。

11.2.2 查看 triggers 表中的触发器信息

在 MySQL 中，所有触发器的定义都存储在相应数据库的 triggers 表中。
可以通过查询 triggers 表来查看数据库中所有触发器的详细信息。其 SQL 语句
如下。

查看 triggers
表中的触发
器信息

```
SELECT * FROM information_schema.triggers;
```
或者如下。
```
SELECT * FROM information_schema.triggers\G
```
其中 information_schema 是 MySQL 中默认存在的库，而 triggers 是数据库中用于记录
触发器信息的数据表。

如果想要查看指定触发器的信息，可以在 WHERE 子句中使用 TRIGGER 字段作为查
询条件，语法格式如下。
```
SELECT * FROM information_schema.triggers WHERE TRIGGER_NAME= '触发器名称';
```
其中，触发器名称为要查看的触发器的名称，需要用单引号引起来。

要查询指定数据库中的触发器，语法格式如下。

```
SELECT * FROM information_schema.triggers WHERE TRIGGER_SCHEMA= '数据库名称';
```

例如，要查看 db_library 数据库中的全部触发器，可以使用下面的代码。

```
SELECT * FROM information_schema.triggers WHERE TRIGGER_SCHEMA='db_library'\G
```

📖 说明：如果数据库中的触发器较多，建议使用第 2 种查看触发器的方式。

11.3 使用触发器

本节将介绍触发器的执行顺序以及如何使用触发器维护冗余数据。

11.3.1 触发器的执行顺序

在 MySQL 中，触发器按以下顺序执行：BEFORE 触发器→表操作→AFTER 触发器。其中表操作包括 INSERT、UPDATE、DELETE 等。

触发器的
执行顺序

【例 11-3】 展示 BEFORE 触发器、表操作、AFTER 触发器的执行顺序。具体步骤如下。

（1）创建一个名为 tb_temp 的临时表，代码如下。

```
CREATE TABLE IF NOT EXISTS tb_temp (
id int PRIMARY KEY AUTO_INCREMENT NOT NULL,
event varchar(200) NOT NULL,
time timestamp NOT NULL DEFAULT CURRENT_TIMESTAMP
);
```

（2）在 tb_bookcase 数据表上创建名为 before_in 的 BEFORE 触发器，代码如下。

```
CREATE TRIGGER before_in BEFORE INSERT ON
tb_bookcase FOR EACH ROW
INSERT INTO tb_temp (event) VALUES ('BEFORE INSERT');
```

（3）在 tb_bookcase 数据表上创建名为 after_in 的 AFTER 触发器，代码如下。

```
CREATE TRIGGER after_in AFTER INSERT ON
tb_bookcase for each row
INSERT INTO tb_temp (event) VALUES ('AFTER INSERT');
```

执行步骤（2）、（3）中的代码，结果如图 11-9 所示。

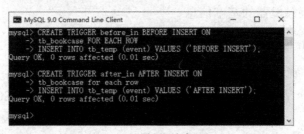

图 11-9　创建触发器

（4）向数据表 tb_bookcase 中插入一条记录。代码如下。

```
INSERT INTO tb_bookcase(name) VALUES ('右A-2');
```

执行成功后，使用 SELECT 语句查看 tb_temp 数据表的数据。代码如下。

```
SELECT * FROM tb_temp;
```

执行以上代码，结果如图 11-10 所示。

查询结果显示 BEFORE 和 AFTER 触发器被激活。BEFORE 触发器首先被激活，然后 AFTER 触发器被激活。

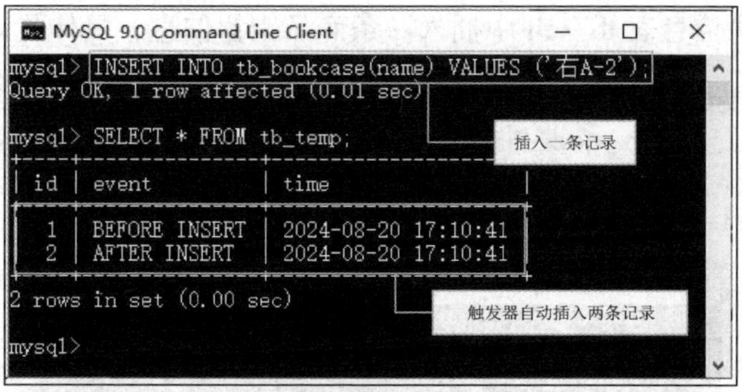

图 11-10　查看 tb_temp 表中触发器的执行顺序

> 📖 说明：触发器中不能包含 START TRANSCATION、COMMIT 或 ROLLBACK 等关键
> 字，也不能包含 CALL 语句。触发器的执行非常严密，每一环都息息相关，任何错误
> 都可能导致程序无法继续执行。已经更新过的数据表是不能回滚的，故在设计过程中
> 一定要注意触发器的逻辑严密性。

11.3.2　使用触发器维护冗余数据

在数据库中，冗余数据的一致性非常重要。为了避免发生数据不一致问
题，尽量不要人工维护数据，而是通过编写的程序自动维护，例如通过触发
器维护。下面通过一个实例介绍如何使用触发器维护冗余数据。

使用触发器
维护冗余数据

【例 11-4】使用触发器维护库存数量。在商品销售信息表 tb_sell 上创建
一个触发器，实现当添加商品销售信息时，自动修改库存信息表 tb_stock 中
的库存数量。具体步骤如下。

（1）创建库存信息表 tb_stock，包括 id（编号）、goodsname（商品名称）、number（库
存数量）字段，具体代码如下。

```
CREATE TABLE IF NOT EXISTS tb_stock (
id int PRIMARY KEY AUTO_INCREMENT NOT NULL,
goodsname varchar(200) NOT NULL,
number int
);
```

（2）向库存信息表 tb_stock 中添加一条商品库存信息，代码如下。

```
INSERT INTO tb_stock(goodsname,number) VALUES ('九阳榨汁机',50);
```

（3）在商品销售信息表 tb_sell 上创建一个触发器，名称为 auto_number，实现向商品
销售信息表 tb_sell 中添加数据时自动更新库存信息表 tb_stock 的库存数量的功能，具体代
码如下。

```
DELIMITER //
CREATE TRIGGER auto_number AFTER INSERT
ON tb_sell FOR EACH ROW
BEGIN
DECLARE sellnum int;
SELECT number FROM tb_sell WHERE id=NEW.id INTO @sellnum;
UPDATE tb_stock SET number=number-@sellnum WHERE goodsname='九阳榨汁机';
END
//
```

> 📖 说明：在上面的代码中，DECLARE 关键字用于定义变量，这里定义的是保存销售数
> 量的变量。在 MySQL 中，引用变量时需要在变量名前面添加"@"符号。

（4）向商品销售信息表 tb_sell 中插入一条商品销售信息，具体代码如下。

```
INSERT INTO tb_sell(goodsname,goodstype,number,price,amount) VALUES
('九阳榨汁机',2,10,99.80,998.00)
```

（5）查看库存信息表 tb_stock 中商品"九阳榨汁机"的库存数量，代码如下。

```
SELECT * FROM tb_stock WHERE goodsname='九阳榨汁机';
```

执行结果如图 11-11 所示。

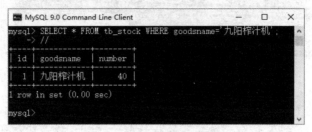

图 11-11　查看库存数量

从图 11-11 中可以看出，现在的库存数量是 40，而在步骤（2）中插入的库存数量是50，所以库存信息表 tb_stock 中指定商品（九阳榨汁机）的库存数量已经被自动修改了。

11.4　删除触发器

删除触发器是指删除在某个数据库中创建的触发器，与删除数据库相似，删除触发器也是使用 DROP 语句实现的。其语法格式如下。

```
DROP TRIGGER 触发器名称;
```

触发器名称是要删除的触发器的名称，如果指定了某个触发器，MySQL将会在当前数据库中查找相应触发器。

删除触发器

📖 说明：使用完触发器后，一定要将触发器删除，否则在执行某些数据库操作时，触发器会造成数据的变化。

【例 11-5】　删除名为 delete_book_info 的触发器，代码如下。

```
DROP TRIGGER delete_book_info;
```

执行结果如图 11-12 所示。

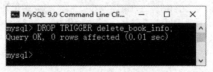

图 11-12　删除触发器

查询名为 delete_book_info 的触发器，代码如下。

```
SELECT * FROM information_schema.triggers WHERE TRIGGER_NAME= 'delete_book_info';
```

执行结果如图 11-13 所示。从图中可以看出，delete_book_info 触发器已经被删除。

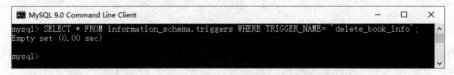

图 11-13　查询名为 delete_book_info 的触发器

11.5 AI 辅助编程

在我们学习触发器时，AI 工具可以提供有力的支持。下面介绍如何利用 AI 工具来帮助我们巩固本章所学的知识，设计相应的实例。

11.5.1 为产品信息数据表创建触发器更新某字段

在 AI 工具的输入框中输入 "MySQL 为产品信息数据表创建触发器用于更新某字段"，按 Enter 键，AI 工具会自动生成实例的实现方法，内容如下。

在 MySQL 中，如果你想要为产品信息数据表创建一个触发器，用于在特定事件（如 INSERT、UPDATE 或 DELETE）发生时更新某字段，你可以采取以下步骤。假设我们有一个名为 products 的表，它有一个字段 last_updated，我们希望在每次更新产品记录时自动更新这个字段为当前时间戳。

1. 确保产品信息数据表存在

确保你的 products 表已经存在，并且包含 last_updated 字段。如果表不存在，你可以创建它：

```
CREATE TABLE products (
    product_id INT AUTO_INCREMENT PRIMARY KEY,
    product_name VARCHAR(255) NOT NULL,
    price DECIMAL(10, 2) NOT NULL,
    stock INT NOT NULL,
    last_updated TIMESTAMP DEFAULT CURRENT_TIMESTAMP
    …    -- 其他字段
);
```

2. 创建触发器

创建一个 BEFORE UPDATE 触发器，它会在每次更新 products 表的记录时自动设置 last_updated 字段为当前时间戳：

```
DELIMITER //
CREATE TRIGGER before_product_update
BEFORE UPDATE ON products
FOR EACH ROW
BEGIN
    SET NEW.last_updated = CURRENT_TIMESTAMP;
END;
//
DELIMITER ;
```

3. 测试触发器

现在，你可以测试触发器是否按预期工作。首先，插入一条新记录：

```
INSERT INTO products (product_name, price, stock)
VALUES ('Product A', 100.00, 100);
```

然后，更新这条记录：

```
UPDATE products
SET price = 110.00, stock = 95
WHERE product_id = 1;
```

最后，查询 products 表以查看 last_updated 字段是否已更新：

```
SELECT * FROM products WHERE product_id = 1;
```

你应该会看到 last_updated 字段被更新为执行 UPDATE 语句时的当前时间戳。

在生成实例代码后，我们还可以继续向 AI 工具追加提问。在 AI 工具的输入框中输入 "完善上面的代码，添加日志记录"，按 Enter 键，AI 工具会自动生成建议，可扫描二维码查看生成的结果。

11.5.2 为产品信息数据表创建触发器维护冗余数据

在 AI 工具的输入框中输入"MySQL 为产品信息数据表创建触发器维护冗余数据",按 Enter 键,AI 工具会自动生成实例的实现方法,内容如下。

以下是一个使用触发器来维护产品信息数据表中冗余数据的实例。在这个例子中,我们假设有一个名为 products 的主表,它存储了产品的基本信息。此外,我们还有一个名为 product_prices_history 的表,用于存储产品价格的历史记录。每当 products 表中的价格发生变化时,我们都希望将旧价格和新价格记录到 product_prices_history 表中。

1. 创建产品信息数据表和价格历史记录表

创建 products 和 product_prices_history 两个表:

```
CREATE TABLE products (
    product_id INT AUTO_INCREMENT PRIMARY KEY,
    product_name VARCHAR(255) NOT NULL,
    price DECIMAL(10, 2) NOT NULL,
    stock INT NOT NULL,
    created_at TIMESTAMP DEFAULT CURRENT_TIMESTAMP,
    updated_at TIMESTAMP DEFAULT CURRENT_TIMESTAMP ON UPDATE CURRENT_TIMESTAMP
);
CREATE TABLE product_prices_history (
    history_id INT AUTO_INCREMENT PRIMARY KEY,
    product_id INT NOT NULL,
    old_price DECIMAL(10, 2) NOT NULL,
    new_price DECIMAL(10, 2) NOT NULL,
    change_date TIMESTAMP DEFAULT CURRENT_TIMESTAMP,
    FOREIGN KEY (product_id) REFERENCES products(product_id)
);
```

2. 创建触发器

创建一个 BEFORE UPDATE 触发器,它会在更新 products 表中的价格时执行,并将旧价格和新价格记录到 product_prices_history 表中:

```
DELIMITER //
CREATE TRIGGER before_product_price_update
BEFORE UPDATE ON products
FOR EACH ROW
BEGIN
    IF OLD.price <> NEW.price THEN
        INSERT INTO product_prices_history (product_id, old_price, new_price)
        VALUES (OLD.product_id, OLD.price, NEW.price);
    END IF;
END;
//
DELIMITER ;
```

3. 测试触发器

测试这个触发器是否按预期工作。

插入新记录:

```
INSERT INTO products (product_name, price, stock)
VALUES ('Product A', 100.00, 100);
```

更新记录并检查历史价格:

```
UPDATE products
SET price = 110.00
WHERE product_id = 1;
SELECT * FROM product_prices_history;
```

你应该会看到 product_prices_history 表中有一条记录，显示了产品 id 为 1 的产品的旧价格（100.00）和新价格（110.00）。

小结

本章对 MySQL 数据库中触发器的定义和作用、创建触发器、查看触发器、使用触发器和删除触发器等内容进行了详细讲解，创建触发器和使用触发器是本章的重点内容。读者在创建触发器后，一定要查看触发器的信息。触发器执行的顺序为 BEFORE 触发器→表操作（INSERT、UPDATE 和 DELETE）→AFTER 触发器。读者应该学会利用本章学到的知识并结合实际需要来设计触发器。

上机指导

上机指导

在 db_shop 数据库中为 tb_sell 表创建一个 AFTER INSERT 触发器，实现插入一条销售信息后，自动更新库存数量的功能，结果如图 11-14 所示。

图 11-14　创建自动更新库存数量的触发器

具体实现步骤如下。

（1）选择当前使用的数据库为 db_shop（如果该数据库不存在，则需要先创建该数据库），具体代码如下。

```
USE db_shop;
```

（2）创建名为 tb_inventory 的库存表，包括 id、goodsid、price 和 number 4 个字段。代码如下。

```
CREATE TABLE tb_inventory(
  id int unsigned PRIMARY KEY NOT NULL AUTO_INCREMENT,
  goodsid int,
  price decimal(9,2),
  number int
);
```

（3）向 tb_inventory 表中批量插入 3 条库存信息，具体代码如下。

```
INSERT INTO tb_inventory (goodsid,price,number)
VALUES
(1,99.80,20),
(2,56.80,20),
(3,67.50,20);
```

（4）为 tb_sell 表创建一个 AFTER 触发器，实现插入一条销售信息后，自动更新库存数量的功能。代码如下。

```
DELIMITER //
CREATE TRIGGER auto_update_stock AFTER INSERT
ON tb_sell FOR EACH ROW
UPDATE tb_inventory SET number=number-NEW.number WHERE goodsid=NEW.goodsid;
//
```

（5）向 tb_sell 表中插入一条销售信息，代码如下。

```
INSERT INTO tb_sell (goodsid,price,number,amount,userid)
 VALUES(3,67.50,5,337.50,6);
```

（6）查询 tb_inventory 表中的数据，代码如下。

```
SELECT * FROM tb_inventory;
```

习题

1. 什么是触发器？
2. 请写出创建包含多个执行语句的触发器的语法格式。
3. 如何查看触发器信息？
4. 触发器的执行顺序是什么？
5. 如何删除触发器？

本章要点

- 掌握 MySQL 中存储过程和存储函数的创建方法
- 掌握 MySQL 存储过程中参数的使用方法
- 掌握存储过程和存储函数的调用、查看、修改和删除方法

存储过程与存储函数是在数据库中定义的 SQL 语句的集合。定义存储过程与存储函数可以避免重复地编写相同的 SQL 语句。而且，存储过程与存储函数是在 MySQL 服务器中存储和执行的，可以减少客户端和服务器端的数据传输。本章将介绍创建、调用、查看、修改及删除存储过程与存储函数的方法。

12.1 创建存储过程与存储函数

在数据库系统中，为了保证数据的完整性和一致性，同时提高其应用性能，大多数数据库采用了存储过程和存储函数技术。MySQL 5.0 之后的版本也应用了存储过程与存储函数技术。存储过程和存储函数是一组 SQL 语句，这些语句被当作整体存入 MySQL 数据库服务器中。用户定义的存储函数不能用于修改数据库的全局状态，但可从查询中被调用，也可以像存储过程一样通过语句执行。随着 MySQL 技术的完善，存储过程与存储函数将得到广泛的应用。

12.1.1 创建存储过程

在 MySQL 中创建存储过程的基本语法格式如下。

```
CREATE PROCEDURE sp_name ([proc_parameter[,…]])
    [characteristic …] routine_body;
```

其中 sp_name 参数是存储过程的名称；proc_parameter 表示存储过程的参数列表；characteristic 参数用于指定存储过程的特性；routine_body 参数是 SQL 代码内容，可以用 BEGIN…END 来标识 SQL 代码的开始和结束。

创建存储过程

> 📄 说明：proc_parameter 由 3 部分组成，分别是输入输出类型、参数名称和参数类型，其形式为[IN | OUT | INOUT]param_name type。其中 IN 表示输入参数，OUT 表示输出参数，INOUT 表示既可以输入也可以输出；param_name 参数是存储过程的参数名称；type 参数表示存储过程的参数类型，可以是 MySQL 数据库的任意数据类型。

存储过程包括名字、参数列表，还可以包括 SQL 语句。创建一个存储过程，代码如下。

```
DELIMITER //
CREATE PROCEDURE proc_name (in parameter integer)
BEGIN
DECLARE variable VARCHAR(20);
IF parameter=1 THEN
SET variable='MySQL';
ELSE
SET variable='PHP';
END IF;
INSERT INTO tb (name) VALUES (variable);
END;
```

MySQL 中存储过程的创建以关键字 CREATE PROCEDURE 开始，后面紧跟存储过程的名称和参数。MySQL 的存储过程名不区分大小写，例如 PROCE1()和 proce1()代表同一存储过程。存储过程名和存储函数名不能与 MySQL 数据库中的内置函数名相同。

MySQL 存储过程的语句块以 BEGIN 开始，以 END 结束。语句块中可以包含变量的声明、控制语句、SQL 查询语句等。由于存储过程的内部语句要以分号结束，因此在定义存储过程前，应将语句结束符 ";" 更改为其他字符，并且应降低该字符在存储过程中出现的概率。更改结束符可以使用关键字 DELIMITER，如下所示。

```
mysql>DELIMITER //
```

创建存储过程之后，可用如下语句删除存储过程（参数 proc_name 指存储过程名）。

```
DROP PROCEDURE proc_name
```

【例 12-1】 创建一个名为 proc_count 的存储过程，用于统计 tb_borrow1 数据表中指定图书的借阅次数。代码如下。

```
DELIMITER //
CREATE PROCEDURE proc_count(IN id INT,OUT borrowcount INT)
READS SQL DATA
BEGIN
SELECT count(*) INTO borrowcount FROM tb_borrow1 WHERE bookid=id;
END
//
```

上述代码定义了输出变量 borrowcount 和输入变量 id。存储过程使用 SELECT 语句从 tb_borrow1 表中获取指定图书的记录总数，并将结果传递给变量 borrowcount。上述代码的执行结果如图 12-1 所示。

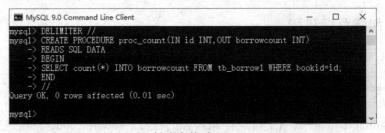

图 12-1　创建存储过程 proc_count

上述代码将查询结果保存在一个输出变量中返回。实际上，还可以将输出结果通过结果集返回，具体的代码如下。

```
DELIMITER //
CREATE PROCEDURE proc_count1(IN id INT)
READS SQL DATA
BEGIN
```

```
SELECT count(*) AS borrowcount FROM tb_borrow1 WHERE bookid=id;
END
//
```
执行结果如图 12-2 所示。

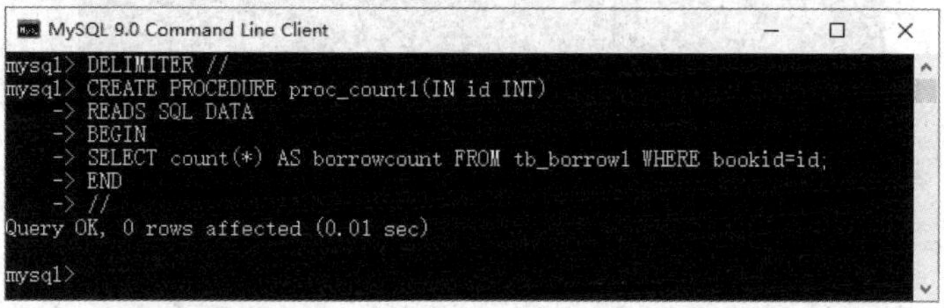

图 12-2　创建存储过程 proc_count1

代码执行完毕后，没有显示任何出错信息，表示存储过程已经创建成功，以后就可以调用这个存储过程实现相应的功能。调用存储过程时，数据库会执行存储过程中的 SQL 语句。

12.1.2　创建存储函数

创建存储函数的基本语法格式如下。

```
CREATE FUNCTION sp_name ([func_parameter[,…]])
    RETURNS type
        [characteristic …] routine_body;
```

创建存储函数的语句的参数说明如表 12-1 所示。

创建存储函数

表 12-1　创建存储函数的语句的参数说明

参数	说明
sp_name	存储函数的名称
func_parameter	存储函数的参数列表
RETURNS type	指定返回值的数据类型
characteristic	指定存储过程的特性
routine_body	SQL 代码的内容

func_parameter 可以由多个参数组成，其中的每个参数均由参数名称和参数类型组成，语法格式如下。

```
param_name type
```

param_name 参数是存储函数的参数名称，type 参数用于指定存储函数的参数类型，可以是 MySQL 数据库支持的任何数据类型。

【例 12-2】　创建一个名为 func_count 的存储函数，用于统计 tb_borrow1 数据表中指定图书的借阅次数。代码如下。

```
DELIMITER //
CREATE FUNCTION func_count(id INT)
RETURNS INT
DETERMINISTIC
BEGIN
RETURN(SELECT count(*) FROM tb_borrow1 WHERE bookid=id);
END
//
```

存储函数的名称为 func_count，参数为 id，返回值是 INT 类型，用于在 tb_borrow1 数据表中统计 bookid 与参数 id 相同的记录数并返回。上述代码的执行结果如图 12-3 所示。

```
MySQL 9.0 Command Line Client                    —    □    ×
mysql> DELIMITER //
mysql> CREATE FUNCTION func_count(id INT)
    -> RETURNS INT
    -> DETERMINISTIC
    -> BEGIN
    -> RETURN(SELECT count(*) FROM tb_borrow1 WHERE bookid=id);
    -> END
    -> //
Query OK, 0 rows affected (0.01 sec)

mysql>
```

图 12-3　创建名为 func_count 的存储函数

12.1.3　变量的应用

MySQL 存储过程中的参数主要有局部参数和全局参数两种，这两种参数又被称为局部变量和全局变量。局部变量只在定义该局部变量的 BEGIN…END 范围内有效，全局变量在整个存储过程范围内均有效。

变量的应用

1．局部变量

在 MySQL 中，局部变量以关键字 DECLARE 声明，后跟变量名和变量类型，基本语法格式如下。

```
DECLARE var_name[,…] type [DEFAULT value];
```

DECLARE 是用来声明变量的；var_name 参数是变量的名称，如果用户需要，也可以同时定义多个变量；type 参数用来指定变量的类型；DEFAULT value 用于指定变量的默认值，不对该参数进行设置时，其默认值为 NULL。

例如，使用下面的语句声明一个局部变量，但不为变量设置默认值。

```
DECLARE id INT
```

下面的语句将在声明变量的同时，为其指定默认值。

```
DECLARE id INT DEFAULT 10
```

下面通过一个实例演示如何在 MySQL 存储过程中定义局部变量。

【例 12-3】　演示局部变量只在某个 BEGIN…END 语句块内有效，代码如下。

```
DELIMITER //
CREATE PROCEDURE proc_local()
BEGIN
DECLARE x CHAR(10) DEFAULT '外层';
BEGIN
DECLARE x CHAR(10) DEFAULT '内层';
SELECT x;
END;
SELECT x;
END;
//
```

执行结果如图 12-4 所示。

调用该存储过程，代码如下。

```
CALL proc_local() //
```

执行结果如图 12-5 所示。在该例中，分别在内层和外层 BEGIN…END 语句块中定义了同名的变量 x，按照语句从上到下执行的顺序，如果变量 x 在整个程序中都有效，则最终结果应该都为"内层"，但真正的输出结果却不同，这说明在内部 BEGIN…END 语句块中定义的变量只在该语句块内有效。

图 12-4　创建定义了局部变量的存储过程　　　　图 12-5　调用存储过程 proc_local 的结果

> 说明：调用存储过程的详细介绍参见本书 12.2.1 小节的相关内容。

2．全局变量

MySQL 中的全局变量不必声明即可使用，全局变量在整个存储过程中有效，全局变量名以字符"@"作为起始字符。下面介绍全局变量的使用方法。

【例 12-4】 分别在内部和外部 BEGIN…END 语句块中定义同名的全局变量@t，代码如下。

```
DELIMITER //
CREATE PROCEDURE proc_global()
BEGIN
SET @t="外层";
BEGIN
SET @t="内层";
SELECT @t;
END;
SELECT @t;
End;
//
```

上述代码的执行结果如图 12-6 所示。

调用该存储过程，具体代码如下。

```
CALL proc_global() //
```

执行结果如图 12-7 所示。最终输出结果相同，说明全局变量的作用范围为整个程序。

图 12-6　创建定义了全局变量的存储过程

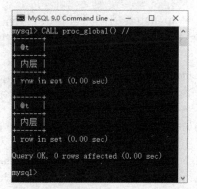

图 12-7　调用存储过程 proc_global 的结果

3．为变量赋值

在 MySQL 中，可以使用以下两种方式为变量赋值。

❑ 使用 SET 关键字为变量赋值。

在 MySQL 中可以使用 SET 关键字为变量赋值。SET 语句的基本语法格式如下。

```
SET var_name=expr[,var_name=expr]…;
```

SET 关键字用来为变量赋值，var_name 参数是变量的名称，expr 参数是赋值表达式。一个 SET 语句可以同时为多个变量赋值，各个变量的赋值语句之间用 "," 隔开。例如为变量 number 赋值，代码如下。

```
SET number=10;
```

❑ 使用 SELECT…INTO 语句为变量赋值。

使用 SELECT…INTO 语句也可以为变量赋值。其语法格式如下。

```
SELECT col_name[,…] INTO var_name[,…] FROM table_name WHERE condition
```

其中 col_name 参数表示查询的字段名，var_name 参数是变量的名称，table_name 参数为指定数据表的名称，condition 参数为查询条件。

例如，从 tb_bookinfo 表中查询 barcode 为 "12235676" 的记录，并将该记录的 price 字段的值赋给变量 book_price。关键代码如下。

```
SELECT price INTO book_price FROM tb_bookinfo WHERE barcode= '12235676';
```

> 📖 说明：上述赋值语句必须存在于存储过程中，且需放置在 BEGIN…END 之间。若不在此范围内，该变量将不能使用或被赋值。

12.2 存储过程和存储函数的调用

存储过程和存储函数都是存储在服务器中的 SQL 语句的集合。要使用已经定义好的存储过程和存储函数，必须通过调用的方式来实现。对存储过程和存储函数的操作主要包含调用、查看、修改和删除。

12.2.1 调用存储过程

在 MySQL 中使用 CALL 语句来调用存储过程。调用存储过程后，数据库系统将执行存储过程中的语句，然后将结果返回。CALL 语句的基本语法格式如下。

```
CALL sp_name([parameter[,…]]);
```

调用存储过程

其中 sp_name 是存储过程的名称，parameter 是存储过程的参数。

【例 12-5】 调用【例 12-1】中创建的存储过程 proc_count，统计指定图书的借阅次数。代码如下。

```
SET @bookid=2;
CALL proc_count(@bookid,@borrowcount);
SELECT @borrowcount;
```

执行结果如图 12-8 所示。

使用下面的语句查询 tb_borrow1 表中 bookid 为 2 的记录。

```
SELECT * FROM tb_borrow1 WHERE bookid=2;
```

执行结果如图 12-9 所示。

从图 12-9 中可以看出，符合条件的记录有两条，与图 12-8 的执行结果完全一致。

如果想要调用 12.1.1 小节中创建的存储过程 proc_count1，可以使用下面的代码。

```
SET @bookid=2;
CALL proc_count1(@bookid);
```

执行结果如图 12-10 所示。

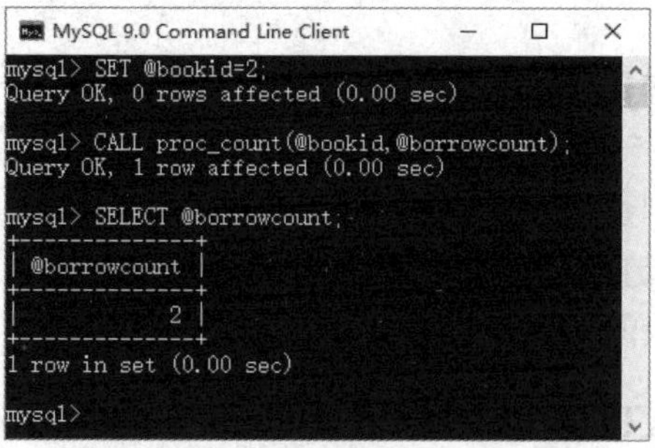

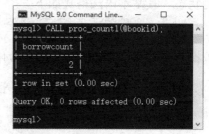

图 12-8　调用存储过程 proc_count

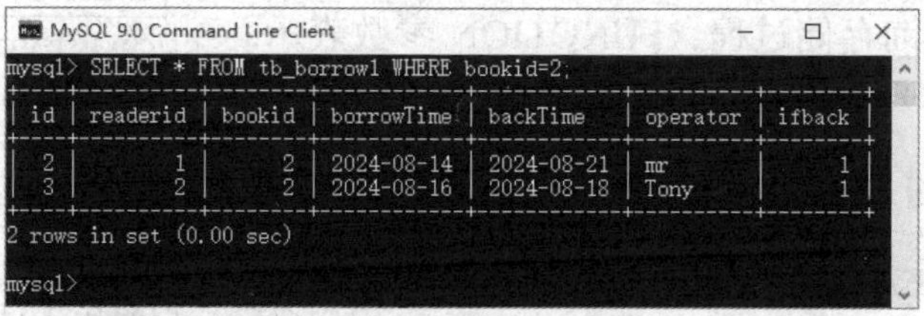

图 12-9　查询 tb_borrow1 表中 bookid 为 2 的记录　　　　图 12-10　调用存储过程 proc_count1

12.2.2　调用存储函数

在 MySQL 中，存储函数的使用方法与 MySQL 内置函数的使用方法基本相同。用户自定义的存储函数与 MySQL 内置函数性质相同。区别在于，存储函数是用户自定义的，而内置函数是 MySQL 自带的。调用存储函数的语法格式如下。

调用存储函数

```
SELECT function_name([parameter[,…]]);
```

【例 12-6】 调用【例 12-2】中创建的存储函数 func_count，统计指定图书的借阅次数。代码如下。

```
SET @bookid=2;
SELECT func_count(@bookid);
```

执行结果如图 12-11 所示。

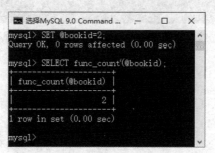

图 12-11　调用存储函数 func_count

> 💡 **说明：** 存储过程可以使用 SELECT 语句返回结果集，但是存储函数不能使用 SELECT 语句返回结果集，否则将显示如下错误。
>
> ```
> Not allowed to return a result set from a function
> ```

12.3　查看存储过程和存储函数

存储过程和存储函数创建以后，用户可以查看存储过程和存储函数的状态和定义。可以通过 SHOW STATUS 语句查看存储过程和存储函数的状态，通过 SHOW CREATE 语句来查看存储过程和存储函数的定义。

12.3.1　SHOW STATUS 语句

在 MySQL 中可以通过 SHOW STATUS 语句查看存储过程和存储函数的状态。其基本语法格式如下。

```
SHOW {PROCEDURE | FUNCTION}STATUS[LIKE 'pattern'];
```

其中，PROCEDURE 参数表示查询存储过程，FUNCTION 参数表示查询存储函数，LIKE 'pattern'参数用来匹配存储过程或存储函数的名称。

SHOW STATUS
语句

12.3.2　SHOW CREATE 语句

在 MySQL 中可以通过 SHOW CREATE 语句来查看存储过程和存储函数的定义。其语法格式如下。

```
SHOW CREATE{PROCEDURE | FUNCTION } sp_name;
```

其中，PROCEDURE 参数表示查询存储过程，FUNCTION 参数表示查询存储函数，sp_name 参数表示存储过程或存储函数的名称。

SHOW CREATE
语句

【例 12-7】　查询名为 proc_count 的存储过程，代码如下。

```
SHOW CREATE PROCEDURE proc_count\G
```

执行结果如图 12-12 所示。

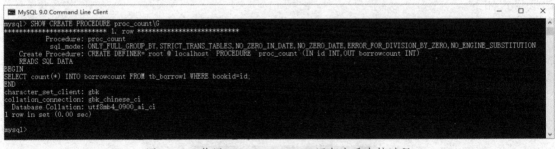

图 12-12　使用 SHOW CREATE 语句查看存储过程

查询结果显示了存储过程的定义、字符集等信息。

> 💡 **说明：** 使用 SHOW STATUS 语句只能查看存储过程或存储函数所操作的数据库对象，如存储过程或存储函数的名称、类型、定义者、修改时间等信息，并不能查询存储过程或存储函数的具体定义。如果需要查看详细定义，需要使用 SHOW CREATE 语句。

12.4 修改存储过程和存储函数

修改存储过程和存储函数

修改存储过程和存储函数是指修改已经定义好的存储过程和存储函数。在 MySQL 中通过 ALTER PROCEDURE 语句来修改存储过程，通过 ALTER FUNCTION 语句来修改存储函数。

MySQL 中修改存储过程和存储函数的语法格式如下。

```
ALTER {PROCEDURE | FUNCTION} sp_name [characteristic …]
characteristic:
    { CONTAINS SQL | NO SQL | READS SQL DATA | MODIFIES SQL DATA }
  | SQL SECURITY { DEFINER | INVOKER }
  | COMMENT 'string';
```

其参数说明如表 12-2 所示。

表 12-2 修改存储过程和存储函数的语句的参数说明

参数	说明
sp_name	存储过程或存储函数的名称
characteristic	用于指定存储函数的特性
CONTAINS SQL	表示子程序包含 SQL 语句，但不包含读写数据的语句
NO SQL	表示子程序不包含 SQL 语句
READS SQL DATA	表示子程序中包含读数据的语句
MODIFIES SQL DATA	表示子程序中包含写数据的语句
SQL SECURITY {DEFINER | INVOKER}	指明执行权限。DEFINER 表示只有定义者才能够执行，INVOKER 表示调用者可以执行
COMMENT'string'	注释信息

【例 12-8】修改【例 12-1】创建的存储过程 proc_count，为其指定执行权限。代码如下。

```
ALTER PROCEDURE proc_count
MODIFIES SQL DATA
SQL SECURITY INVOKER;
```

执行结果如图 12-13 所示。

图 12-13 修改存储过程 proc_count 的定义

📋 说明：可以使用 SELECT…FROM information_schema.Routines WHERE ROUTINE_NAME='sp_name'来查看修改后的结果。由于篇幅限制，这里不进行详细讲解。

12.5 删除存储过程和存储函数

删除存储过程和存储函数

删除存储过程和存储函数是指删除数据库中已经存在的存储过程和存储函数。在 MySQL 中可使用 DROP PROCEDURE 语句来删除存储过程，使用 DROP FUNCTION 语句来删除存储函数。在删除之前，必须确认要删除的存储过程或存储函数没有任何依赖关系，否则可能导致其他与其关联的存储过程无法运行。

删除存储过程和存储函数的语法格式如下。

```
DROP {PROCEDURE | FUNCTION} [IF EXISTS] sp_name;
```

其中，sp_name 参数表示存储过程或存储函数的名称；IF EXISTS 是 MySQL 的扩展，用于判断存储过程或存储函数是否存在，以免发生错误。

【例 12-9】 删除【例 12-1】创建的存储过程 proc_count。关键代码如下。

```
DROP PROCEDURE proc_count;
```

执行结果如图 12-14 所示。

【例 12-10】 删除【例 12-2】创建的存储函数 func_count。关键代码如下。

```
DROP FUNCTION func_count;
```

执行结果如图 12-15 所示。

图 12-14　删除存储过程 proc_count

图 12-15　删除存储函数 func_count

当返回结果没有提示警告信息或报错时，说明存储过程或存储函数已经被顺利删除。用户可以通过查询 information_schema 数据库中的 Routines 表来确认删除是否成功。

12.6　AI 辅助编程

在我们学习存储过程与存储函数时，AI 工具可以提供有力的支持。下面介绍如何利用 AI 工具来帮助我们巩固本章所学的知识，设计相应的实例。

12.6.1　创建一个统计产品库存数量的存储过程

在 AI 工具的输入框中输入"MySQL 创建一个统计产品库存数量的存储过程"，按 Enter 键，AI 工具会自动生成实例的实现方法，内容如下。

在 MySQL 中，你可以创建一个存储过程来统计产品库存数量。假设你的产品信息数据表名为 products，并且它包含以下列。

product_id：产品 id。

product_name：产品名称。

stock_quantity：库存数量。

以下是一个存储过程实例，它计算并返回所有产品的总库存数量。

```
DELIMITER //
CREATE PROCEDURE CountTotalStock()
BEGIN
    DECLARE total_stock INT;
    -- 计算总库存数量
    SELECT SUM(stock_quantity) INTO total_stock
    FROM products;
    -- 输出总库存数量
    SELECT total_stock AS Total_Stock_Quantity;
END //
DELIMITER ;
```

调用计算总库存数量的存储过程。

```
CALL CountTotalStock();
```

在生成实例代码后，我们还可以继续向 AI 工具追加提问。在 AI 工具的输入框中输入"完善上面的代码，处理数据表为空的情况"，按 Enter 键，AI 工具会自动生成如下建议。

在处理数据库查询时，特别是涉及聚合函数（如 SUM()）时，如果数据表为空，聚合函数通常会返回 NULL。为了确保我们的存储过程能够优雅地处理这种情况，我们可以对 NULL 进行检查，并在必要时设置一个默认值（如 0）。以下是完善后的存储过程代码，它处理了数据表为空的情况。

```
DELIMITER //
CREATE PROCEDURE CountTotalStock()
BEGIN
    DECLARE total_stock INT DEFAULT 0; -- 初始化 total_stock 为 0
    -- 计算总库存数量，如果结果为 NULL，则 total_stock 保持为 0
    SELECT IFNULL(SUM(stock_quantity), 0) INTO total_stock
    FROM products;
    -- 输出总库存数量
    SELECT total_stock AS Total_Stock_Quantity;
END //
DELIMITER ;
```

在这个改进的版本中，我们使用了 IFNULL() 函数来处理 SUM(stock_quantity) 可能返回的 NULL。IFNULL() 函数接收两个参数：第一个参数是表达式，第二个参数是当第一个参数为 NULL 时返回的默认值。在这个例子中，如果 SUM(stock_quantity) 返回 NULL（即表为空或没有符合条件的行），IFNULL() 将返回 0。

这样，无论 products 表是否为空，存储过程都会返回一个有效的库存总数，确保程序的稳健性。

12.6.2　创建一个用于获取某个产品价格的存储函数

在 AI 工具的输入框中输入 "MySQL 创建一个用于获取某个产品价格的存储函数"，按 Enter 键，AI 工具会自动生成实例的实现方法，内容如下。

在 MySQL 中，要创建一个用于获取某个产品价格的存储函数，你需要首先确定你的产品信息数据表（例如，假设表名为 products）中产品的价格信息，并且你有唯一标识每个产品的字段（如 product_id）。接下来，你可以使用 CREATE FUNCTION 语句来定义这个函数。

以下是一个实例，展示了如何创建一个名为 GetProductPrice 的存储函数，该函数接收一个 product_id 参数，并返回对应产品的价格。

```
DELIMITER //
CREATE FUNCTION GetProductPrice(p_product_id INT)
RETURNS DECIMAL(10, 2)
DETERMINISTIC
READS SQL DATA
BEGIN
    DECLARE v_price DECIMAL(10, 2);
    -- 获取指定产品的价格
    SELECT price INTO v_price
    FROM products
    WHERE product_id = p_product_id;
    -- 如果没有找到产品，则返回 NULL（或者设置返回一个默认值，如 0.00）
    IF v_price IS NULL THEN
        SET v_price = NULL; -- 或者 SET v_price = 0.00;
    END IF;
    -- 返回产品价格
    RETURN v_price;
END //
DELIMITER ;
```

一旦存储函数创建完成，你就可以像调用内置函数一样调用它，并传递相应的参数。

```
SELECT GetProductPrice(1) AS Price_For_Product_1;
```

执行后将返回一个结果集，其中有一个名为 Price_For_Product_1 的列，其值为产品 id 为 1 的产品的价格。如果产品 id 为 1 的产品不存在，则返回 NULL（或者你在函数中设置的默认值）。

小结

本章对 MySQL 数据库的存储过程和存储函数进行了详细讲解。存储过程和存储函数是用户自定义的 SQL 语句的集合，它们都存储在服务器端，只要调用就可以在服务器端执行。本章重点讲解了创建存储过程和存储函数的方法。通过 CREATE PROCEDURE 语句可以创建存储过程，通过 CREATE FUNCTION 语句可以创建存储函数。这部分内容是本章的难点，需要读者结合书中的知识点进行实际操作。

上机指导

在 db_shop 数据库中创建一个存储过程，用于验证用户的登录信息，如果合法，则返回 1，否则返回 0，结果如图 12-16 所示。

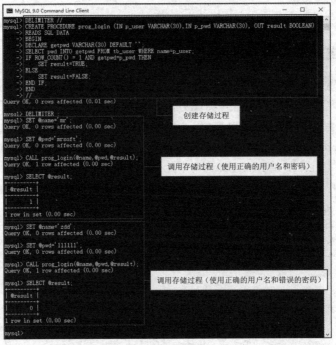

图 12-16　创建验证用户登录信息的存储过程

具体实现步骤如下。

（1）选择当前使用的数据库为 db_shop（如果该数据库不存在，则需要先创建该数据库），具体代码如下。

```
USE db_shop;
```

（2）创建名为 tb_user 的用户表，包括 id、name 和 pwd 3 个字段。代码如下。

```
CREATE TABLE tb_user (
  id int unsigned NOT NULL AUTO_INCREMENT,
  name VARCHAR(30),
  pwd VARCHAR(30),
  PRIMARY KEY (id)
);
```

（3）向 **tb_user** 表中批量插入 3 条用户信息，具体代码如下。

```
INSERT INTO tb_user (name,pwd)
VALUES
('mr','mrsoft'),
('zdd','123456'),
('mxx','556677');
```

（4）创建一个名为 **prog_login** 的存储过程，用于判断输入的用户信息是否合法（即用户名和密码是否与 tb_user 表中的相应信息一致）。代码如下。

```
DELIMITER //
CREATE PROCEDURE prog_login (IN p_user VARCHAR(30),IN p_pwd VARCHAR(30), OUT result
BOOLEAN)
READS SQL DATA
BEGIN
DECLARE getpwd VARCHAR(30) DEFAULT '';
SELECT pwd INTO getpwd FROM tb_user WHERE name=p_user;
IF ROW_COUNT() = 1 AND getpwd=p_pwd THEN
    SET result=TRUE;
ELSE
    SET result=FALSE;
END IF;
END
//
DELIMITER ;
```

（5）调用存储过程 **prog_login**，传入要验证的用户名（mr）和密码（mrsoft），代码如下。

```
SET @name='mr';
SET @pwd='mrsoft';
CALL prog_login(@name,@pwd,@result);
SELECT @result;
```

（6）调用存储过程 **prog_login**，传入要验证的用户名（zdd）和密码（111111），代码如下。

```
SET @name='zdd';
SET @pwd='111111';
CALL prog_login(@name,@pwd,@result);
SELECT @result;
```

习题

1. 如何创建存储过程?
2. 如何创建存储函数?
3. 如何查看存储过程和存储函数?
4. 如何删除存储过程?
5. 如何删除存储函数?

第13章 备份与恢复

本章要点

- 掌握数据备份的方法
- 掌握数据恢复的方法
- 掌握导出表的方法

为了保证数据的安全，需要定期对数据进行备份。备份的方式有很多种，效果也不一样。如果数据库中的数据出现了错误，就需要使用备份的数据进行数据还原，以将损失降至最低。本章将对数据备份、数据恢复、表的导出等内容进行讲解。

13.1 数据备份

备份数据是数据库管理中常用的操作。为了保证数据库中数据的安全，数据库管理员需要定期地进行数据备份。如果数据库遭到破坏，可通过备份的文件来还原数据库。因此，数据备份很重要。本节将介绍数据备份的方法。

13.1.1 使用 mysqldump 命令备份

MySQL 提供了很多免费的客户端应用程序，保存在 MySQL 安装目录的 bin 子目录下，如图 13-1 所示。通过这些客户端应用程序可以连接到 MySQL 服务器进行数据库的访问，或者对 MySQL 进行管理。

使用 mysqldump
命令备份

在使用这些工具时，需要打开计算机的命令提示符窗口，然后在其中执行要运行程序所对应的命令。例如，要运行 mysql.exe 程序，可以执行 mysql 命令（加上对应的参数）。

在 MySQL 提供的客户端应用程序中，mysqldump.exe 是用于进行 MySQL 数据库备份的实用工具。它可以将数据库中的数据导出为一个文本文件，并且将表的结构和表中的数据存储在这个文本文件中。下面将介绍如何使用 mysqldump.exe 工具进行数据库备份。

mysqldump 命令的工作原理很简单。它先查出需要备份的表的结构，并在文本文件中生成一个 CREATE 语句，然后将表中的所有记录转换成一条 INSERT 语句。这些 CREATE 语句和 INSERT 语句都是还原数据时使用的。还原数据时可以使用其中的 CREATE 语句来创建表，使用其中的 INSERT 语句来还原数据。

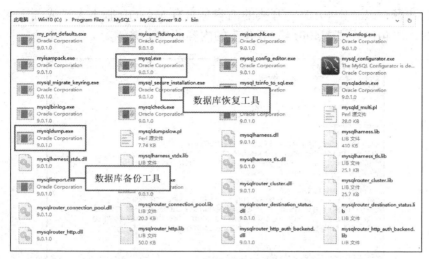

图 13-1　MySQL 提供的客户端应用程序

1．备份数据库

使用 mysqldump 命令备份数据库的基本语法格式如下。

```
mysqldump -u username -p dbname table1 table2 …>BackupName.sql
```

其中，dbname 参数表示数据库的名称；table1 和 table2 参数表示表的名称，没有指定表名时将备份整个数据库；BackupName.sql 参数表示备份文件的名称，文件名前面可以加上一个绝对路径。通常将数据库备份成扩展名为.sql 的文件。

> 说明：使用 mysqldump 命令也可以将数据库备份成其他格式的文件，如扩展名为.txt的文件。但是，通常情况下建议备份成扩展名为.sql 的文件。

【例 13-1】 使用 mysqldump 命令备份图书馆管理系统的数据库 db_library。

右击"开始"按钮，在弹出的快捷菜单中选择"运行"命令，在弹出的"运行"对话框中输入"cmd"，按 Enter 键打开命令提示符窗口。在其中输入以下命令。

```
mysqldump -u root -p db_library >D:\db_library.sql
```

执行上面的命令后，将提示输入连接数据库的密码，输入正确密码后将完成数据备份，如图 13-2 所示。

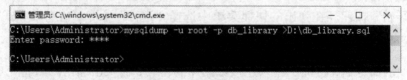

图 13-2　执行 mysqldump 数据备份命令

> 说明：使用上述命令生成的.sql 文件中并不包括创建数据库的语句。在使用该文件恢复数据库前需要先创建对应的数据库。

数据备份完成后，可以在计算机的 D 盘中找到 db_library.sql 文件。db_library.sql 文件的部分内容如图 13-3 所示。

文件开头记录了 MySQL 的版本、备份的主机名和数据库名。文件中以"--"开头的是

SQL 语句的注释，以 "/*!40101" 开头的内容是只有 MySQL 版本大于或等于 4.1.1 才执行的语句。以 "/*!40103" "/*!40014" 等开头的内容的含义类似。

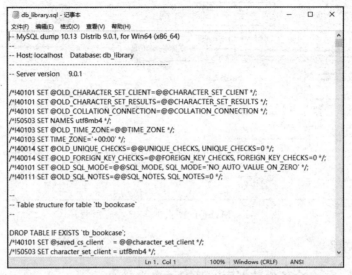

图 13-3   db_library.sql 文件的部分内容

⚠️ **注意**：上面的 db_library.sql 文件中没有创建数据库的语句，因此，db_library.sql 文件中的所有表和记录必须还原到一个已经存在的数据库中。还原数据时，执行 CREATE TABLE 语句会在数据库中创建表，然后执行 INSERT 语句向表中插入记录。

2．备份多个数据库

使用 mysqldump 命令备份多个数据库的语法格式如下。

```
mysqldump -u username -p --databases dbname1 dbname2 >BackupName.sql
```

这里要加上--databases 选项，其后面跟多个数据库的名称。

📖 **说明**：上述命令也可以用于备份单个数据库，在 "--databases" 后面加上一个要备份的数据库的名称即可。使用该命令生成的备份文件中包含创建数据库的 SQL 语句。

【例 13-2】 使用 mysqldump 命令备份 db_library 和 db_shop 数据库。

右击 "开始" 按钮，在弹出的快捷菜单中选择 "运行" 命令，在弹出的 "运行" 对话框中输入 "cmd"，按 Enter 键打开命令提示符窗口。在其中输入以下命令。

```
mysqldump -u root -p --databases db_library db_shop >D:\library.sql
```

执行上面的命令后，将提示输入连接数据库的密码，输入正确密码后将完成数据备份，如图 13-4 所示。可以在计算机的 D 盘中看到 library.sql 文件。这个文件中存储着这两个数据库的所有信息。

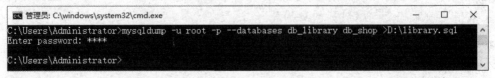

图 13-4   备份多个数据库

3．备份所有数据库

使用 mysqldump 命令备份所有数据库的语法格式如下。

```
mysqldump -u username -p --all-databases >BackupName.sql
```
使用--all-databases 选项即可备份所有数据库。

【例 13-3】 使用 mysqldump 命令备份所有数据库。命令如下。

```
mysqldump -u root -p --all-databases  >D:\backupAll.sql
```
执行上面的命令后，将提示输入连接数据库的密码，输入正确密码后将完成数据备份，如图 13-5 所示。可以在计算机的 D 盘中看到 backupAll.sql 文件。这个文件存储着所有数据库的信息。

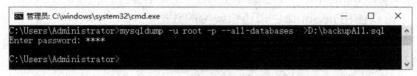

图 13-5　备份所有数据库

13.1.2　直接复制整个数据库目录

最简单的备份方法是将 MySQL 中的数据库文件直接复制出来。这种方法的速度也是最快的。使用这种方法备份数据库时，最好先将服务器停止，以保证在复制期间数据库中的数据不会发生变化。如果在复制数据库的过程中还有数据写入，会导致数据不一致。

直接复制整个
数据库目录

这种方法虽然简单快捷，但不是最好的备份方法。因为实际情况可能不允许停止 MySQL 服务器，而且这种方法对 InnoDB 存储引擎的表不适用。对于 MyISAM 存储引擎的表，这样备份和还原很方便。但是还原时最好使用相同版本的 MySQL 数据库，否则可能出现存储文件格式不同的情况。

> **说明：** 在 MySQL 的版本号中，第一个数字表示主版本号。主版本号相同的 MySQL 数据库的文件格式相同。例如，MySQL 8.0.37 和 MySQL 8.0.39 这两个版本的主版本号都是 8，那么这两个数据库的数据文件拥有相同的格式。

采用直接复制整个数据库目录的方法备份数据库时，需要找到数据库文件的保存位置，可在 MySQL 命令行窗口中执行以下命令查看数据库文件的保存位置。

```
show variables like '%datadir%';
```
执行结果如图 13-6 所示。

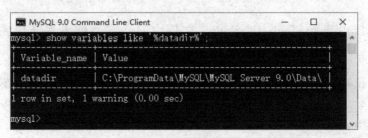

图 13-6　查看 MySQL 数据库文件的保存位置

13.2 数据恢复

管理员的非法操作和计算机故障都会破坏数据库文件。当数据库遇到这些意外时，我们可以通过备份文件将数据库还原到备份时的状态，以将损失降至最低。本节将介绍恢复数据的方法。

13.2.1 使用 mysql 命令还原

通常使用 mysqldump 命令将数据库备份成一个文本文件，文件的扩展名一般为.sql。可以使用 mysql 命令来还原备份的数据。

备份文件中通常包含 CREATE 语句和 INSERT 语句。mysql 命令可以执行备份文件中的 CREATE 语句和 INSERT 语句，CREATE 语句用来创建数据库和表，INSERT 语句用来插入备份的数据。mysql 命令的基本语法格式如下。

使用 mysql 命令还原

```
mysql -u root -p [dbname]  <backup.sql
```

其中，dbname 参数表示数据库名称。该参数是可选参数，可以指定数据库名，也可以不指定。指定数据库名时，表示还原该数据库中的表；不指定数据库名时，表示还原特定的数据库，备份文件中要有创建数据库的语句。

【例 13-4】 使用 mysql 命令还原【例 13-1】中备份的图书馆管理系统的数据库，对应的文件为 D:\db_library.sql。具体步骤如下。

（1）在 MySQL 的命令行窗口中执行以下代码，创建要还原的数据库，即 db_library。

```
CREATE DATABASE IF NOT EXISTS db_library;
```

（2）右击"开始"按钮，在弹出的快捷菜单中选择"运行"命令，在弹出的"运行"对话框中输入"cmd"，按 Enter 键打开命令提示符窗口。在其中输入以下命令，还原数据库 db_library。

```
mysql -u root -p db_library <D:\db_library.sql
```

执行上面的命令后，将提示输入连接数据库的密码，输入正确密码后将完成数据还原，如图 13-7 所示。

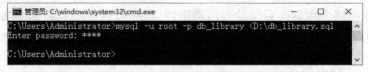

图 13-7　使用 mysql 命令还原数据库 db_library

这时，MySQL 已经将 db_library.sql 文件中的所有数据表都还原到了数据库 db_library 中。

> ⚠ **注意**：如果使用--all-databases 选项备份了所有的数据库，那么还原时不需要指定数据库。因为其对应的.sql 文件中包含 CREATE DATABASE 语句，可以通过该语句创建数据库。创建数据库之后，可以执行.sql 文件中的 USE 语句选择数据库，然后在数据库中创建表并插入记录。

13.2.2 直接复制到数据库目录

13.1.2 小节中介绍过一种直接复制数据库目录的备份方法。使用这种方法备份的数据可以直接复制到 MySQL 的数据库目录下。使用这种方法还原时，必须保证两个 MySQL 数据库的主版本号是相同的。而且，这种方法适用于 MyISAM 存储引擎的表，对于 InnoDB 存储引擎的表则不可用，因为 InnoDB 存储引擎的表的表空间不能直接复制。

直接复制到
数据库目录

13.3 表的导出

MySQL 数据库中的表可以导出为文本文件、XML 文件或 HTML 文件，相应的文本文件也可以导入 MySQL 数据库中。在数据库的日常维护中，经常需要进行表的导出和导入操作。本节将介绍导出表的方法。

13.3.1 用 SELECT…INTO OUTFILE 语句导出表

在 MySQL 中，可以在命令行窗口中使用 SELECT…INTO OUTFILE 语句将表导出为文本文件。其基本语法格式如下。

用 SELECT…
INTO OUTFILE
语句导出表

```
SELECT[列名] FROM table[WHERE 语句]
INTO OUTFILE '目标文件' [OPTION];
```

该语句分为两个部分。前半部分是一个普通的 SELECT 语句，通过这个 SELECT 语句来查询所需要的数据；后半部分是导出数据的语句。其中，目标文件参数用于指定将查询的记录导出到哪个文件，OPTION 参数有 6 个常用的选项，如下所示。

- FIELDS TERMINATED BY '字符串'：设置字符串为字段的分隔符，默认值是 "\t"。
- FIELDS ENCLOSED BY '字符'：设置字符来括起字段的值。默认情况下不使用任何符号。
- FIELDS OPTIOINALLY ENCLOSED BY '字符'：设置字符来括起 CHAR、VARCHAR 和 TEXT 等字符类型的字段。默认情况下不使用任何符号。
- FIELDS ESCAPED BY '字符'：设置转义字符，默认值为 "\"。
- LINES STARTING BY '字符串'：设置每行开头的字符，默认情况下无任何字符。
- LINES TERMINATED BY '字符串'：设置每行的结束符，默认值是 "\n"。

在使用 SELECT…INTO OUTFILE 语句时，指定的目标路径只能是 MySQL 的 secure_file_priv 参数所指定的位置，该位置可以通过执行以下语句获得。

```
SELECT @@secure_file_priv;
```

执行结果如图 13-8 所示。

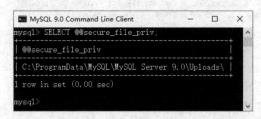

图 13-8　获取 secure_file_priv 参数所指定的位置

从图 13-8 中可以看出，目标路径为 C:\ProgramData\MySQL\MySQL Server 9.0\Uploads\。在使用时，需要把"\"修改为"/"，即改为 C:/ProgramData/MySQL/MySQL Server 9.0/Uploads/。如果不修改，将出现图 13-9 所示的错误。

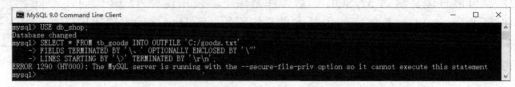

图 13-9　出现没有对本地文件的修改权限的错误

【例 13-5】　使用 SELECT…INTO OUTFILE 语句导出 db_shop 数据库中的 tb_goods 表。其中，字段之间用 "、" 隔开，字符类型的数据用双引号引起来，每条记录以 ">" 开头。在 MySQL 命令行窗口中执行以下命令。

```
USE db_shop;
SELECT * FROM tb_goods INTO OUTFILE 'C:/ProgramData/MySQL/MySQL Server 9.0/Uploads/
goods.txt'
FIELDS TERMINATED BY '\、' OPTIONALLY ENCLOSED BY '\"'
LINES STARTING BY '\>' TERMINATED BY '\r\n';
```

"TERMINATED BY '\r\n'" 的作用是使每条记录占一行。因为在 Windows 操作系统下，"\r\n" 表示回车换行。如果不添加该语句，默认值为 "\n"。执行结果如图 13-10 所示。

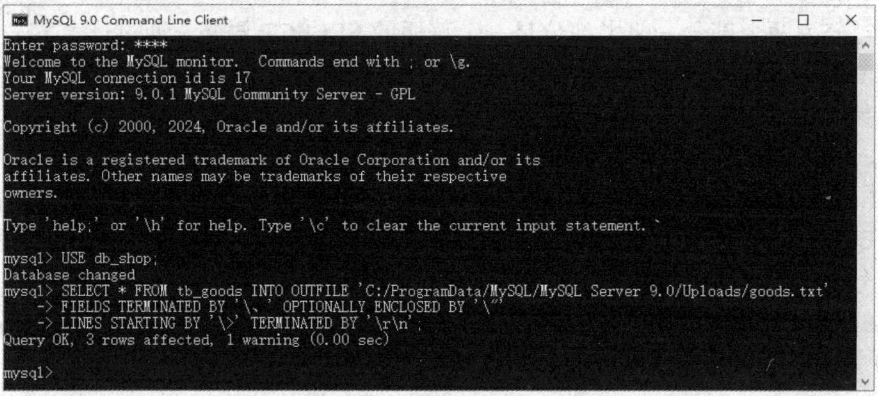

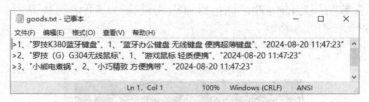

图 13-10　导出 tb_goods 表

执行完后，可以在 C:\ProgramData\MySQL\MySQL Server 9.0\Uploads\目录下看到一个 goods.txt 文件。goods.txt 文件中的内容如图 13-11 所示。

图 13-11　goods.txt 文件中的内容

从图 13-11 中可以看出，这些记录都是以 ">" 开头的，字段之间用 "、" 隔开，而且字符类型的数据都加上了双引号。

13.3.2　用 mysqldump 命令导出表

使用 mysqldump 命令可以备份数据库中的数据，备份文件中保存有 CREATE 语句和 INSERT 语句。不仅如此，使用 mysqldump 命令还可以将表导出为文本文件。其基本的语法格式如下。

用 mysqldump
命令导出表

```
mysqldump -u root -p -T "目标目录" dbname table [option];
```

其中，目标目录参数是指导出的文本文件的路径，dbname 参数表示数据库的名称，table 参数表示表的名称，option 参数表示附加选项，可用的选项如下。

- ❑ --fields-terminated-by=字符串：设置字符串为字段的分隔符，默认值是 "\t"。
- ❑ --fields-enclosed-by=字符：设置字符来括起字段的值。
- ❑ --fields-optionally-enclosed-by=字符：设置字符括起 CHAR、VARCHAR 和 TEXT 等字符类型的字段。
- ❑ --fields-escaped-by=字符：设置转义字符。
- ❑ --lines-terminated-by=字符串：设置每行的结束符。

⚠ 注意：这些选项必须用双引号引起来，否则，MySQL 数据库系统将不能识别这几个选项。

【例 13-6】　使用 mysqldump 命令导出图书馆管理系统的 tb_bookinfo 表的记录。其中，字段之间用 "、" 隔开，字符类型的数据用双引号引起来。命令如下。

```
mysqldump -u root -p --default-character-set=gbk -T "C:/ProgramData/MySQL/MySQL
Server 9.0/Uploads/" db_library tb_bookinfo "--lines-terminated-by=\r\n" "--fields-
terminated-by=、" "--fields-optionally-enclosed-by=""
```

在命令提示符窗口中执行上面的命令后，将提示输入连接数据库的密码，输入正确密码后将执行导出操作。执行结果如图 13-12 所示。

图 13-12　使用 mysqldump 命令导出记录

命令执行成功后，可以在 C:\ProgramData\MySQL\MySQL Server 9.0\Uploads\ 路径下看到一个 tb_bookinfo.txt 文件和一个 tb_bookinfo.sql 文件。tb_bookinfo.txt 文件中的内容如图 13-13 所示。

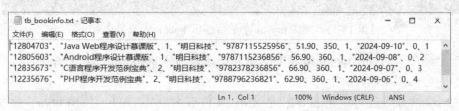

图 13-13　用 mysqldump 命令导出的文本文件

从图 13-13 中可以看出，这些记录都是以"、"隔开的，而且字符类型的数据都加上了双引号。其实，mysqldump 命令也是调用 SELECT...INTO OUTFILE 语句来导出表的。除此之外，mysqldump 命令还生成了 tb_bookinfo.sql 文件。这个文件保存了表的结构和表中的记录。

> 说明：导出数据时，一定要注意数据的格式。通常字段之间必须用分隔符隔开，可以使用逗号（,）、空格或者制表符（Tab 键）。每条记录占用一行，新记录要从新的一行开始。字符串类型的数据要使用双引号引起来。

使用 mysqldump 命令还可以导出 XML 格式的文件，其基本语法格式如下。

```
mysqldump -u root -p --xml|-X dbname table >D:\name.xml
```

使用--xml 或者-X 选项可以导出 XML 格式的文件，dbname 表示数据库的名称，table 表示表的名称，D:\name.xml 表示导出的 XML 文件的路径。

例如，将 db_library 数据库中的 tb_bookinfo 表导出为 XML 文件，可以使用下面的命令。

```
mysqldump -u root -p --xml db_library tb_bookinfo >D:\name.xml
```

执行结果如图 13-14 所示。

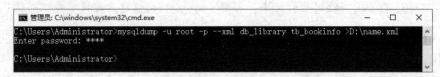

图 13-14　将数据表导出为 XML 文件

13.3.3　用 mysql 命令导出表

mysql 命令可以用来登录 MySQL 服务器、还原备份文件，还可以用来导出表。使用 mysql 命令导出表的基本语法格式如下。

```
mysql -u root -p -e"SELECT 语句" dbname >D:/name.txt
```

使用-e 选项可以执行 SQL 语句，SELECT 语句用来查询记录，D:/name.txt 表示导出文件的路径。

用 mysql 命令
导出表

【例 13-7】　使用 mysql 命令导出图书馆管理系统的 tb_bookinfo 表的记录。命令如下。

```
mysql -u root -p -e"SELECT * FROM tb_bookinfo" db_library > D:/bookinfo2.txt
```

在命令提示符窗口中执行上面的命令后，将提示输入连接数据库的密码，输入正确密码后将执行导出操作。执行结果如图 13-15 所示。

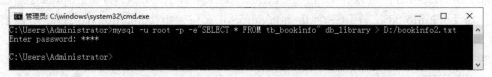

图 13-15　使用 mysql 命令导出 tb_bookinfo 表的记录

执行上述命令后，tb_bookinfo 表中的所有记录被写入 bookinfo2.txt 文件中。bookinfo2.txt 文件中的内容如图 13-16 所示。

使用 mysql 命令还可以将表导出为 XML 文件或 HTML 文件。使用 mysql 命令将表导出为 XML 文件的语法格式如下。

```
mysql -u root -p --xml|-X -e"SELECT 语句" dbname >D:/filename.xml
```

图 13-16　bookinfo2.txt 文件中的内容

使用--xml 或者-X 选项可以导出 XML 格式的文件，dbname 表示数据库的名称，D:/filename.xml 表示导出的 XML 文件的路径。

例如，下面的命令可以将 db_library 数据库中 tb_bookinfo 表的数据导出到 book.xml 文件中。

```
mysql -u root -p --xml -e"SELECT * FROM tb_bookinfo " db_library >D:/book.xml
```

使用 mysql 命令将表导出为 HTML 文件的语法格式如下。

```
mysql -u root -p --html|-H -e"SELECT 语句" dbname >D:/filename.html
```

使用--html 或者-H 选项可以导出 HTML 格式的文件。

例如，下面的命令可以将 db_library 数据库中 tb_bookinfo 表的数据导出到 book.html 文件中。

```
mysql -u root -p --html -e"SELECT * FROM tb_bookinfo" db_library >D:/book.html
```

13.4　AI 辅助编程

在我们学习备份与恢复时，AI 工具可以提供有力的支持。下面介绍如何利用 AI 工具来帮助我们巩固本章所学的知识，设计相应的实例。

13.4.1　对产品数据库进行备份和恢复

在 AI 工具的输入框中输入 "MySQL 使用命令对产品数据库进行备份和恢复"，AI 工具会自动生成实例的实现方法，内容如下。

在 MySQL 中，使用 mysqldump 命令对产品数据库进行备份，以及使用 mysql 命令进行数据恢复，是数据库管理员和开发人员常用的操作。以下是详细的步骤。

1. 备份产品数据库

（1）打开命令行界面。

在 Windows 上，你可以使用命令提示符窗口或 PowerShell。

在 Linux 或 macOS 上，你可以使用终端。

（2）运行 mysqldump 命令。

使用 mysqldump 命令来备份整个数据库。假设你的数据库名为 products_db，你可以使用以下命令：

```
mysqldump -u [用户名] -p[密码] --databases products_db > products_db_backup.sql
```

或者，为安全起见，只使用-p选项而不直接写出密码，系统会提示你输入密码：

```
mysqldump -u [用户名] -p --databases products_db > products_db_backup.sql
```

2. 恢复产品数据库

（1）确保 MySQL 服务正在运行。

在恢复之前，请确保 MySQL 服务已经启动并正在运行。

（2）（可选）删除或重命名现有数据库。

如果目标 MySQL 实例中已经存在同名的数据库，并且你不希望保留其中的数据，你可以选择删除它或重命名它。但请注意，删除数据库是一个不可逆的操作，务必确保已经做好必要的备份。

（3）运行 mysql 命令。

使用 mysql 命令来恢复数据库。假设你要将数据恢复到名为 products_db 的数据库中，你可以使用以下命令：

```
mysql -u [用户名] -p < products_db_backup.sql
```

或者，如果你想要明确指定数据库（尽管.sql 文件已经包含了这些信息），可以使用以下命令：

```
mysql -u [用户名] -p products_db < products_db_backup.sql
```

系统会提示你输入密码，输入后恢复过程将开始。

通过以上步骤，你可以成功地备份和恢复 MySQL 中的产品数据库。

在生成实例代码后，还可以继续向 AI 工具追加提问。在 AI 工具的输入框中输入"完善上面的代码，在备份数据库时包含存储过程和触发器"，按 Enter 键，AI 工具会自动生成如下建议。

为了完善上述 mysqldump 命令，以便在备份数据库时包含存储过程和触发器，你需要在 mysqldump 命令中添加 --routines 和 --triggers 选项。这些选项会确保生成的备份文件包含数据库的存储过程和触发器定义。

下面是更新后的备份产品数据库的步骤。

1. 备份产品数据库

（1）打开命令行界面。

在 Windows 上，使用命令提示符窗口或 PowerShell。

在 Linux 或 macOS 上，使用终端。

（2）运行 mysqldump 命令，包含存储过程和触发器。

使用以下命令来备份整个数据库，并确保包含存储过程和触发器：

```
mysqldump -u [用户名] -p --databases products_db --routines --triggers > products_db_backup_
with_routines_and_triggers.sql
```

恢复产品数据库的步骤保持不变，因为恢复命令不需要特别指定是否包含存储过程和触发器——如果备份文件包含了这些信息，恢复过程将自动应用它们。

2. 恢复产品数据库

（1）确保 MySQL 服务正在运行。

（2）（可选）删除或重命名现有数据库。

（3）运行 mysql 命令来恢复数据库：

```
mysql -u [用户名] -p < products_db_backup_with_routines_and_triggers.sql
```

或者，如果你想要明确指定数据库（尽管.sql 文件已经包含了这些信息），可以使用以下命令：

```
mysql -u [用户名] -p products_db < products_db_backup_with_routines_and_triggers.sql
```

系统会提示你输入密码，输入后恢复过程将开始，并包括存储过程和触发器的恢复。

请确保在恢复之前，目标 MySQL 实例的版本与备份时的版本兼容，特别是如果备份中有特定于版本的存储过程或触发器代码。

13.4.2　将产品信息数据表导出为文本文件

在 AI 工具的输入框中输入"MySQL 使用多种方式将产品信息数据表导出为文本文件"，AI 工具会自动生成实例的实现方法，内容如下。

MySQL 中有多种方式可以将产品信息数据表导出为文本文件。以下是几种常用的方法。

1. 使用 SELECT ... INTO OUTFILE 语句

这是 MySQL 提供的一种直接将查询结果导出到服务器文件系统上的文件的方法。

```
SELECT * FROM products
INTO OUTFILE '/path/to/your/file.txt'
FIELDS TERMINATED BY ',' ENCLOSED BY '"'
LINES TERMINATED BY '\n';
```

2. 使用 mysqldump 命令并重定向输出

虽然 mysqldump 命令主要用于备份数据库，但你也可以用它来导出特定表的数据，并将输出重定向到一个文本文件中。

```
mysqldump -u [用户名] -p[密码] --no-create-info --skip-triggers --compact --tab=/path/
to/dir products_db products > products.txt
```

3. 使用命令行客户端 mysql 和重定向输出

你可以使用命令行客户端 mysql 执行查询，并将输出重定向到一个文本文件。

```
mysql -u [用户名] -p -e "SELECT * FROM products_db.products" > products.txt
```

4. 使用第三方工具

还有许多第三方工具可以用于将 MySQL 数据导出为文本文件，举例如下。

phpMyAdmin：一个基于 Web 的 MySQL 管理工具，允许你通过简单的界面将数据导出为 CSV、制表符分隔或其他格式的文本文件。

MySQL Workbench：官方的 MySQL GUI 工具，也提供了数据导出功能。

Navicat：一个流行的数据库管理工具，支持多种数据库，包括 MySQL，并提供了丰富的数据导出选项。

⚠ 注意：
- 当你选择导出路径时，请确保 MySQL 服务器或执行命令的用户有足够的权限来写入该文件；
- 如果数据包含特殊字符（如换行符、引号或反斜线），请确保你的导出方法能够正确处理这些字符，以避免数据损坏或格式错误；
- 考虑到数据的安全性和隐私性，请确保在导出和传输过程中采取适当的加密和访问控制措施。

小结

本章对数据备份、数据恢复、表的导出等内容进行了详细讲解，数据备份和数据恢复是本章的重点内容。在实际应用中，通常使用 mysqldump 命令备份数据库，使用 mysql 命令还原数据库。表的导出是本章的难点。导出表的方法比较多，希望读者能够多练习使用这些方法。

上机指导

上机指导

备份并还原 db_shop 数据库。先备份 db_shop 数据库，然后删除 db_shop 数据库，创建一个名为 db_shop 的数据库，使用 mysql 命令还原备份的 db_shop 数据库。在进行上述操作时，需要用到命令提示符窗口和 MySQL 的命令行窗口。命令提示符窗口中的执行结果如图 13-17 所示，MySQL 的命令行窗口中的执行结果如图 13-18 所示。

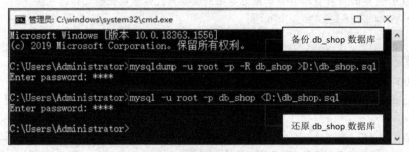

图 13-17　命令提示符窗口中的执行结果

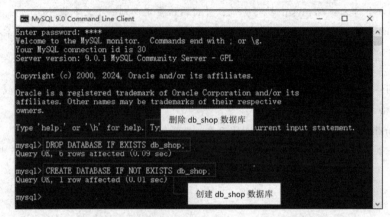

图 13-18　MySQL 的命令行窗口中的执行结果

具体实现步骤如下。

（1）右击"开始"按钮，在弹出的快捷菜单中选择"运行"命令，在弹出的"运行"对话框中输入"cmd"，按 Enter 键打开命令提示符窗口。在其中执行以下命令，备份 db_shop 数据库。

```
mysqldump -u root -p -R db_shop >D:\db_shop.sql
```

💾 说明：默认情况下，mysqldump 命令不会导出数据库中的存储过程和存储函数，如果数据库中创建了存储过程，并且需要备份存储过程，可以使用选项-R 来指定。

执行上面的代码后，在 D 盘的根目录下将自动创建一个 db_shop.sql 文件，如图 13-19 所示。

图 13-19　在 D 盘根目录下创建的 db_shop.sql 文件

（2）在 MySQL 的命令行窗口中执行以下代码，删除 db_shop 数据库。

```
DROP DATABASE IF EXISTS db_shop;
```

（3）在 MySQL 的命令行窗口中执行以下代码，创建要还原的数据库（这里为 db_shop）。

```
CREATE DATABASE IF NOT EXISTS db_shop;
```

（4）进入命令提示符窗口，在其中执行以下命令，还原数据库 db_shop。

```
mysql -u root -p db_shop <D:\db_shop.sql
```

习题

1. 如何备份所有数据库？
2. 如何备份多个数据库？
3. 如何使用 mysql 命令还原数据？
4. 如何使用 mysql 命令将数据表导出为文本文件？

第14章 MySQL 性能优化

本章要点

- 掌握分析 MySQL 数据库的性能的方法
- 掌握优化查询的方法
- 掌握优化数据库结构的方法
- 掌握优化多表查询的方法
- 掌握通过优化表设计实现优化查询的方法

性能优化是指通过某些方法提高 MySQL 数据库的性能。性能优化的目的是使 MySQL 数据库运行速度更快、占用的磁盘空间更小。性能优化包括很多方面，例如优化查询速度、优化更新速度和优化 MySQL 服务器等。本章将介绍性能优化的目的，优化查询、优化数据库结构、优化多表查询等的方法，以提高 MySQL 数据库的运行速度。

14.1 优化概述

优化 MySQL 数据库是数据库管理员的必备技能，其目的是提高 MySQL 数据库的性能。本节将介绍优化的基础知识。

当 MySQL 数据库的用户和数据非常少的时候，很难判断其性能的好坏。只有当长时间运行，并且有大量用户进行频繁操作时，MySQL 数据库的性能才能体现出来。例如，一个每天有几万用户同时在线的大型网站的数据库性能的优劣就会很明显。这么多用户同时连接 MySQL 数据库，并且进行查询、插入和更新等操作，如果 MySQL 数据库的性能很差，很可能无法承受如此多用户的同时操作。试想一下，如果用户查询一条记录需要花费很长时间，那么用户很难会喜欢这个网站。

因此，为了提高 MySQL 数据库的性能，需要进行一系列的优化。如果 MySQL 数据库需要进行大量的查询操作，那么需要对查询语句进行优化。对耗费时间长的查询语句进行优化，可以提高整体的查询速度。如果连接 MySQL 数据库的用户很多，那么需要对 MySQL 服务器进行优化，否则，大量的用户同时连接 MySQL 数据库，可能会使数据库系统崩溃。

14.1.1 分析 MySQL 数据库的性能

可以使用 SHOW STATUS 语句查询 MySQL 数据库的性能。语法格式如下。

```
SHOW STATUS LIKE 'value';
```

其中，value 参数常用的几个统计参数如下。

- ❑ Connections：连接 MySQL 服务器的次数。
- ❑ Uptime：MySQL 服务器的上线时间。
- ❑ Slow_queries：慢查询的次数。
- ❑ Com_select：查询操作的次数。
- ❑ Com_insert：插入操作的次数。
- ❑ Com_delete：删除操作的次数。

分析 MySQL
数据库的性能

📖 说明：MySQL 中存在查询 InnoDB 类型的表的参数。例如，Innodb_rows_read 参数表示 SELECT 语句查询的记录数，Innodb_rows_inserted 参数表示 INSERT 语句插入的记录数，Innodb_rows_updated 参数表示 UPDATE 语句更新的记录数，Innodb_rows_deleted 参数表示 DELETE 语句删除的记录数。

如果需要查询 MySQL 服务器的连接次数，可以执行下面的语句。

```
SHOW STATUS LIKE 'Connections';
```

查询 MySQL 数据库的性能后，可根据结果进行相应的性能优化。

14.1.2 通过 profile 工具分析语句消耗性能

在 MySQL 的命令行窗口中执行查询语句后，查询结果下方会自动显示查询所用时间，但是这个时间是以秒为单位的，如果数据量少，计算机配置又不低，很难看出速度上的差异。这时可以通过 MySQL 提供的 profile 工具实现语句消耗性能的分析。

通过 profile
工具分析语句
消耗性能

安装 MySQL 9.0 后，默认情况下未启用 profile 工具。MySQL 通过 profiling 参数标记 profile 工具是否已启用。因此，可以通过下面的语句查看 profile 工具是否已启用。

```
SHOW VARIABLES LIKE '%pro%';
```

执行结果如图 14-1 所示。

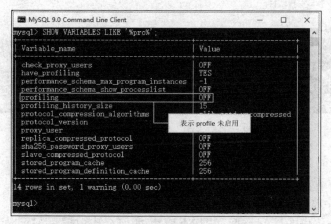

图 14-1　查看 profile 工具是否已启用

图 14-1 中 profiling 的值为 OFF，表示 profile 工具未启用。如果想要启用 profile 工具，可以将 profiling 设置为 1，语句如下。

```
SET profiling=1;
```
执行上面的语句后，再次执行 "SHOW VARIABLES LIKE '%pro%';" 语句，结果显示 profiling 的值为 ON，表示 profile 工具已经启用。profile 工具启用后，就可以通过该工具获取相应 SQL 语句的执行时间。

💾 **说明：** 在默认的情况下，使用上面介绍的方法启用的 profile 工具只对当前打开的命令行窗口有效，关闭该窗口后，profiling 的值恢复为 OFF。

例如，想要获取查询 tb_student 数据表中的全部数据所需要的执行时间，可以先执行以下查询语句。
```
SELECT * FROM tb_student;
```
然后使用下面的语句查看 SQL 语句的执行时间。
```
SHOW profiles;
```
执行结果如图 14-2 所示。

图 14-2　查看 SQL 语句的执行时间

14.2 优化查询

查询是对数据库进行的最频繁的操作。提高查询速度可以有效地提高 MySQL 数据库的性能。本节将介绍优化查询的方法。

14.2.1 分析查询语句

在 MySQL 中，可以使用 EXPLAIN 语句和 DESCRIBE 语句来分析查询语句。

使用 EXPLAIN 语句分析查询语句，其语法格式如下。
```
EXPLAIN  SELECT 语句;
```
SELECT 语句为一般数据库查询语句，如 "SELECT * FROM students"。

分析查询语句

【例 14-1】 使用 EXPLAIN 语句分析查询语句，代码如下。
```
EXPLAIN SELECT * FROM tb_bookinfo;
```
执行结果如图 14-3 所示。

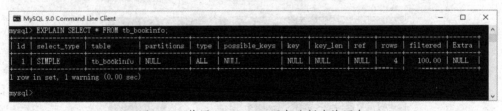

图 14-3　使用 EXPLAIN 语句分析查询语句

其中部分字段的含义如下。
- ❑ id 列：表示查询中 SELECT 语句的执行顺序。
- ❑ table 列：存放所查询的表名。
- ❑ type 列：表示表的访问类型，即 MySQL 如何查找数据。ALL 表示全表扫描、逐行读取。
- ❑ possible_keys 列：为了提高查找速度，在 MySQL 中可以使用的索引。
- ❑ key 列：实际使用的键。

□ rows 列：显示的是 MySQL 优化器预估的为执行查询而需要检查的行数。这个值是一个估算值，它基于表的统计信息和索引的使用情况。MySQL 优化器使用这个估算值来决定最优的查询执行计划，包括选择哪个索引、如何连接表等。

□ Extra 列：包含一些其他信息，表示 MySQL 如何处理查询。

在 MySQL 中，也可以使用 DESCRIBE 语句来分析查询语句。DESCRIBE 语句的使用方法与 EXPLAIN 语句相同，这两者的分析结果也大体相同。DESCRIBE 语句的语法格式如下。

```
DESCRIBE SELECT 语句;
```

在 MySQL 的命令行窗口中输入如下命令。

```
DESCRIBE SELECT * FROM tb_bookinfo;
```

执行结果如图 14-4 所示。

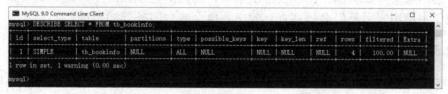

图 14-4　使用 DESCRIBE 语句分析查询语句

将图 14-4 与图 14-3 对比，我们可以清楚地看出，二者的执行结果基本相同。

14.2.2　索引对查询速度的影响

在查询过程中使用索引可提高数据库查询效率，应用索引来查询数据库中的数据，可以减少查询的记录数，从而达到优化查询的目的。

下面将通过对使用索引和不使用索引进行对比来分析查询的优化情况。

索引对查询速度的影响

【例 14-2】　分析不使用索引对查询速度的影响。

首先，分析未使用索引时的查询情况，代码如下。

```
EXPLAIN SELECT * FROM tb_bookinfo WHERE bookname='C 语言程序开发范例宝典';
```

执行结果如图 14-5 所示。

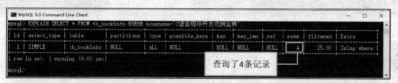

图 14-5　未使用索引时的查询情况

rows 字段的值为 4，这意味着在执行查询的过程中，数据库中的 4 条记录都被查询了一遍。在数据存储量小的时候，这对查询不会有太大影响，但如果数据库中存储了庞大的数据资料，遍历整个数据库中的记录将会耗费很多时间。

现在，在 bookname 字段上建立一个名为 index_name 的索引。创建索引的代码如下。

```
CREATE INDEX index_name ON tb_bookinfo(bookname);
```

执行结果如图 14-6 所示。

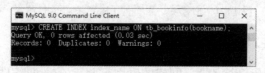

图 14-6　创建索引

建立索引完毕后，使用 EXPLAIN 关键字分析执行情况，代码如下。

```
EXPLAIN SELECT * FROM tb_bookinfo WHERE bookname= 'C语言程序开发范例宝典';
```

执行结果如图 14-7 所示。

图 14-7　建立索引后的查询情况

从上述结果中可以看出，由于创建了索引，访问的记录数由 4 条减少到 1 条。所以，在查询操作中使用索引不但会提高查询效率，也会减少服务器的开销。

14.2.3　使用索引进行查询

在 MySQL 中，使用索引可以提高查询的速度，为了充分发挥其作用，还可以通过关键字或其他方式来对查询进行优化。

使用索引进行查询

1．使用 LIKE 关键字优化索引查询

下面通过具体的实例演示如何使用 LIKE 关键字优化索引查询。

【例 14-3】　使用 LIKE 关键字优化索引查询。

使用 LIKE 关键字匹配含有 "%" 的字符串，执行如下命令。

```
EXPLAIN SELECT * FROM tb_bookinfo WHERE bookname LIKE '%Android';
```

执行结果如图 14-8 所示。

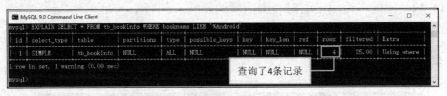

图 14-8　使用 LIKE 关键字优化索引查询

从图 14-8 中可以看出，rows 字段的值仍为 4，说明 LIKE 关键字并没有起到优化作用。这是因为如果匹配字符串中的第一个字符为 "%"，索引不会被使用，如果 "%" 不是匹配字符串中的第一个字符，则索引会被正常使用。执行如下命令。

```
EXPLAIN SELECT * FROM tb_bookinfo WHERE bookname LIKE 'Android%';
```

结果如图 14-9 所示。

图 14-9　正常使用索引的 LIKE 子句运行结果

2．在查询语句中使用多列索引

多列索引是指在表的多个字段上创建的索引。只有在查询条件中使用了这些字段中的

第一个字段时，索引才会被正常使用。

例如，在 tb_bookinfo 表的 bookname 和 price 字段上创建一个索引，命令如下。

```
CREATE INDEX index_book_info ON tb_bookinfo(bookname,price);
```

📖 **说明：** 使用 price 字段时，索引不能被正常使用。这意味着索引并未起到优化作用，只有使用第一个字段 bookname 时，索引才可以被正常使用。有兴趣的读者可以实际动手操作一下，这里不赘述。

3．在查询语句中使用 OR 关键字

在 MySQL 中，如果查询语句包含 OR 关键字，则查询的两个字段必须同为索引，否则在查询中无法正常使用索引。使用 OR 关键字进行查询索引的命令如下。

```
SELECT * FROM tb_bookinfo WHERE bookname='C 语言程序开发范例宝典' OR price=56.90;
```

【例 14-4】 使用 EXPLAIN 分析使用 OR 关键字的查询命令。

在 bookname 字段上建立一个名为 index_price 的索引。创建索引的代码如下。

```
CREATE INDEX index_price ON tb_bookinfo(price);
```

使用 EXPLAIN 分析使用 OR 关键字的查询，命令如下。

```
EXPLAIN SELECT * FROM tb_bookinfo WHERE bookname='C 语言程序开发范例宝典' OR price=56.90;
```

执行结果如图 14-10 所示。

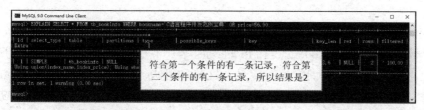

图 14-10　分析使用 OR 关键字的查询命令

从图 14-10 中可以看出，由于两个字段均为索引，故查询被优化。如果子查询中存在没有被设置成索引的字段，则将该字段作为子查询条件时，查询不会被优化。

14.3　优化数据库结构

要判断数据库结构是否合理，需要考虑是否存在冗余、查询和更新表的速度是否正常、表中字段的数据类型是否合理等方面的内容。本节将介绍优化数据库结构的方法。

14.3.1　将字段很多的表分解成多个表

有些表在设计时设置了很多字段，而有些字段的使用频率很低，当这个表的数据量很大时，查询数据的速度就会很慢。本小节将介绍优化这种表的方法。

对于字段特别多且有些字段的使用频率很低的表，可以将其分解成多个表。

将字段很多的表分解成多个表

【例 14-5】 tb_student 表中有很多字段，其中 birthday 字段中存储着学生的生日信息，该字段的使用频率较低。因此可以将该字段和 id 字段分解出来，同时将 tb_student 表中的 birthday 字段删除。将分解出来的表命名为 tb_student_birthday，表中有两个字段，分别为

id 和 birthday。其中，id 字段存储学号，birthday 字段存储生日信息。tb_student_birthday 表的结构如图 14-11 所示。

图 14-11　tb_student_birthday 表的结构

如果需要查询某个学生的生日信息，可以用学号（id）来查询。如果需要将学生的详细信息与生日信息同时显示，可以对 tb_student 表和 tb_student_birthday 表进行连接查询，查询语句如下。

```
SELECT * FROM tb_student,tb_student_birthday WHERE tb_student.id=tb_student_birthday.id;
```

将 tb_student 表分解为两个表，可以提高 tb_student 表的查询效率。因此，遇到这种字段很多，而且有些字段使用不频繁的表时，可以通过分解的方式来优化数据库的性能。

14.3.2　增加中间表

有时需要频繁查询某两个表中的几个字段。如果经常进行连接查询，会降低 MySQL 数据库的查询速度。在这种情况下，可以建立中间表来提高查询速度。下面将介绍增加中间表的方法。

增加中间表

先分析经常需要同时查询哪几个表中的哪些字段，然后根据这些字段建立一个中间表，并将原表中的相应数据插入中间表中，之后就可以使用中间表来进行查询和统计。

【例 14-6】　创建包含学生常用信息的中间表。

有两个数据表，即 tb_student 表和 tb_classes 表，它们的表结构如图 14-12 所示。

实际应用中，经常要查询学生的学号、姓名和班级。因此可以创建一个 temp_student 表，其中包含 3 个字段，分别是 id、name 和 classname。创建 temp_student 表的语句如下。

```
CREATE TABLE temp_student(id INT NOT NULL,
name VARCHAR(45) NOT NULL,
classname VARCHAR(45));
```

将 tb_student 表和 tb_classes 表中的相应数据插入 temp_student 表中，语句如下。

```
INSERT INTO temp_student SELECT s.id,s.name,c.name
FROM tb_student s,tb_classes c WHERE s.classid=c.id;
```

将这些数据插入 temp_student 表中后，可以直接在 temp_student 表中查询学生的学号、姓名和班级，如图 14-13 所示。这样就不用每次查询时都进行表连接，从而提高了数据库的查询速度。

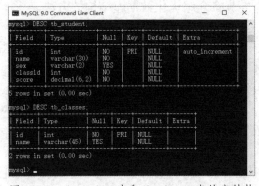

图 14-12　tb_student 表和 tb_classes 表的表结构

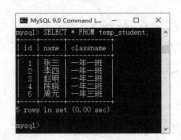

图 14-13　通过中间表查询学生的学号、
姓名和班级

MySQL 数据库管理与开发
（慕课版　第 2 版）
AIGC 高效编程
192

14.3.3 提高插入记录的速度

索引、唯一性校验都会影响到插入记录的速度。而且，一次插入多条记录
和多次插入记录所耗费的时间是不一样的。本小节将根据这些情况，分别介绍
提高插入记录的速度的方法。

提高插入记
录的速度

1．禁用索引

插入记录时，MySQL 会根据表的索引对插入的记录进行排序。如果插入大量数据，进
行排序会降低插入记录的速度。为了解决这个问题，可以在插入记录之前禁用索引，记录
插入完毕后再开启索引。禁用索引的语句如下。

```
ALTER TABLE 表名 DISABLE KEYS;
```
重新开启索引的语句如下。
```
ALTER TABLE 表名 ENABLE KEYS;
```
对于新创建的表，可以先不创建索引，等到记录插入完成再创建索引。这样可以提高
插入记录的速度。

2．禁用唯一性检查

插入数据时，MySQL 会对插入的记录进行校验。进行校验也会降低插入记录的速度。
可以在插入记录之前禁用唯一性检查，等到记录插入完毕再开启。禁用唯一性检查的语句
如下。

```
SET UNIQUE_CHECKS=0;
```
重新开启唯一性检查的语句如下。
```
SET UNIQUE_CHECKS=1;
```

3．优化 INSERT 语句

插入多条记录时，有两种使用 INSERT 语句的方式。第一种是用一个 INSERT 语句插
入多条记录，如下所示。

```
INSERT INTO tb_food VALUES
(NULL,'早餐包','盼盼',13.9,'2024','北京'),
(NULL,'酸奶','广泽',15,'2024','吉林'),
(NULL,'饼干','奥利奥',17,'2024','辽宁');
```
第二种是一个 INSERT 语句只插入一条记录，通过执行多个 INSERT 语句来插入多条
记录，如下所示。

```
INSERT INTO tb_food VALUES(NULL,'早餐包','盼盼',13.9,'2024','北京');
INSERT INTO tb_food VALUES(NULL,'酸奶','广泽',15,'2024','吉林'),
INSERT INTO tb_food VALUES(NULL,'饼干','奥利奥',17,'2024','辽宁');
```
第一种方式减少了与数据库之间的连接等操作，其速度比第二种方式要快。

说明：当插入大量数据时，建议使用以一个 INSERT 语句插入多条记录的方式。尽量
用 LOAD DATA INFILE 语句，因为 LOAD DATA INFILE 语句插入记录的速度比
INSERT 语句快。

14.3.4 分析表、检查表和优化表

分析表主要是指分析关键字的分布。检查表主要是指检查表是否存在错误。优化表主

要是指减少删除或更新操作造成的空间浪费。本小节将介绍分析表、检查表和优化表的方法。

分析表、检查
表和优化表

1．分析表

MySQL 中使用 ANALYZE TABLE 语句来分析表，该语句的基本语法格式如下。

```
ANALYZE TABLE 表名1[,表名2…];
```

使用 ANALYZE TABLE 语句分析表时，数据库系统会对表加一个只读锁。在分析期间，只能读取表中的记录，不能更新和插入记录。ANALYZE TABLE 语句能够分析 InnoDB 和 MyISAM 类型的表。

【例 14-7】 使用 ANALYZE TABLE 语句分析 tb_classes 表，具体代码如下。

```
ANALYZE TABLE tb_classes;
```

分析结果如图 14-14 所示。

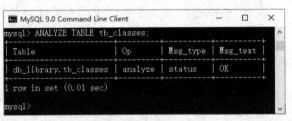

图 14-14　分析表的结果

上面的结果显示了 4 列信息，详细介绍如下。

- □ Table：表的名称。
- □ Op：执行的操作。analyze 表示进行分析操作，check 表示进行检查操作，optimize 表示进行优化操作。
- □ Msg_type：信息类型。
- □ Msg_text：显示信息。

检查表和优化表之后也会显示这 4 列信息。

2．检查表

MySQL 中使用 CHECK TABLE 语句来检查表。CHECK TABLE 语句可用于检查 InnoDB 和 MyISAM 类型的表是否存在错误，还可用于检查视图是否存在错误。该语句的基本语法格式如下。

```
CHECK TABLE 表名1[,表名2…][option];
```

其中，option 选项有 5 个参数，分别是 QUICK、FAST、CHANGED、MEDIUM 和 EXTENDED。这 5 个参数的执行效率依次降低。option 选项只对 MyISAM 类型的表有效，对 InnoDB 类型的表无效。CHECK TABLE 语句在执行过程中也会给表加上只读锁。

3．优化表

MySQL 中使用 OPTIMIZE TABLE 语句来优化表。该语句对 InnoDB 和 MyISAM 类型的表都有效。但是，OPTIMIZE TABLE 语句只能优化表中的 VARCHAR、BLOB 和 TEXT 类型的字段。OPTIMIZE TABLE 语句的基本语法格式如下。

```
OPTIMIZE TABLE 表名1[,表名2…];
```
　　使用 OPTIMIZE TABLE 语句可以消除删除和更新操作产生的磁盘碎片，从而减少空间的浪费。OPTIMIZE TABLE 语句在执行过程中也会给表加上只读锁。

> 说明：如果表使用了 TEXT 或 BLOB 这样的数据类型，那么更新、删除等操作就会造成磁盘空间的浪费。因为进行更新和删除操作后，以前分配的磁盘空间不会自动收回。使用 OPTIMIZE TABLE 语句可以将这些磁盘碎片整理出来，以便以后使用。

14.4 优化多表查询

优化多表查询

　　在 MySQL 中，用户可以通过连接来实现多表查询。在查询过程中通过表中的一个或多个共同字段将表连接起来，定义查询条件，再返回统一的查询结果。这通常用来建立 RDBMS 常规表之间的关系。可以应用子查询来优化多表查询，即在 SELECT 语句中嵌套其他 SELECT 语句。采用子查询优化多表查询的好处有很多，其一是可以将分步查询整合成一个查询，这样就不需要再执行多个单独查询，从而提高了多表查询的效率。

　　下面通过一个实例来说明如何优化多表查询。

　　【例14-8】　优化查询"一年级二班"的全部学生姓名的语句，学生姓名在 tb_student 表中，班级在 tb_classes 表中。

　　首先应用连接查询查询所需数据，对应的 SQL 语句如下。
```
SELECT s.name FROM tb_student s,tb_classes c WHERE s.classid=c.id AND c.name=' 一
年级二班';
```
　　执行结果如图 14-15 所示。

　　然后应用子查询查询所需数据，对应的 SQL 语句如下。
```
SELECT name FROM tb_student WHERE classid=(SELECT id FROM tb_classes c WHERE name
='一年级二班');
```

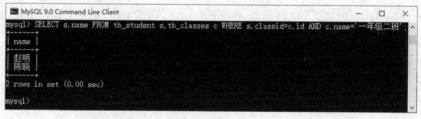

图 14-15　应用连接查询

　　执行结果如图 14-16 所示。

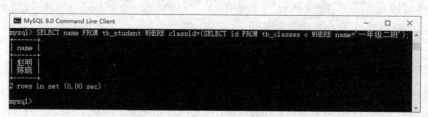

图 14-16　应用子查询

从图 14-15 和图 14-16 中看不出哪条语句用时更少，所以需要使用 14.1.2 小节介绍的 profile 工具获取各语句的执行时间，语句如下。

```
SHOW profiles;
```

执行结果如图 14-17 所示。

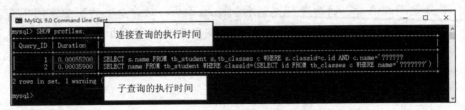

图 14-17　获取各语句的执行时间

从图 14-17 中可以看出，执行子查询的时间比执行连接查询的时间少。

14.5　优化表设计

优化表设计

在 MySQL 数据库中，为了优化查询，使查询更加精炼、高效，设计数据表时，应该考虑以下因素。

首先，在设计数据表时应优先考虑使用特定字段长度，后考虑使用变长字段。如在创建数据表时，设置某个字段的类型为 varchar，长度为 255，但是在实际应用时，存储的数据可能达不到该字段所设置的最大长度。如存储用户性别的字段，往往可以用"M"表示男性、"F"表示女性，如果设置该字段长度为 50，则该字段占用了过多列宽，这样不仅浪费资源，也会降低数据表的查询效率。适当调整列宽不仅可以减少占用的磁盘空间，也可以使数据在进行处理时产生的 I/O 过程减少。将字段长度设置成其可能应用的最大长度可以提高查询效率。

检查已经建立的数据表，确认这些表是否可以整合为一个表。如果没有必要整合，在查询过程中，可以使用连接查询，如果连接的字段的数据类型和长度相同，同样可以优化查询。

说明：InnoDB 表和 BDB 表处理行存储的方式与 MyISAM 表或 ISAM 表不同，在 InnoDB 表或 BDB 表中使用定长列并不能提高其性能。

14.6　AI 辅助答疑

AI 工具可以帮助我们解决实际开发中的问题。例如，要解决 MySQL 性能优化过程中的一些问题，问题描述及 AI 建议如下。

问题：

如何解决 MySQL 优化过程中的一些问题？

AI 建议：

你在 MySQL 优化过程中可能会遇到多种问题，这些问题可能涉及慢查询、连接、内存、磁盘、锁等。以下是针对这些问题的一些解决方案。

1. 慢查询问题

（1）索引优化：

❑ 分析查询语句并创建合适的索引；

❑ 避免创建过多的索引，因为过多的索引会占用过多的存储空间，并可能降低数据修改的效率；

❑ 使用覆盖索引，即查询的所有字段都能从索引中获得，以减少回表查询的次数。

（2）查询语句优化：

❑ 尽可能避免使用 SELECT *，只选择需要的字段；

❑ 使用 LIMIT 控制结果集大小；

❑ 避免复杂的连接查询、子查询或嵌套查询，可以尝试使用 JOIN 来代替子查询；

❑ 优化 WHERE 子句，确保查询条件使用了索引。

2. 连接问题

（1）增加最大连接数配置：

MySQL 默认有最大连接数限制，连接数达到上限会导致新的连接被拒绝。可以通过调整 max_connections 参数来增大最大连接数。

（2）优化连接管理：

❑ 应用程序应尽量复用数据库连接，减少连接开销；

❑ 使用连接池来管理数据库连接，以提高连接的使用效率。

（3）调整连接超时时间参数：

当连接空闲时间较长时，连接可能会由于超时被断开。可以通过调整 wait_timeout 和 interactive_timeout 参数来设置合理的连接超时时间。

3. 内存问题

（1）调整内存配置：

❑ 根据系统的实际情况调整 MySQL 的内存参数，如 innodb_buffer_pool_size、query_cache_size 等；

❑ 注意避免内存泄露问题，定期监控内存占用情况，及时重启 MySQL 以释放内存。

（2）关闭不必要的缓存：

如果查询缓存设置过大，可能导致内存压力过大。可以根据实际查询情况调整查询缓存大小或关闭查询缓存。

4. 磁盘问题

（1）增加磁盘空间：

确保 MySQL 有足够的磁盘空间来存储数据和日志文件。

（2）使用高速磁盘：

使用固态硬盘代替机械硬盘，以提高磁盘读写速度。

（3）优化磁盘使用：

❑ 定期清理无用数据，以减少对磁盘空间的占用；

❑ 使用分区表将数据分散到多个物理分区，减少单表操作的锁竞争。

5. 锁问题

（1）优化锁的使用：

❑ 使用合理的事务隔离级别，以减少并发事务之间的冲突；

❑ 避免长事务和死锁的发生，尽量保持事务较小，以减少锁定的时间和资源争用；

❑ 使用乐观锁策略，在事务提交时检查数据的一致性，以减少锁的使用。

（2）监控锁的使用情况：

☐ 使用 SHOW ENGINE INNODB STATUS 命令来显示当前 InnoDB 存储引擎的锁信息，包括锁等待、死锁等；

☐ 通过 information_schema.innodb_locks 和 information_schema.innodb_lock_waits 系统表来查询当前有哪些事务处于锁等待状态。

（3）设置锁的超时时间：

可以通过设置 innodb_lock_wait_timeout 参数来设置锁等待的超时时间，以避免事务长时间等待锁而影响系统性能。

综上所述，MySQL 优化过程中的问题需要从多个方面进行综合考虑和解决。通过合理设置索引、优化查询语句、调整连接管理、调整内存配置、优化磁盘使用以及优化锁的使用等方法，可以提高 MySQL 的性能和稳定性。

继续追加问题，在 AI 工具的输入框中输入"在连接 MySQL 时，怎样设置合理的连接超时时间？"按 Enter 键，AI 工具会自动生成建议，可扫描二维码查看结果。

小结

本章对 MySQL 性能优化进行了详细讲解，介绍了优化查询、优化数据库结构和优化多表查询等的方法。优化查询和优化数据库结构是本章的重点内容，优化查询部分主要介绍了索引对查询速度的影响，优化数据库结构部分主要介绍了如何对表进行优化。

上机指导

上机指导

使用 SHOW STATUS 语句查看 MySQL 服务器的连接、查询和慢查询次数，执行结果如图 14-18 所示。

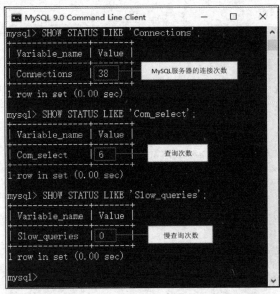

图 14-18　查看 MySQL 服务器的连接、查询和慢查询次数

具体实现步骤如下。

（1）使用 SHOW STATUS 语句和 Connections 参数查看 MySQL 服务器的连接次数，具体代码如下。

```
SHOW STATUS LIKE 'Connections';
```

（2）使用 SHOW STATUS 语句和 Com_select 参数查看查询次数，具体代码如下。

```
SHOW STATUS LIKE 'Com_select';
```

（3）使用 SHOW STATUS 语句和 Slow_queries 参数查看慢查询次数，具体代码如下。

```
SHOW STATUS LIKE 'Slow_queries';
```

习题

1. 如何通过 profile 工具分析语句的消耗性能？
2. 分析查询语句的两种方法是什么？
3. 在表的多个字段上创建一个索引的 SQL 语句是什么？
4. 禁用和重新开启索引的语句是什么？
5. 使用 ANALYZE TABLE 语句分析表时显示的 4 列详细信息分别是什么？

第15章 事务与锁机制

本章要点

- 了解事务的概念和特性
- 掌握回滚和提交事务的方法
- 掌握锁机制的基本知识
- 掌握为 MyISAM 表设置表级锁的方法
- 掌握为 InnoDB 表设置行级锁的方法
- 了解死锁的概念

软件开发中，事务与锁机制一直是令开发者很头疼的问题，在 MySQL 中同样存在该问题。为了保证数据的一致性和完整性，我们有必要掌握 MySQL 中的事务机制、锁机制。本章将对这些内容进行详细讲解。

15.1 事务机制

15.1.1 事务的概念和特性

事务是一组相互依赖的操作单元的集合，用来保证数据的完整性，如果事务的某个操作单元执行失败，本次事务的全部操作将取消。银行交易、股票交易和网上购物等，都需要利用事务来保证数据的完整性。比如将 A 账户的资金转入 B 账户，在 A 账户中扣除成功，在 B 账户中添加失败，数据失去平衡，事务将回滚到原始状态，即 A 账户中未扣除，B 账户中未添加。数据库事务必须具备以下特性。

事务的概念
和特性

- □ 原子性：事务是一个不可分割的整体，只有所有的操作单元都执行成功，整个事务才成功；否则此次事务失败，执行成功的所有操作单元必须撤销，数据库回到此次事务之前的状态。
- □ 一致性：在执行一次事务后，关系数据的完整性和业务逻辑的一致性不能被破坏。例如 A 账户向 B 账户转账后，它们的资金总额是不能改变的。
- □ 隔离性：在并发环境中，一个事务所做的修改必须与其他事务所做的修改相隔离。例如一个事务查看的数据必须是其他并发事务修改之前或修改完毕的数据，不能是修改中的数据。

❑ 持久性：事务结束后，对数据的修改是永久保存的，即使因系统故障导致数据库系统重启，数据依然是修改后的状态。

15.1.2　事务机制的必要性

银行应用是解释事务机制的必要性的一个经典例子。假设一个银行的数据库中有一张账户表（tb_account），其中保存着两个借记卡账户 A 和 B，要求这两个借记卡账户都不能透支（即两个账户的余额不能小于 0）。

事务机制的
必要性

【例 15-1】　借记卡账户 A 向 B 转账 400 元，成功后 A 再向 B 转账 300 元。具体步骤如下。

（1）创建银行的数据库 db_bank，并且选择该数据库为当前默认的数据库，具体代码如下。

```
CREATE DATABASE db_bank;
USE db_bank;
```

（2）在数据库 db_bank 中创建一个名为 tb_account 的数据表，具体代码如下。

```
CREATE TABLE tb_account(
  id int unsigned NOT NULL AUTO_INCREMENT PRIMARY KEY,
  name varchar(30),
  balance decimal(8,2) unsigned DEFAULT 0
);
```

📋 说明：要使账户不能透支，可以将 balance（余额）字段设置为无符号数，也可以通过定义 CHECK 约束实现。本实例采用设置为无符号数的方法实现，这种方法比较简单。

（3）向 tb_account 数据表插入两条记录（账户初始数据），具体代码如下。

```
INSERT INTO tb_account (name,balance)VALUES
('A',500),
('B',0);
```

（4）查询插入后的结果，具体代码如下。

```
SELECT * FROM tb_account;
```

执行结果如图 15-1 所示。

从图 15-1 中可以看出，账户 A 对应的 id 为 1，账户 B 对应的 id 为 2。在后面的转账过程中将使用 id（1 和 2）代替 A 账户和 B 账户。

图 15-1　插入账户初始数据

（5）创建模拟转账操作的存储过程，用于将指定金额从一个账户转移到另一个账户中，具体代码如下。

```
DELIMITER //
CREATE PROCEDURE proc_transfer (IN id_from INT,IN id_to INT,IN money int)
READS SQL DATA
BEGIN
UPDATE tb_account SET balance=balance+money WHERE id=id_to;
UPDATE tb_account SET balance=balance-money WHERE id=id_from;
END
//
DELIMITER ;
```

执行结果如图 15-2 所示。

（6）调用刚刚创建的存储过程 proc_transfer，从账户 A 向账户 B 转账 400 元，并查看转账结果，代码如下。

```
CALL proc_transfer(1,2,400);
SELECT * FROM tb_account;
```

执行结果如图 15-3 所示。

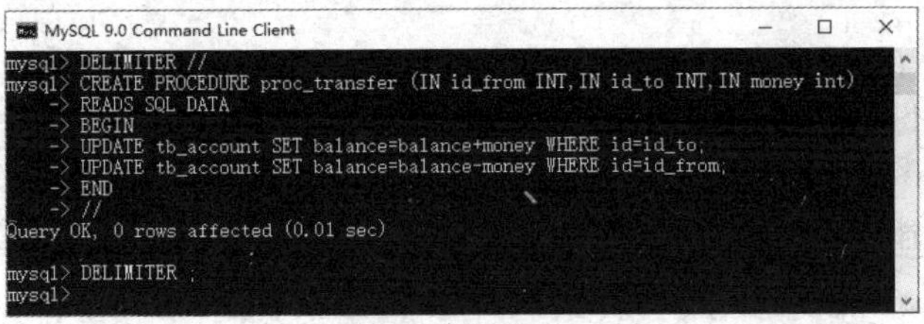

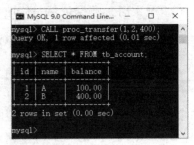

图 15-2　创建模拟转账操作的存储过程

图 15-3　第一次转账的结果

从图 15-3 中可以看出，A 账户的余额由原来的 500 元变为 100 元，减少了 400 元，而 B 账户的余额则多了 400 元，由此可见，转账成功。

（7）再次调用存储过程 proc_transfer，从账户 A 向账户 B 转账 300 元，并查看转账结果，代码如下。

```
CALL proc_transfer(1,2,300);
SELECT * FROM tb_account;
```

执行结果如图 15-4 所示。

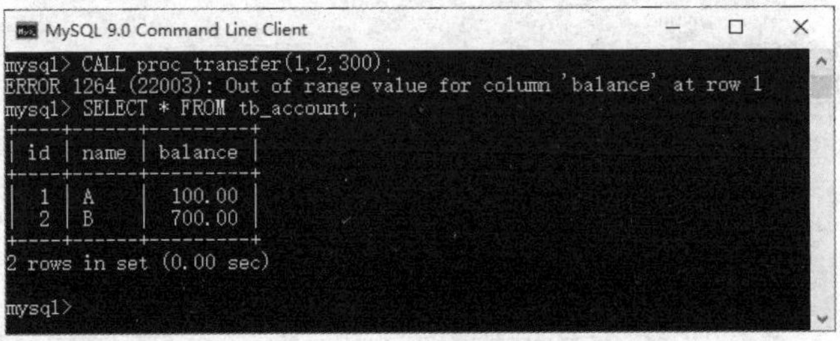

图 15-4　第二次转账的结果

由于第一个账户的余额不能小于 0，因此第二次转账出现了错误。第一个账户的余额没有变化，而第二个账户的余额却变为了 700 元，比之前多了 300 元。这样 A 和 B 账户的余额总和就由转账前的 500 元变为 800 元，凭空多了 300 元，产生了数据不一致的问题。

为了避免出现这种问题，MySQL 引入了事务的概念。通过在存储过程中引入事务，将原来独立执行的两条 UPDATE 语句绑定在一起，只要其中的一条语句执行不成功，那么两条语句就都不执行，从而保证了数据的一致性。

15.1.3　关闭 MySQL 的自动提交功能

MySQL 默认采用自动提交（AUTOCOMMIT）模式。也就是说，如果不显式地开启一个事务，则每个 SQL 语句都被当作一个事务执行提交操作。例如，【例 15-1】编写的存储过程 proc_transfer 中包括两条更新语句，由于 MySQL 默认开启了自动提交功能，因此无论第二条语句执行成功与否，都不影响第一条语句的执行结果。因此，对于银行转账之类的业务，有必要关闭 MySQL 的自动提交功能。

关闭 MySQL 的自动提交功能

要想查看 MySQL 的自动提交功能是否关闭，可以使用 SHOW VARIABLES 命令查询 AUTOCOMMIT 变量的值，该变量的值为 1 或 ON 表示开启，为 0 或 OFF 表示关闭，具体代码如下。

```
SHOW VARIABLES LIKE 'AUTOCOMMIT';
```

执行结果如图 15-5 所示。

在 MySQL 中，关闭自动提交功能有以下两种方法。

（1）显式关闭自动提交功能。

在当前连接中，可以通过将 AUTOCOMMIT 变量的值设置为 0 来关闭自动提交功能。关闭自动提交功能，并且查看修改后的值的具体代码如下。

```
SET AUTOCOMMIT=0;
SHOW VARIABLES LIKE 'AUTOCOMMIT';
```

执行结果如图 15-6 所示。

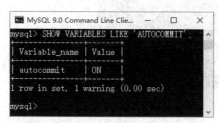

图 15-5　查看自动提交功能是否关闭　　　　图 15-6　关闭自动提交功能

说明：系统变量 AUTOCOMMIT 是会话变量，只在当前命令行窗口中有效，即在一个命令行窗口中设置 AUTOCOMMIT 变量不会影响到其他命令行窗口中该变量的值。

当 AUTOCOMMIT 变量设置为 0 时，所有的 SQL 语句都在一个事务中，直到显式地执行提交或者回滚语句时，该事务才结束，同时会开启另一个新事务。

另外，还有一些命令在执行前会强制执行 COMMIT 操作提交当前的活动事务，如 ALTER TABLE。具体内容参见 15.1.5 小节。

说明：修改 AUTOCOMMIT 变量的值对使用 MyISAM 存储引擎的表没有影响，即无论自动提交功能是否关闭，更新操作都将立即执行，并且将执行结果提交到数据库中，使其成为数据库的永久组成部分。

（2）隐式关闭自动提交功能。

使用 START TRANSACTION 命令可以隐式地关闭自动提交功能。使用该方法不会修改 AUTOCOMMIT 变量的值。

15.1.4　事务回滚

事务回滚也叫撤销。关闭自动提交功能后，数据库开发人员可以根据需要回滚更新操作。下面以【例 15-1】中的数据库为例进行操作。

【例 15-2】　从借记卡账户 A 向 B 转账 300 元，出错时进行事务回滚。具体步骤如下。

事务回滚

（1）关闭 MySQL 的自动提交功能，代码如下。

```
SET AUTOCOMMIT=0;
```

（2）调用【例 15-1】编写的存储过程 proc_transfer，从借记卡账户 A 向 B 转账 300 元，并查看账户余额，代码如下。

```
SELECT * FROM tb_account;
CALL proc_transfer(1,2,300);
SELECT * FROM tb_account;
```

执行结果如图 15-7 所示。

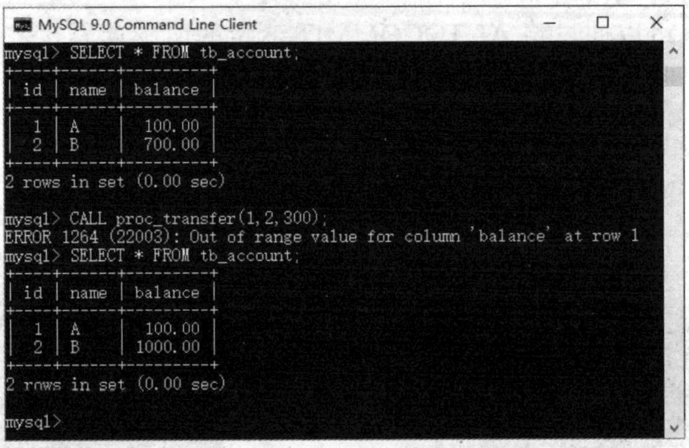

图 15-7　从借记卡账户 A 向 B 转账 300 元并查看账户余额

从图 15-7 中可以看出，B 账户中多出来 300 元，由原来的 700 元变为 1000 元。这时需要确认数据库是否接收到了这个变化。

（3）再打开一个 MySQL 命令行窗口，选择 db_bank 数据库为当前数据库，然后查询数据表 tb_account 中的数据，代码如下。

```
USE db_bank;
SELECT * FROM tb_account;
```

执行结果如图 15-8 所示。

从图 15-8 中可以看出 B 的余额仍然是转账前的 700 元，并没有加上 300 元。这是因为关闭了 MySQL 的自动提交功能后，如果不手动提交，更新操作将只影响内存中的临时记录，并不会真正写入数据库文件。所以在当前命令行窗口中执行 SELECT 语句时，获得的是临时记录，并不是实际数据表中的数据。结果取决于接下来执行的操作，如果执行回滚操作，那么将放弃所做的修改；如果执行提交操作，会将修改的结果保存到数据库文件中。

（4）由于更新后的数据与想要的结果不一致，这里执行回滚操作，放弃之前所做的修改。执行回滚操作，并查看余额的代码如下。

```
ROLLBACK;
SELECT * FROM tb_account;
```

执行结果如图 15-9 所示。

图 15-8　在另一个命令行窗口中查看余额

图 15-9　执行回滚操作后的结果

从图 15-9 中可以看出，步骤（2）所做的修改被回滚了，也就是放弃了之前所做的修改。

15.1.5　事务提交

关闭自动提交功能后，数据库开发人员可以根据需要提交更新操作，否则更新的结果不能被提交到数据库文件中。关闭自动提交功能后，提交事务有以下两种方式。

事务提交

1．显式提交

关闭自动提交功能后，可以使用 COMMIT 命令显式地提交更新语句。例如，将【例 15-2】第（4）步中的 "ROLLBACK;" 替换为 "COMMIT;"，将得到图 15-10 所示的结果。

从图 15-10 中可以看出，更新操作已经被提交。此时打开一个新的命令行窗口查询余额，得到的结果与图 15-10 所示的结果是一致的。

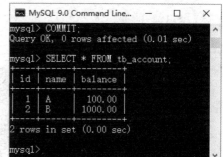

图 15-10　显式提交

2．隐式提交

关闭自动提交功能后，如果没有手动提交过更新操作或者进行过回滚操作，那么执行表 15-1 所示的命令也将执行提交操作。

表 15-1　隐式执行提交操作的命令

命令类别	具体命令
数据定义语言	CREATE DATABASE/TABLE/INDEX/PROCEDURE
	ALTER DATABASE/TABLE/INDEX/PROCEDURE
	DROP DATABASE/TABLE/INDEX/PROCEDURE
	TRUNCATE TABLE
	RENAME TABLE
事务控制	BEGIN
	START TRANSACTION
锁表操作	LOCK TABLES
	UNLOCK TABLES

例如，关闭 MySQL 的自动提交功能后执行 "SET AUTOCOMMIT=1" 命令，将开启自动提交功能，并提交之前的所有更新语句。

15.1.6　MySQL 中的事务

在 MySQL 中，可使用 START TRANSACTION 命令来标记一个事务的开始。具体的语法格式如下。

```
START TRANSACTION;
```

通常 START TRANSACTION 命令后面紧跟的是组成事务的 SQL 语句，并且在所有要执行的操作全部完成后添加 COMMIT 命令，以提交事务。下面通过一个实例演示 MySQL 中事务的应用。

MySQL 中的事务

【例 15-3】 以【例 15-1】中的数据库为例进行操作。创建存储过程，并且在该存储过程中创建事务，从借记卡账户 A 向 B 转账 300 元，出错时进行事务回滚。具体步骤如下。

（1）创建存储过程，名称为 prog_tran_account，在该存储过程中创建一个事务，实现从一个账户向另一个账户转账的功能，具体代码如下。

```
DELIMITER //
CREATE PROCEDURE prog_tran_account(IN id_from INT,IN id_to INT,IN money int)
MODIFIES SQL DATA
BEGIN
    DECLARE EXIT HANDLER FOR SQLEXCEPTION ROLLBACK;
    START TRANSACTION;
    UPDATE tb_account SET balance=balance+money WHERE id=id_to;
    UPDATE tb_account SET balance=balance-money WHERE id=id_from;
    COMMIT;
END
//
DELIMITER ;
```

执行结果如图 15-11 所示。

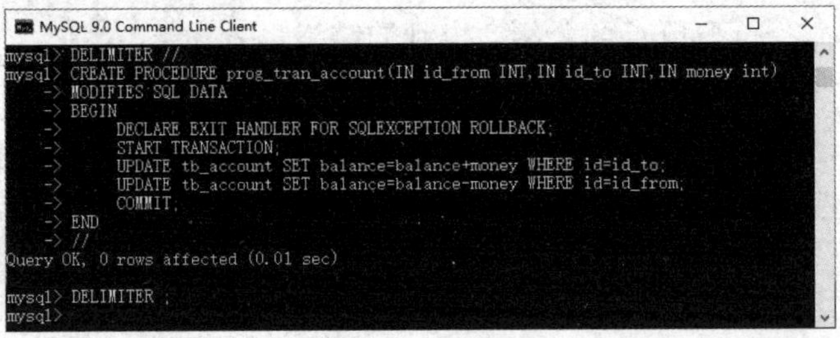

图 15-11   创建存储过程 prog_tran_account

（2）调用刚刚创建的存储过程 prog_tran_account，从账户 A 向账户 B 转账 300 元，并查看转账结果，代码如下。

```
CALL prog_tran_account(1,2,300);
SELECT * FROM tb_account;
```

执行结果如图 15-12 所示。

从图 15-12 中可以看出，各账户的余额并没有改变，也没有出现错误，这是因为对出现的错误进行了处理，并且进行了事务回滚。

调用存储过程时，将其中的转账金额修改为 100 元，将正常转账，代码如下。

```
CALL prog_tran_account(1,2,100);
SELECT * FROM tb_account;
```

执行结果如图 15-13 所示。

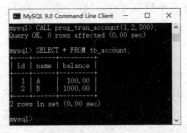

图 15-12   调用存储过程进行转账的结果

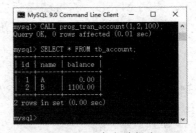

图 15-13   事务被提交

说明：在 MySQL 中，除了可以使用 START TRANSACTION 命令外，还可以使用 BEGIN 或 BEGIN WORK 命令开启事务。

通过上面的实例可以得到图 15-14 所示的事务执行流程。

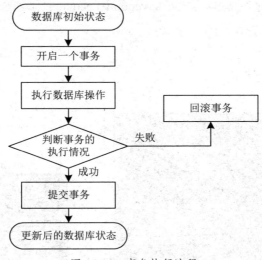

图 15-14　事务执行流程

15.1.7　回退点

回退点

在默认的情况下，一旦事务回滚，事务中的所有更新操作都将被撤销。有时候并不需要全部撤销，而只需要撤销其中一部分，这时可以设置回退点。回退点又称保存点。使用 SAVEPOINT 命令可以在事务中设置一个回退点，具体的语法格式如下。

```
SAVEPOINT 回退点名;
```

设置回退点后，可以在需要进行事务回滚时指定回退点，具体的语法格式如下。

```
ROLLBACK TO SAVEPOINT 回退点名;
```

【例 15-4】　创建一个名为 prog_savepoint_account 的存储过程，在该存储过程中创建一个事务，向 tb_account 表中添加一个账户 C，并且向该账户存入 500 元；然后从 A 账户向 B 账户转账 300 元；当出现错误时，回滚到提前定义的回退点，否则提交事务。具体步骤如下。

（1）创建存储过程，名称为 prog_savepoint_account，在该存储过程中创建一个事务，实现从一个账户向另一个账户转账的功能，并且定义回退点，具体代码如下。

```
DELIMITER //
CREATE PROCEDURE prog_savepoint_account()
MODIFIES SQL DATA
BEGIN
    DECLARE CONTINUE HANDLER FOR SQLEXCEPTION
    BEGIN
        ROLLBACK TO A;
        COMMIT;
    END;
    START TRANSACTION;
    START TRANSACTION;
    INSERT INTO tb_account (name,balance)VALUES('C',500);
    SAVEPOINT A;
    UPDATE tb_account SET balance=balance+300 WHERE id=2;
    UPDATE tb_account SET balance=balance-300 WHERE id=1;
    COMMIT;
END
//
DELIMITER ;
```

执行结果如图 15-15 所示。

（2）调用刚刚创建的存储过程 prog_savepoint_account，添加账户 C 并转账，查看转账结果，代码如下。

```
CALL prog_savepoint_account();
SELECT * FROM tb_account;
```

执行结果如图 15-16 所示。

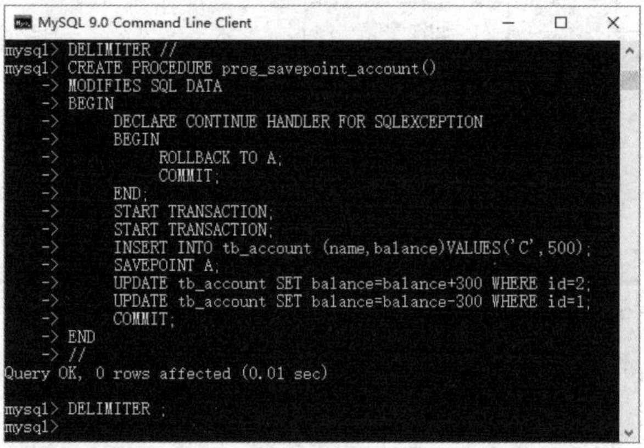

图 15-15　创建存储过程 prog_savepoint_account 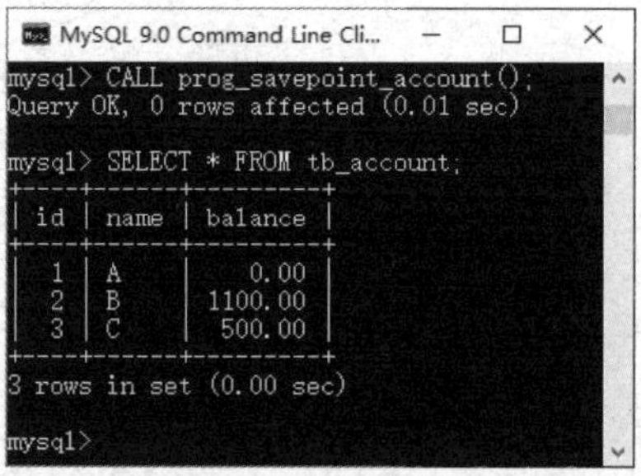　　　图 15-16　调用存储过程并查看转账结果

从图 15-16 中可以看出，第一条插入语句成功执行，但由于最后一条更新语句的执行出现错误，因此事务回滚了。

15.2　锁机制

数据库管理系统采用锁机制来管理事务。当多个事务同时修改同一数据时，只允许持有锁的事务修改该数据，其他事务只能"排队等待"，直到持有锁的事务释放其拥有的锁。下面对 MySQL 中的锁机制进行详细介绍。

15.2.1　MySQL 锁机制的基本知识

在同一时刻，可能会有多个客户端对表中的同一行数据进行操作，例如，有的客户端在读取该行数据，有的则尝试删除它。为了保证数据的一致性，数据库要对这种并发操作进行控制，因此就有了锁机制。下面将对 MySQL 锁机制涉及的基本知识进行介绍。

MySQL 锁机制
的基本知识

1．锁的类型

在处理并发读或写时，可以使用由两种类型的锁组成的锁系统来解决问题。这两种类型的锁分别为读锁（Read Lock）和写锁（Write Lock）。下面分别进行介绍。

（1）读锁

读锁也称为共享锁（Shared Lock）。它是共享的，或者说是相互不阻塞的。多个客户端在同一时间可以同时读取同一资源，互不干扰。

（2）写锁

写锁也称为排他锁（Exclusive Lock）。它是排他的，也就是说一个写锁会阻塞其他的写锁和读锁。这是为了确保在给定的时间里，只有一个用户能执行写入操作，并防止其他用户读取正在写入的同一资源。

在实际的数据库系统中，随时都在发生锁定。例如，当某个用户修改某一部分数据时，MySQL 就会通过锁来防止其他用户读取该部分数据。在大多数时候，MySQL 锁的内部管理是透明的。

读锁和写锁的兼容性如表 15-2 所示。

表 15-2　读锁和写锁的兼容性

锁的类型	读锁	写锁
读锁	兼容	不兼容
写锁	不兼容	不兼容

2．锁粒度

一种提高共享资源并发性的方式是让锁定对象更有选择性，也就是尽量只锁定部分数据，而不是所有的资源。这就是锁粒度的概念。它是指锁的作用范围，是为了平衡数据库的高并发响应和系统性能而提出的。

锁粒度越低，并发访问性能越高，越适合执行并发更新操作（即采用 InnoDB 存储引擎的表适合执行并发更新操作）；锁粒度越高，并发访问性能就越低，越适合执行并发查询操作（即采用 MyISAM 存储引擎的表适合执行并发查询操作）。

不过需要注意的是，在给定的资源上，锁定的数据量越少，系统的并发程度越高，完成某个功能所需要的加锁和解锁的次数就会越多，这反而会消耗较多的资源，甚至导致出现资源的恶性竞争，乃至发生死锁。

> △注意：由于加锁也需要消耗资源，因此如果系统花费大量的时间来管理锁，而不是存储数据，那就有些得不偿失了。

3．锁策略

锁策略是指在锁的开销和数据的安全性之间寻求平衡。但是这种平衡会影响性能，所以大多数商业数据库系统没有提供更多的选择，一般都是在表上施加行级锁，并以各种复杂的方式实现对锁的高效管理和优化，以便在数据比较多的情况下提供更好的性能。

在 MySQL 中，每种存储引擎都有自己的锁策略和锁粒度。在存储引擎的设计中，锁管理是非常重要的，它将锁粒度固定在某个级别，可以为某些特定的应用场景提供更好的性能，但同时会失去对其他应用场景的良好支持。而 MySQL 支持多个存储引擎，所以不需要用单一的解决方法。下面介绍两种重要的锁策略。

（1）表级锁（Table Lock）

表级锁是 MySQL 中最基本的锁策略，也是开销最小的锁策略。它会锁定整个表，用户在对表进行操作（如插入、更新和删除等）前，需要先获得写锁，这会阻塞其他用户对该表的所有读写操作。只有没有写锁时，其他读取的用户才能获得读锁，并且读锁之间是不相互阻塞的。

另外，由于写锁比读锁的优先级高，因此写锁请求可能会被插入读锁队列的前面，但是读锁不能插入写锁的前面。

（2）行级锁（Row Lock）

行级锁可以最大限度地支持并发处理，但也带来了最大的锁开销。行级锁只在存储引擎层实现，而没有在服务器层实现，服务器层完全不了解存储引擎中的锁实现。

4．锁的生命周期

锁的生命周期是指在一个 MySQL 会话内，对数据进行加锁和解锁之间的时间间隔。锁的生命周期越长，并发性能就越低，反之并发性能就越高。另外，锁是数据库管理系统的重要资源，需要占据一定的服务器内存，锁的生命周期越长，占用服务器内存的时间就越长；反之占用服务器内存的时间也就越短。因此，我们应该尽可能地缩短锁的生命周期。

15.2.2　MyISAM 表的表级锁

MyISAM 类型的数据表并不支持 COMMIT 和 ROLLBACK 命令。当用户对数据库执行插入、删除、更新等操作时，修改会被立刻保存在磁盘中。这在多用户环境中会导致诸多问题。为了避免同一时间有多个用户对数据库中的指定表进行操作，可以应用表级锁。当且仅当用户释放表的操作锁定后，其他用户才可以访问相应表。

MyISAM 表的表级锁

设置表级锁代替事务的基本步骤如下。

（1）为指定数据表添加锁的语法格式如下。

```
LOCK TABLES table_name lock_type,…;
```

其中 table_name 为被锁定的表名，lock_type 为锁定类型，包括以读方式（READ）锁定表和以写方式（WRITE）锁定表。

（2）用户执行对数据表的操作，可以添加、删除或者更改部分数据。

（3）用户完成对锁定数据表的操作后，需要对该表进行解锁操作，解除该表的锁定状态。其语法格式如下。

```
UNLOCK TABLES;
```

下面将分别介绍如何以读方式锁定数据表和以写方式锁定数据表。

1．以读方式锁定数据表

以读方式锁定数据表，使用户的其他操作都不被允许，如删除、插入、更新，直至用户进行解锁操作。

【例 15-5】　以读方式锁定 db_bank 数据库中的 tb_user 表。具体步骤如下。

（1）在 db_bank 数据库中创建一个采用 MyISAM 存储引擎的 tb_user 表，具体代码如下。

```
CREATE TABLE tb_user (
  id int unsigned NOT NULL AUTO_INCREMENT PRIMARY KEY,
  username varchar(30),
  pwd varchar(30)
) ENGINE=MyISAM;
```

（2）向 tb_user 表中插入 3 条用户信息，具体代码如下。

```
INSERT INTO tb_user(username,pwd)VALUES
('Tony','123456'),
('Kelly','556677'),
('Alice','666666');
```

（3）以读方式锁定数据库 db_bank 中的 tb_user 表，具体代码如下。

```
LOCK TABLE tb_user READ;
```

执行结果如图 15-17 所示。

（4）使用 SELECT 语句查看 tb_user 表中的信息，具体代码如下。

```
SELECT * FROM tb_user;
```

执行结果如图 15-18 所示。

图 15-17　以读方式锁定数据表

图 15-18　查看以读方式锁定的 tb_user 表

（5）尝试向 tb_user 表中插入一条数据，代码如下。

```
INSERT INTO tb_user(username,pwd)VALUES('Henry','112233');
```

执行结果如图 15-19 所示。

图 15-19　向以读方式锁定的表中插入数据

从上述结果可以看出，当用户试图向 tb_user 表中插入数据时，将返回失败信息。解锁 tb_user 表，再次执行插入操作，代码如下。

```
UNLOCK TABLES;
INSERT INTO tb_user(username,pwd)VALUES('Henry','112233');
```

执行结果如图 15-20 所示。

图 15-20　向解锁后的数据表中添加数据

锁被释放后，用户可以对数据库执行添加、删除、更新等操作。

> 说明：在 LOCK TABLES 的参数中，READ 锁定的变体为 READ LOCAL 锁定，其与 READ 锁定的不同点是，该参数所指定的用户会话可以执行插入操作。它是为了使用 mysqldump 工具而创建的一种变体形式。

2．以写方式锁定数据表

以写方式锁定数据表后，用户可以修改数据表中的数据，但是除该用户以外的其他会话中的用户不能进行任何读操作。以写方式锁定数据表的语法格式如下。

```
LOCK TABLE 要锁定的数据表 WRITE;
```

【例 15-6】　以写方式锁定 tb_user 表。

以写方式锁定数据库 db_bank 中的 tb_user 表，具体代码如下。

```
LOCK TABLE tb_user WRITE;
```

执行结果如图 15-21 所示。

因为 tb_user 表被写锁定，所以用户可以对该表执行修改、添加、删除等操作。使用 SELECT 语句查询该表，代码如下。

```
SELECT * FROM tb_user;
```

执行结果如图 15-22 所示。

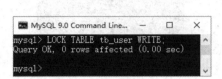

图 15-21　以写方式锁定数据表

图 15-22　查询 tb_user 表

从图 15-22 中可以看到，当前用户仍然可以使用 SELECT 语句查询该表的数据。这是因为，以写方式锁定数据表并不会限制当前被锁定用户的查询操作。下面不关闭图 15-22 所示的窗口，重新打开一个命令行窗口，并执行下面的语句。

```
USE db_bank;
SELECT * FROM tb_user;
```

执行结果如图 15-23 所示。

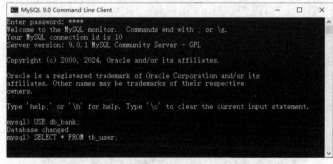

图 15-23　在新窗口中查询被锁定的数据表

在新打开的命令行窗口中执行查询操作后，并没有显示结果，这是因为该表以写方式被锁定。只有当操作用户释放该表的锁定后，其他用户才可以通过 SELECT 语句查询数据。在图 15-22 所示的命令行窗口中执行如下代码，解除写锁定。

```
UNLOCK TABLES;
```

这时，在新打开的命令行窗口中会显示出查询结果，如图 15-24 所示。

图 15-24　解除写锁定

由此可知，释放数据表的锁定后，其他访问数据库的用户才可以查看数据表的内容。使用 UNLOCK TABLE 命令会释放当前处于锁定状态的所有数据表。

15.2.3　InnoDB 表的行级锁

为 InnoDB 表设置锁比为 MyISAM 表设置锁更复杂，这是因为 InnoDB 表既支持表级锁，又支持行级锁。为 InnoDB 表设置表级锁也是使用 LOCK TABLES 命令，其使用方法与 MyISAM 表中的基本相同，这里不赘述。下面将重点介绍如何为 InnoDB 表设置行级锁。

InnoDB 表的
行级锁

在 InnoDB 表中有两种类型的行级锁，分别是读锁和写锁。InnoDB 表的行级锁的粒度是受查询语句或者更新语句影响的记录。

为 InnoDB 表设置行级锁主要有以下 3 种方式。

❑ 在查询语句中设置读锁，其语法格式如下。

```
SELECT 语句 LOCK IN SHARE MODE;
```

例如，在查询语句中为采用 InnoDB 存储引擎的数据表 tb_account 设置读锁，可以使用下面的语句。

```
SELECT * FROM tb_account LOCK IN SHARE MODE;
```

❑ 在查询语句中设置写锁，其语法格式如下。

```
SELECT 语句 FOR UPDATE;
```

例如，在查询语句中为采用 InnoDB 存储引擎的数据表 tb_account 设置写锁，可以使用下面的语句。

```
SELECT * FROM tb_account FOR UPDATE;
```

❑ 在更新（包括 INSERT、UPDATE 和 DELETE）语句中，InnoDB 存储引擎会自动为更新语句影响的记录添加隐式写锁。

通过以上 3 种方式为表设置的行级锁的生命周期非常短暂。为了延长行级锁的生命周期，可以采用事务。

【例 15-7】 通过事务延长行级锁的生命周期，具体步骤如下。

（1）在 MySQL 命令行窗口（一）中开启事务，并在查询语句中为采用 InnoDB 存储引擎的数据表 tb_account 设置写锁，具体代码如下。

```
USE db_bank;
START TRANSACTION;
SELECT * FROM tb_account FOR UPDATE;
```

执行结果如图 15-25 所示。

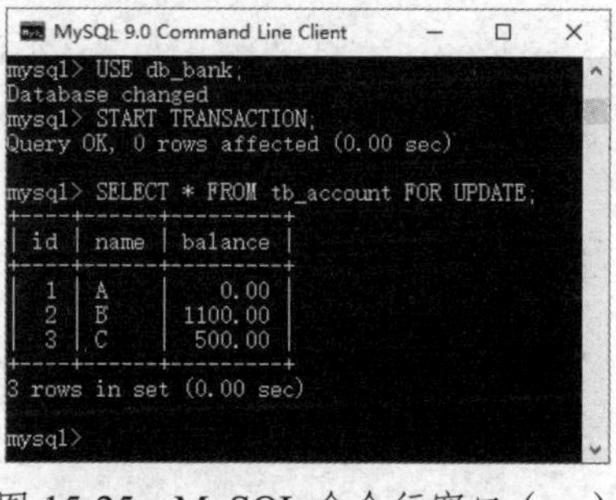

（2）在 MySQL 命令行窗口（二）中开启事务，并在查询语句中为采用 InnoDB 存储引擎的数据表 tb_account 设置写锁，具体代码如下。

```
USE db_bank;
START TRANSACTION;
SELECT * FROM tb_account FOR UPDATE;
```

执行结果如图 15-26 所示。

图 15-25　MySQL 命令行窗口（一）

（3）在 MySQL 命令行窗口（一）中执行提交事务语句，从而解锁 tb_account 表，具体代码如下。

```
COMMIT;
```

执行提交事务语句后，MySQL 命令行窗口（二）中将显示具体的查询结果，如图 15-27 所示。

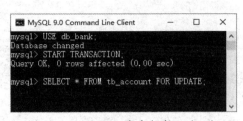

图 15-26　MySQL 命令行窗口（二）

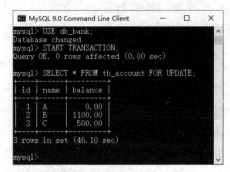

图 15-27　MySQL 命令行窗口（二）被"唤醒"

由此可知，事务中的行级锁的生命周期从加锁开始，直到事务提交或者回滚后才会被释放。

15.2.4　死锁

在实际应用中，当两个不同序列的用户打算同时对数据执行操作时，极有可能产生死锁。更具体地讲，两个事务相互等待操作对方释放所持有的资源，而导致两个事务都无法操作对方持有的资源，这样的无限期等待被称作死锁。

不过，MySQL 的 InnoDB 表处理程序具有检查死锁这一功能，如果该处理程序发现在用户操作过程中产生死锁，会立刻撤销其中一个事务，从而使死锁消失，这样就可以使另一个事务获取对方所持有的资源而执行逻辑操作。

死锁

15.3　AI 辅助编程

在我们学习事务与锁机制时，AI 工具可以提供有力的支持。下面介绍如何利用 AI 工具来帮助我们巩固本章所学的知识，设计相应的实例。

15.3.1　在存储过程中创建事务和回退点

在 AI 工具的输入框中输入"MySQL 创建一个统计产品库存数量的存储过程，在该存储过程中创建事务和回退点"，按 Enter 键，AI 工具会自动生成实例的实现方法，内容如下。

在 MySQL 中，你可以创建一个存储过程来统计产品库存数量，并在该存储过程中使用事务和回退点来确保数据的一致性和可恢复性。下面是一个存储过程实例，它演示了如何执行这些操作。

```
DELIMITER //
CREATE PROCEDURE UpdateProductInventoryStatistics(
    IN productId INT,
    IN newStockCount INT
)
BEGIN
    DECLARE EXIT HANDLER FOR SQLEXCEPTION
    BEGIN
        -- 发生异常时回滚到指定的回退点
        ROLLBACK TO savepoint_inventory_update;
    END;
    -- 开始事务
    START TRANSACTION;
    -- 创建回退点
    SAVEPOINT savepoint_inventory_update;
```

```
        -- 更新产品库存数量
        UPDATE products
        SET stock_count = newStockCount
        WHERE id = productId;
        -- 假设有一个库存统计表，用于记录每种产品的库存变化
        -- 这里我们简单地插入一条新记录来表示库存更新
        INSERT INTO inventory_statistics (product_id, old_stock_count, new_stock_count,
update_time)
        SELECT id, stock_count, newStockCount, NOW()
        FROM products
        WHERE id = productId
        FOR UPDATE; -- 使用 FOR UPDATE 锁定行以防止并发修改
        -- 提交事务（如果到这里没有发生异常）
        COMMIT;
        -- 如果发生异常，上面的 EXIT HANDLER 会处理回滚
    END //
    DELIMITER ;
```

请注意，这个实例假设你有一个名为 products 的产品信息数据表和一个名为 inventory_statistics 的库存统计表。你需要根据你的实际数据库架构来调整表名和字段名。

此外，FOR UPDATE 子句在 SELECT 语句中用于锁定行，这是为了确保在读取数据和插入数据之间没有并发修改。然而，在这个特定的例子中，由于我们直接更新了 products 表，并且紧接着在同一个事务中插入了 inventory_statistics 表，所以 FOR UPDATE 可能是多余的，因为事务已经保证了这些操作的原子性。但是，在更复杂的场景中，使用 FOR UPDATE 可以防范并发问题。

在生成实例代码后，还可以继续向 AI 追加提问。在 AI 工具的输入框中输入"完善上面的代码，避免在 INSERT 语句中重复访问数据表"，按 Enter 键，AI 工具会自动生成建议，可扫描二维码查看结果。

15.3.2　以读方式锁定产品数据库中的产品信息数据表

在 AI 工具的输入框中输入"MySQL 以读方式锁定产品数据库中的产品信息数据表"，按 Enter 键，AI 工具会自动生成实例的实现方法，内容如下。

在 MySQL 中，如果你想要以读方式锁定产品数据库中的产品信息数据表，你可以使用 LOCK TABLES 语句。这种锁定方式会阻止其他会话对表进行写操作（如 INSERT、UPDATE、DELETE），但允许读操作（如 SELECT）。然而，需要注意的是，LOCK TABLES 是一种重量级锁，通常只在需要确保数据一致性的特定场景下使用，例如在进行大量读操作并希望避免这些操作被其他写操作打断时。

以下是一个使用 LOCK TABLES 以读方式锁定产品信息数据表的例子。

```
-- 切换到产品数据库
USE product_database;
-- 以读方式锁定产品信息数据表
LOCK TABLES products READ;
-- 现在可以安全地进行 SELECT 操作，不会被其他会话的写操作打断
SELECT * FROM products WHERE ...;
-- 完成读操作后，解锁表
UNLOCK TABLES;
```

在这个例子中，product_database 是包含产品信息数据表的数据库名，products 是产品信息数据表的表名。LOCK TABLES products READ 语句会锁定 products 表，阻止其他会话对其进行写操作，但允许读操作。UNLOCK TABLES 语句会释放之前获取的锁。

需要注意的是，LOCK TABLES 和 UNLOCK TABLES 必须在同一个会话中成对使用，并且在你解锁表之前，当前会话不能执行任何需要获取其他类型锁的语句（比如尝试对另一个表进行写锁定）。此外，如果你在一个事务中使用了 LOCK TABLES，那么必须在提交或回滚事务之前解锁表。

小结

本章详细讲解了 MySQL 中事务与锁机制的相关知识，主要包括事务的概念和特性、事务机制的必要性、事务回滚、事务提交，以及 MySQL 锁机制的基本知识、MyISAM 表的表级锁和 InnoDB 表的行级锁等内容。

上机指导

在 db_shop 数据库中创建存储过程，并且在该存储过程中创建事务，实现插入销售信息时自动更新库存数量的功能，当所销售商品的库存数量小于 0 时，进行事务回滚，结果如图 15-28 所示。

图 15-28　自动更新库存数量

具体实现步骤如下。

（1）选择当前使用的数据库为 db_shop，具体代码如下。

```
USE db_shop;
```

说明：如果不存在名为 db_shop 的数据库，可以在命令提示符窗口中使用 mysql 命令还原已经备份好的 db_shop 数据库。

（2）创建 tb_sell 数据表的副本 tb_sellbak，具体代码如下。

```
CREATE TABLE tb_sellbak LIKE tb_sell;
INSERT INTO tb_sellbak SELECT * FROM tb_sell;
```

（3）创建存储过程，名称为 prog_sell_updateInventory，在该存储过程中创建一个事务，实现插入销售信息时自动更新库存数量的功能，当所销售商品的库存数量小于 0 时，进行事务回滚，具体代码如下。

```
DELIMITER //
CREATE PROCEDURE prog_sell_updateInventory(IN sell_number INT)
MODIFIES SQL DATA
BEGIN
    SET @goodsid=2;
    SET @inventorynumber=0;
    START TRANSACTION;
    INSERT INTO tb_sellbak (goodsid,price,number,amount,userid)
     VALUES(@goodsid,56.80,sell_number,56.80*sell_number,1);
    UPDATE tb_inventory SET number=number-sell_number WHERE goodsid=@goodsid;
    SELECT number INTO @inventorynumber FROM tb_inventory WHERE goodsid=@goodsid;
    IF @inventorynumber<0 THEN
        ROLLBACK;
    ELSE
        COMMIT;
    END IF;
END
//
DELIMITER ;
```

（4）调用存储过程 prog_sell_updateInventory，插入一条销售信息，具体代码如下。

```
CALL prog_sell_updateInventory(3);
```

（5）查询 tb_inventory 表中 goodsid 为 2 的商品的库存信息，具体代码如下。

```
SELECT * FROM tb_inventory WHERE goodsid=2;
```

（6）再次调用存储过程 prog_sell_updateInventory，将销售数量设置为 20，具体代码如下。

```
CALL prog_sell_updateInventory(20);
```

（7）查询 tb_inventory 表中 goodsid 为 2 的商品的库存信息，具体代码如下。

```
SELECT * FROM tb_inventory WHERE goodsid=2;
```

习题

1. 简述数据库事务必须具备哪些特性。
2. MySQL 提供了哪两种关闭自动提交功能的方法？
3. 在 MySQL 中如何提交事务？
4. 在 MySQL 中使用什么命令手动开启事务？
5. 在处理并发读或写时，MySQL 提供了哪两种类型的锁？

第16章 综合开发案例——基于 Python Flask 的 Go 购甄选商城

本章要点

- 使用 Flask-SQLAlchemy 扩展操作 SQLAlchemy
- 使用 Flask-Migrate 扩展实现数据迁移
- 使用 wtforms 自定义验证函数
- 使用 werkzeug 库中的 security 实现哈希密码
- 使用 PIL 生成验证码图片

购物网站已成为人们日常生活中必不可少的一部分，只要有网络和相应的设备就能做到足不出户选购商品，并且可以享受送货上门的服务。本章将使用 Python 开发一个购物网站，并介绍相关的开发细节。

16.1 需求分析

本章开发的 Go 购甄选商城主要具备以下功能。

- 首页轮播图展示功能。
- 首页商品展示功能，包括展示最新上架商品、展示打折商品和展示热门商品等。
- 商品展示功能，用于展示商品的详细信息。
- 加入购物车功能，用户可以将商品添加到购物车。
- 查看购物车功能，用户可以查看购物车中的所有商品、更改购买商品的数量、清空购物车等。
- 填写物流信息功能，用户可以填写姓名、手机、地址信息，用于接收商品。
- 提交订单功能，用户提交订单后，显示支付宝收款码。
- 查看订单功能，用户提交订单后可以查看订单详情。
- 会员注册与登录功能，包括用户注册、登录等。
- 后台管理商品功能，包括新增商品、编辑商品、删除商品和查看商品销量排行榜等。
- 后台管理会员功能，包括查看会员信息等。
- 后台管理订单功能，包括查看订单信息等。

16.2 系统设计

16.2.1 系统功能结构

Go 购甄选商城分为两个部分，前台主要用于展示及销售商品，后台主要用于对商城中的商品信息、会员信息，以及订单信息进行有效的管理等。其详细的系统功能结构如图 16-1 所示。

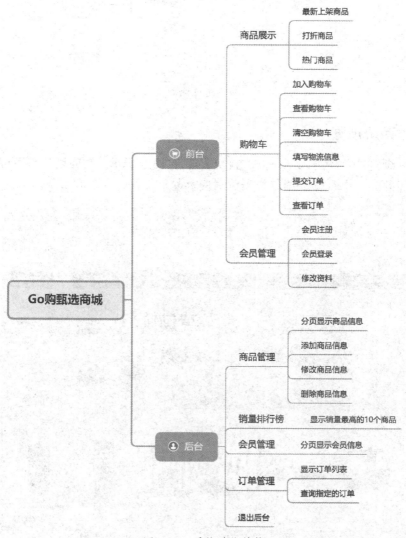

图 16-1　系统功能结构

16.2.2 系统业务流程

在开发 Go 购甄选商城前，需要了解商城的业务流程。根据对其他网上商城的业务分析，并结合自己的需求，设计出图 16-2 所示的 Go 购甄选商城的系统业务流程。

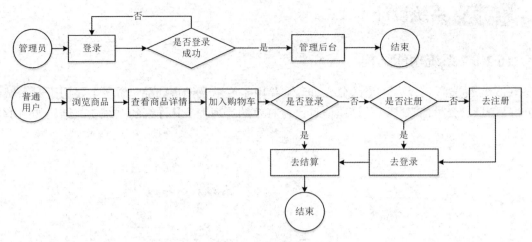

图 16-2　系统业务流程

16.2.3　系统预览

用户通过浏览器首先进入的是商城首页，如图 16-3 所示。在商城首页可以浏览最新上架商品和热门商品，也可以根据分类浏览对应商品。

图 16-3　商城首页

单击商品可进入商品详情页，如图 16-4 所示。在商品详情页，用户可以将商品加入购物车，并设置购买数量。购物车页面如图 16-5 所示。购买完商品后，可以查看订单，如图 16-6 所示。

图 16-4　商品详情页

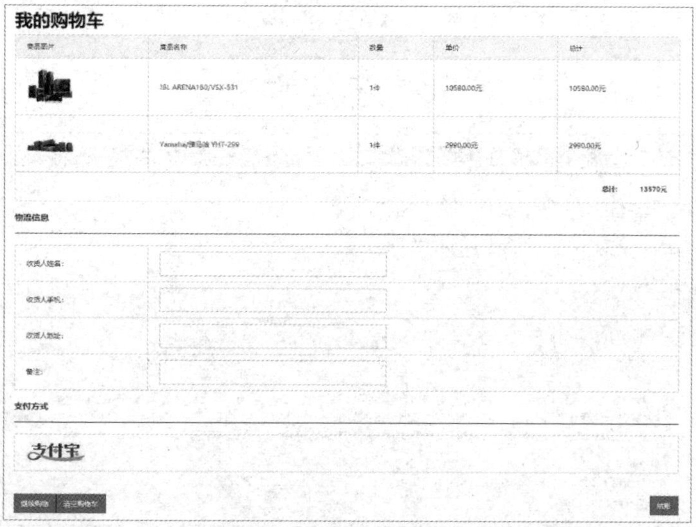

图 16-5　购物车页面

图 16-6　查看订单

管理员登录后，可以在后台管理商城系统。商品管理模块如图 16-7 所示。添加商品信息页面如图 16-8 所示。管理员还可以查看销量排行榜，如图 16-9 所示。会员信息管理页面如图 16-10 所示。

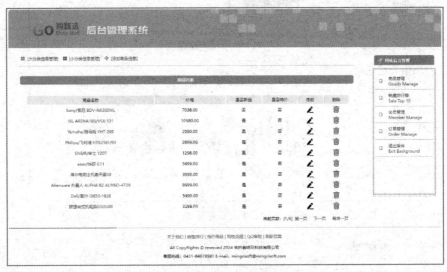

图 16-7　商品管理模块

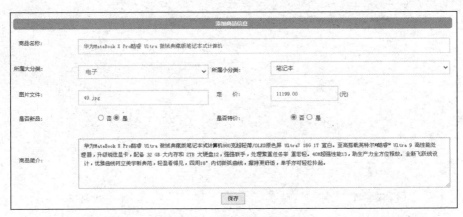

图 16-8　添加商品信息页面

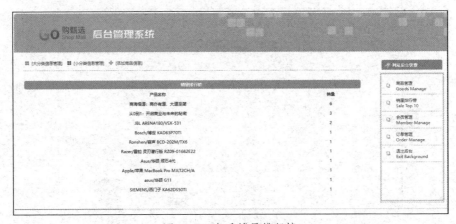

图 16-9　查看销量排行榜

图 16-10　会员信息管理页面

16.3　系统开发必备

16.3.1　系统开发环境

本系统的开发软件及运行环境具体如下。

- 操作系统：Windows 10 及以上。
- 虚拟环境：virtualenv。
- 数据库：PyMySQL 驱动+ MySQL。
- 开发工具：PyCharm / Sublime Text 3 等。
- Python Web 框架：Flask。
- 浏览器：Chrome 浏览器。

16.3.2　文件夹组织结构

本项目采用 Flask 微型 Web 框架进行开发。由于 Flask 框架很灵活，因此可以任意组织项目的目录结构。在 Go 购甄选商城项目中，使用包和模块组织程序。文件夹的组织结构如图 16-11 所示。

在图 16-11 所示的文件夹组织结构中有以下 3 个顶级文件夹。

- app：Flask 程序的包名，一般都命名为 app。该文件夹中包含两个包：home 和 admin。每个包中又包含 3 个文件：__init__.py、forms.py 和 views.py。
- migrations：数据库迁移脚本。
- venv：Python 虚拟环境。

同时还创建了以下新文件。

- app.py：用于启动程序以及其他程序任务。
- __init__.py：存储配置。
- requirements.txt：列出了所有依赖包，便于在其他计算机中重新生成相同的虚拟环境。

图 16-11　文件夹的组织结构

在本项目中，使用命令行方式生成数据表和启动服务。其中，生成数据表主要通过 Falsk 框架的迁移命令实现，具体如下。

```
flask db init              # 创建迁移仓库，首次使用
flask db migrate           # 创建迁移脚本
flask db upgrade           # 把迁移应用到数据库中
```

启动服务的命令如下。

```
python app.py
```

16.4 技术准备

16.4.1 Flask-SQLAlchemy 扩展

SQLAlchemy 是常用的数据库抽象层和数据库关系映射包，需要进行设置才可以使用，因此通常使用 Flask 中的扩展——Flask-SQLAlchemy 来操作 SQLAlchemy。

1. 安装 Flask-SQLAlchemy

使用 pip 工具来安装 Flask-SQLAlchemy，安装方式非常简单，在 venv 虚拟环境下执行如下命令即可。

```
pip install Flask-SQLAlchemy
```

2. 基本使用

使用 Flask-SQLAlchemy 前，需要在 App 实例的全局配置中配置相关属性，然后实例化 SQLAlchemy 类，最后调用 create_all()方法来创建数据表。创建 manage.py 文件的代码如下。

```python
from flask import Flask
from flask_sqlalchemy import SQLAlchemy
import pymysql

app = Flask(__name__)
# 基本配置
app.config['SQLALCHEMY_TRACK_MODIFICATIONS'] = True
app.config['SQLALCHEMY_DATABASE_URI'] = (
        'mysql+pymysql://root:root@localhost/flask_demo'
        )
db = SQLAlchemy(app) # 实例化 SQLAlchemy 类
# 创建数据表类
class User(db.Model):
    id = db.Column(db.Integer, autoincrement=True,primary_key=True)
    username = db.Column(db.String(80),unique=True,nullable=False)
    email = db.Column(db.String(120),unique=True,nullable=False)
    def __repr__(self):
        return '<User %r>' % self.username

if __name__ == "__main__":
    db.create_all() # 创建所有表
```

在上述代码中，将 app.config['SQLALCHEMY_TRACK_MODIFICATIONS']设置成 True （默认情况），Flask-SQLAlchemy 将会追踪对象的修改并发送信号，这需要占用额外的内存。如果不必要，可以将其设置为 False（禁用）。app.config['SQLALCHEMY_DATABASE_URI'] 用于连接数据所在的数据库，如下。

```
sqlite:////tmp/test.db
mysql://username:password@server/db
```

接下来，实例化 SQLAlchemy 类并赋给 db 对象，然后创建需要映射的数据表类 User。User 类需要继承 db.Model，类属性对应表的字段。例如，id 字段使用 db.Integer，表示 id 字段是整型数据，primary_key=True 表示 id 为主键；username 字段使用 db.String(80)，表示 username 字段是长度为 80 的字符串类型的数据，unique=True 表示 username 唯一，nullable=False 表示该字段不能为空。

最后，使用 db.create_all()方法创建所有表。

创建一个 flask_demo 数据库，然后执行命令 python manage.py。此时，数据库中新增一个 user 表，使用图形界面管理工具 Navicat 查看 user 表结构，如图 16-12 所示。

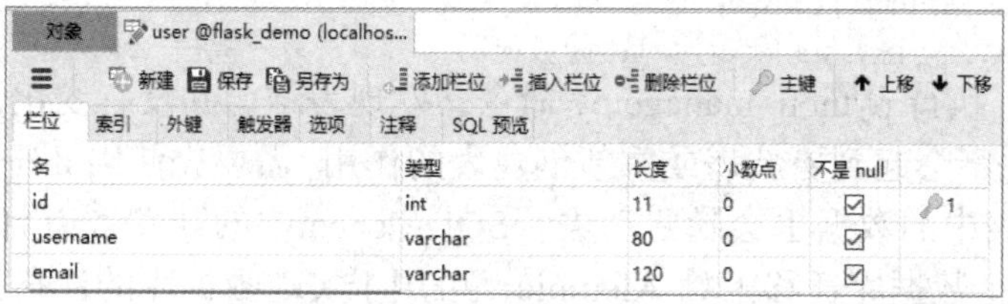

图 16-12　user 表结构

3．定义关系

数据表之间的关系通常包括一对一、一对多和多对多关系。下面以"用户—文章"模型为例，介绍如何使用 Flask-SQLAlchemy 定义一对多关系。

在"用户—文章"模型中，一个用户可以写多篇文章，而一篇文章必然属于一个用户。所以，用户和文章是典型的一对多关系。在 models.py 文件中编写二者的对应关系，代码如下。

```python
class User(db.Model):
    id = db.Column(db.Integer,primary_key=True)
    username = db.Column(db.String(80),unique=True,nullable=False)
    email = db.Column(db.String(120),unique=True,nullable=False)
    articles = db.relationship('Article')

    def __repr__(self):
        return '<User %r>' % self.username

class Article(db.Model):
    id = db.Column(db.Integer,primary_key=True)
    title = db.Column(db.String(80),index=True)
    content = db.Column(db.Text)
    user_id = db.Column(db.Integer,db.ForeignKey('user.id'))

    def __repr__(self):
        return '<Article %r>' % self.title
```

在上述代码中，User 类（一对多关系中的一）有一个 articles 属性，这个属性并没有使用 Column 类声明为列，而是使用 db.relationship()来定义关系属性，relationship()的参数是另一侧的类名称。调用 User.articles 时会返回多个记录，也就是该用户所写的所有文章。

Article 类（一对多关系中的多）有一个 user_id 属性，使用 db.ForeignKey()将其设置为外键。外键是用来在 Article 表存储 User 表的主键的值，以便和 User 表建立联系的关系字段。db.ForeignKey('user.id')中的参数 user 是 User 类对应的表名，id 则是 user 表的主键。

再次执行命令 python manage.py，flask_demo 数据库中新增一个 article 表。article 表结构的外键如图 16-13 所示。

图 16-13　article 表结构的外键

16.4.2　Flask-Migrate 扩展

在实际开发过程中通常需要更新数据表结构,例如,在 user 表中新增一个 gender 字段,需要在 User 类中添加如下代码。

```
gender = db.Column(db.BOOLEAN,default=True)
```

添加完成后,执行 python manage.py 命令,发现表结构并没有变化,这是因为重新调用 create_all()方法不会起到更新表或重新创建表的作用。需要先使用 drop_all()方法删除表,但是如果这样,表中的数据也会随之消失。SQLAlchemy 的开发者迈克尔·拜耳(Michael Bayer)编写了一个数据库迁移工具 Alembic,可用于实现数据库的迁移。它可以在不破坏数据的情况下更新数据表结构。

Flask-Migrate 扩展集成了 Alembic,提供了 Flask 命令来完成数据迁移。下面介绍如何使用 Flask-Migrate 实现数据迁移。

1．安装 Flask-Migrate

使用 pip 工具来安装 Flask-Migrate,安装方式非常简单,在 venv 虚拟环境下执行如下命令即可。

```
pip install Flask-Migrate
```

Flask-Migrate 提供了一个命令集,使用 db 作为命令集名称,可以执行 flask db --help 命令查看 Flask-Migrate 的常用命令,如图 16-14 所示。

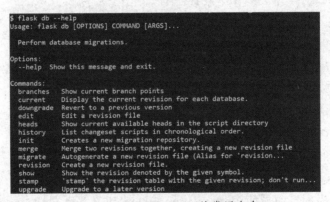

图 16-14　Flask-Migrate 的常用命令

2．创建迁移环境

修改 16.4.1 小节中的 manage.py 文件,新增两行代码。首先从 flask_migrate 中引入 Migrate 类,然后实例化 Migrate 类。关键代码如下。

```
from flask import Flask
from flask_sqlalchemy import SQLAlchemy
import pymysql
```

```
from flask_migrate import Migrate # 新增代码, 引入 Migrate 类

app = Flask(__name__) # 创建 Flask 应用
app.config['SQLALCHEMY_TRACK_MODIFICATIONS'] = True
app.config['SQLALCHEMY_DATABASE_URI'] = (
        'mysql+pymysql://root:root@localhost/flask_demo'
        )
db = SQLAlchemy(app)
migrate = Migrate(app,db) # 新增代码, 实例化 Migrate 类

class User(db.Model):
    id = db.Column(db.Integer,primary_key=True)
    # 省略部分代码

class Article(db.Model):
    # 省略部分代码

if __name__ == "__main__":
    db.create_all()
```

在上述代码中, 在实例化 Migrate 类时传入了两个参数, 第一个参数 app 是程序实例 App, 第二个参数 db 是 SQLAlchemy 类创建的对象。

接下来, 需要使用 FLASK_APP 环境变量定义如何载入应用。对于不同的操作系统, 命令有所不同。

Windows:
```
set FLASK_APP=manage.py
```
UNIX Bash (Linux、macOS 及其他操作系统):
```
export FLASK_APP=manage.py
```

说明: FLASK_APP=manage.py 之间没有空格。当关闭命令行窗口时, 这里的设置将失效。下次使用时, 需要再次设置 FLASK_APP 环境变量。

准备就绪, 开始创建迁移环境, 执行如下命令。
```
flask db init
```
执行后, 项目根目录下自动生成了一个 migrations 文件夹, 其中包含配置文件和迁移版本文件, 如图 16-15 所示。

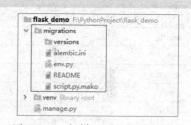

3. 生成迁移脚本

创建完迁移环境后, 可以执行如下命令自动生成迁移脚本。

图 16-15 新增 migrations 文件夹

```
flask db  migrate  -m "add gender for user table"
```
执行后, migrations/versions/ 目录下会生成一个迁移脚本, 关键代码如下。
```
def upgrade():
    ### commands auto generated by Alembic - please adjust! ###
    op.add_column('user', sa.Column('gender', sa.BOOLEAN(), nullable=True))
    # ### end Alembic commands ###

def downgrade():
    # ### commands auto generated by Alembic - please adjust! ###
    op.drop_column('user', 'gender')
    # ### end Alembic commands ###
```

在上述代码中, upgrade()函数主要用于将改动应用到数据库, downgrade()函数主要用于撤销改动。

综合开发案例——基于
Python Flask 的 Go 购甄选商城   第16章

> 📖 **说明：** 因为每一次迁移都会生成新的迁移脚本，而且 Alembic 为每一次迁移都生成了修订版本 id，所以数据库可以恢复到修改历史中的任意版本。

4. 更新数据库

生成迁移脚本后，可以执行如下命令更新数据库。

```
flask db upgrade
```

执行后，flask_demo 数据库中新增了一个 alembic_version 表，用于记录当前版本号。修改的 user 表中新增了一个 gender 字段。

> 📖 **说明：** 迁移环境只需要创建一次，也就是说下次修改表时，只需要执行 flask db migrate 和 flask db upgrade 命令。

16.5 数据库设计

16.5.1 数据库概要说明

本项目采用 MySQL 数据库，数据库名称为 shop。读者可以使用 MySQL 命令行或 MySQL 图形界面管理工具（如 Navicat）创建数据库。创建数据库的命令如下。

```
create database shop default character set utf8;
```

16.5.2 创建数据表

创建完数据库后，需要创建数据表。本项目包含 8 个数据表，数据表名、含义及作用如表 16-1 所示。

表 16-1　数据表名、含义及作用

数据表名	含义	作用
admin	管理员表	存储管理员信息
user	用户表	存储用户的信息
goods	商品表	存储商品信息
cart	购物车表	存储购物车信息
orders	订单表	存储订单信息
orders_detail	订单明细表	存储订单明细信息
supercat	商品大分类表	存储商品大分类信息
subcat	商品小分类表	存储商品小分类信息

本项目使用 SQLAlchemy 进行数据库操作，将所有的模型放置到单独的 models 模块中，使程序的结构更加明晰。

由于篇幅有限，这里只给出 models.py 模型文件中比较重要的代码。关键代码如下。

```python
#代码位置: Code\16\Shop\app\models.py
from . import db
from datetime import datetime

# 会员数据模型
class User(db.Model):
    __tablename__ = "user"
```

```python
    id = db.Column(db.Integer, primary_key=True)  # 编号
    username = db.Column(db.String(100))  # 用户名
    password = db.Column(db.String(100))  # 密码
    email = db.Column(db.String(100), unique=True)  # 邮箱
    phone = db.Column(db.String(11), unique=True)  # 手机号
    consumption = db.Column(db.DECIMAL(10, 2), default=0)  # 消费额
    addtime = db.Column(db.DateTime, index=True, default=datetime.now)  # 注册时间
    orders = db.relationship('Orders', backref='user')  # 订单外键关系关联

    def __repr__(self):
        return '<User %r>' % self.name

    def check_password(self, password):
        """
        检测密码是否正确
        :param password: 密码
        :return: 返回布尔值
        """
        from werkzeug.security import check_password_hash
        return check_password_hash(self.password, password)

# 管理员
class Admin(db.Model):
    __tablename__ = "admin"
    id = db.Column(db.Integer, primary_key=True)  # 编号
    manager = db.Column(db.String(100), unique=True)  # 管理员账号
    password = db.Column(db.String(100))  # 管理员密码

    def __repr__(self):
        return "<Admin %r>" % self.manager

    def check_password(self, password):
        """
        检测密码是否正确
        :param password: 密码
        :return: 返回布尔值
        """
        from werkzeug.security import check_password_hash
        return check_password_hash(self.password, password)

# 大分类
class SuperCat(db.Model):
    __tablename__ = "supercat"
    id = db.Column(db.Integer, primary_key=True)  # 编号
    cat_name = db.Column(db.String(100))  # 小分类名称
    addtime = db.Column(db.DateTime, index=True, default=datetime.now)  # 添加时间
    subcat = db.relationship("SubCat", backref='supercat')  # 外键关系关联
    goods = db.relationship("Goods", backref='supercat')  # 外键关系关联

    def __repr__(self):
        return "<SuperCat %r>" % self.cat_name

# 小分类
class SubCat(db.Model):
    __tablename__ = "subcat"
    id = db.Column(db.Integer, primary_key=True)  # 编号
    cat_name = db.Column(db.String(100))  # 小分类名称
    addtime = db.Column(db.DateTime, index=True, default=datetime.now)  # 添加时间
    super_cat_id = db.Column(db.Integer, db.ForeignKey('supercat.id'))  # 所属大分类
    goods = db.relationship("Goods", backref='subcat')  # 外键关系关联

    def __repr__(self):
```

```
            return "<SubCat %r>" % self.cat_name
# 商品
class Goods(db.Model):
    __tablename__ = "goods"
    id = db.Column(db.Integer, primary_key=True)   # 编号
    name = db.Column(db.String(255))   # 名称
    original_price = db.Column(db.DECIMAL(10,2))    # 原价
    current_price  = db.Column(db.DECIMAL(10,2))    # 现价
    picture = db.Column(db.String(255))   # 图片
    introduction = db.Column(db.Text)   # 商品简介
    views_count = db.Column(db.Integer,default=0)   # 浏览次数
    is_sale = db.Column(db.Boolean(), default=0)   # 是否特价
    is_new = db.Column(db.Boolean(), default=0)   # 是否为新品

    # 设置外键
    supercat_id = db.Column(db.Integer, db.ForeignKey('supercat.id'))   # 所属大分类
    subcat_id = db.Column(db.Integer, db.ForeignKey('subcat.id'))   # 所属小分类
    addtime = db.Column(db.DateTime, index=True, default=datetime.now)   # 添加时间
    cart = db.relationship("Cart", backref='goods')   # 订单外键关系关联
    orders_detail = db.relationship("OrdersDetail", backref='goods')# 订单外键关系关联

    def __repr__(self):
        return "<Goods %r>" % self.name

# 购物车
class Cart(db.Model):
    __tablename__ = 'cart'
    id = db.Column(db.Integer, primary_key=True)   # 编号
    goods_id = db.Column(db.Integer, db.ForeignKey('goods.id'))   # 所属商品
    user_id = db.Column(db.Integer)   # 所属用户
    number = db.Column(db.Integer, default=0)   # 购买数量
    addtime = db.Column(db.DateTime, index=True, default=datetime.now)   # 添加时间
    def __repr__(self):
        return "<Cart %r>" % self.id

# 订单
class Orders(db.Model):
    __tablename__ = 'orders'
    id = db.Column(db.Integer, primary_key=True)   # 编号
    user_id = db.Column(db.Integer, db.ForeignKey('user.id'))   # 所属用户
    recevie_name = db.Column(db.String(255))   # 收款人姓名
    recevie_address = db.Column(db.String(255))   # 收款人地址
    recevie_tel = db.Column(db.String(255))   # 收款人电话
    remark = db.Column(db.String(255))   # 备注信息
    addtime = db.Column(db.DateTime, index=True, default=datetime.now)   # 添加时间
    orders_detail = db.relationship("OrdersDetail", backref='orders')   # 外键关系关联
    def __repr__(self):
        return "<Orders %r>" % self.id

class OrdersDetail(db.Model):
    __tablename__ = 'orders_detail'
    id = db.Column(db.Integer, primary_key=True)   # 编号
    goods_id = db.Column(db.Integer, db.ForeignKey('goods.id'))   # 所属商品
    order_id = db.Column(db.Integer, db.ForeignKey('orders.id'))   # 所属订单
    number = db.Column(db.Integer, default=0)   # 购买数量
```

16.5.3　数据表之间的关系

本项目的数据表之间存在多种数据关系，如一个大分类（supercat 表）对应多个小分类（subcat 表），而每个大分类和小分类下又对应多个商品（goods 表）。一个购物车（cart 表）

对应多个商品（goods 表），一个订单（orders 表）又对应多个订单明细（orders_detail 表）。本项目中主要数据关系如图 16-16 所示。

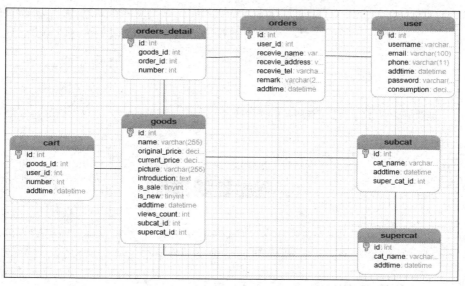

图 16-16　数据表之间的关系

16.6　会员注册模块设计

16.6.1　会员注册模块概述

　　会员注册模块主要用于实现新用户注册成为网站会员的功能。在会员注册页面中，用户需要填写会员信息，然后单击"同意协议并注册"按钮，程序将自动验证输入的用户名是否唯一，如果唯一，就把填写的会员信息保存到数据库中；否则给出提示，修改至唯一用户名后，方可完成注册。另外，程序还将验证输入的信息是否合法，例如，不能输入中文的用户名等。会员注册流程如图 16-17 所示，会员注册页面如图 16-18 所示。

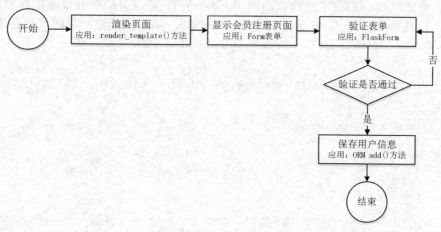

图 16-17　会员注册流程

图 16-18　会员注册页面

16.6.2　会员注册页面

在会员注册页面的表单中，用户需要填写用户名、密码、确认密码、联系电话和邮箱信息。对于用户提交的信息，网站后台必须进行验证。验证内容包括用户名和密码是否为空，密码和确认密码是否一致，电话和邮箱格式是否正确等。在本项目中，使用 Flask-WTF 来创建表单。

1．创建会员注册页面表单

在 app\home\forms.py 文件中创建 RegisterForm 类（继承 FlaskForm 类）。在 RegisterForm 类中，定义会员注册页面表单中的字段类型、验证规则以及字段的相关属性等信息。例如，定义 username 表示用户名，因为该字段是字符串类型，所以需要从 wtforms 导入 StringField。因为用户名不能为空，且长度为 3～50 个字符，所以将 validators 设置为列表，其中包含 DataRequired()和 Length()两个函数。而由于 Flask-WTF 并没有提供验证邮箱和验证联系电话的功能，因此需要自定义 validate_email()和 validate_phone()函数。具体代码如下。

```
#代码位置: Code\16\Shop\app\home\forms.py
from flask_wtf import FlaskForm
from wtforms import StringField, PasswordField, SubmitField, TextAreaField
from wtforms.validators import DataRequired, Email, Regexp, EqualTo, ValidationError,
Length

class RegisterForm(FlaskForm):
    """
    用户注册表单
    """
    username = StringField(
        label= "账户 : ",
        validators=[
            DataRequired("用户名不能为空! "),
            Length(min=3, max=50, message="用户名长度必须为 3～50 个字符")
        ],
```

```python
        description="用户名",
        render_kw={
            "type"        : "text",
            "placeholder": "请输入用户名! ",
            "class":"validate-username",
            "size" : 38,
        }
    )
    phone = StringField(
        label="联系电话 : ",
        validators=[
            DataRequired("联系电话不能为空! "),
            Regexp("1[34578][0-9]{9}", message="联系电话格式不正确")
        ],
        description="联系电话",
        render_kw={
            "type": "text",
            "placeholder": "请输入联系电话! ",
            "size": 38,
        }
    )
    email = StringField(
        label = "邮箱 : ",
        validators=[
            DataRequired("邮箱不能为空! "),
            Email("邮箱格式不正确! ")
        ],
        description="邮箱",
        render_kw={
            "type": "email",
            "placeholder": "请输入邮箱地址! ",
            "size": 38,
        }
    )
    password = PasswordField(
        label="密码 : ",
        validators=[
            DataRequired("密码不能为空! ")
        ],
        description="密码",
        render_kw={
            "placeholder": "请输入密码! ",
            "size": 38,
        }
    )
    repassword = PasswordField(
        label= "确认密码 : ",
        validators=[
            DataRequired("请输入确认密码! "),
            EqualTo('password', message="两次输入的密码不一致! ")
        ],
        description="确认密码",
        render_kw={
            "placeholder": "请输入确认密码! ",
            "size": 38,
        }
    )
    submit = SubmitField(
        '同意协议并注册',
        render_kw={
            "class": "btn btn-primary login",
```

```
        }
    )

    def validate_email(self, field):
        """
        检测注册邮箱是否已经存在
        :param field: 字段名
        """
        email = field.data
        user = User.query.filter_by(email=email).count()
        if user == 1:
            raise ValidationError("邮箱已经存在! ")
    def validate_phone(self, field):
        """
        检测联系电话是否已经存在
        :param field: 字段名
        """
        phone = field.data
        user = User.query.filter_by(phone=phone).count()
        if user == 1:
            raise ValidationError("联系电话已经存在! ")
```

⚠ **注意**：自定义验证函数的格式为"validate_字段名"，如自定义的验证联系电话的函数为 validate_ phone。

2. 显示会员注册页面

本项目中，所有模板文件均存储在 app/templates/路径下。前台模板文件存放于 app/templates/home/路径下。在该路径下创建 regiter.html 作为前台会员注册页面模板。需要使用@home.route()装饰器定义路由，并使用 render_template()函数来渲染模板。关键代码如下。

```
#代码位置: Code\16\Shop\app\home\views.py
@home.route("/register/", methods=["GET", "POST"])
def register():
    """
    注册功能
    """
    if "user_id" in session:
        return redirect(url_for("home.index"))
    form = RegisterForm()                  # 导入注册表单
    # 省略部分代码

    return render_template("home/register.html", form=form) # 渲染模板
```

上述代码实例化了 RegisterForm 类并为 form 变量赋值，最后在 render_template()函数中传递该参数。

我们已经使用了 FlaskForm 来设置表单字段，那么在模板文件中可以直接使用 form 变量来设置表单中的字段。例如，可以使用 form.username 来代替 username 字段。关键代码如下。

```
#代码位置: Code\16\Shop\app\templates\home\register.html
<form  action="" method="post" class="form-horizontal">
    <fieldset>
        <div class="form-group">
            <div class="col-sm-4 control-label">
                {{form.username.label}}
            </div>
        </div>
```

```html
        <div class="col-sm-8">
            <!--用户名文本框 -->
            {{form.username}}
            {% for err in form.username.errors %}
            <span class="error">{{ err }}</span>
            {% endfor %}
        </div>
    </div>
    <div class="form-group">
        <div class="col-sm-4 control-label">
            {{form.password.label}}
        </div>
        <div class="col-sm-8">
            <!-- 密码文本框 -->
            {{form.password}}
            {% for err in form.password.errors %}
            <span class="error">{{ err }}</span>
            {% endfor %}
        </div>
    </div>
    <div class="form-group">
        <div class="col-sm-4 control-label">
            {{form.repassword.label}}
        </div>
        <div class="col-sm-8">
            <!-- 确认密码文本框 -->
            {{form.repassword}}
            {% for err in form.repassword.errors %}
            <span class="error">{{ err }}</span>
            {% endfor %}
        </div>
    </div>
    <div class="form-group">
        <div class="col-sm-4 control-label">
            {{form.phone.label}}
        </div>
        <div class="col-sm-8" style="clear: none;">
            <!-- 联系电话文本框 -->
            {{form.phone}}
            {% for err in form.phone.errors %}
            <span class="error">{{ err }}</span>
            {% endfor %}
        </div>
    </div>
    <div class="form-group">
        <div class="col-sm-4 control-label">
            {{form.email.label}}
        </div>
        <div class="col-sm-8" style="clear: none;">
            <!-- 邮箱文本框 -->
            {{form.email}}
            {% for err in form.email.errors %}
            <span class="error">{{ err }}</span>
            {% endfor %}
        </div>
    </div>
    <div class="form-group">
        <div style="float: right; padding-right: 216px;">
            Go购甄选在线商城<a href="#" style="color: #0885B1;">《使用条款》</a>
        </div>
    </div>
    <div class="form-group">
```

```
            <div class="col-sm-offset-4 col-sm-8">
                {{ form.csrf_token }}
                {{ form.submit }}
            </div>
        </div>
        <div class="form-group" style="margin: 20px;">
            <label>已有账号! <a
                href="{{url_for('home.login')}}">去登录</a>
            </label>
        </div>
    </fieldset>
</form>
```

渲染模板后，访问网址 127.0.0.1:5000/register，运行效果如图 16-19 所示。

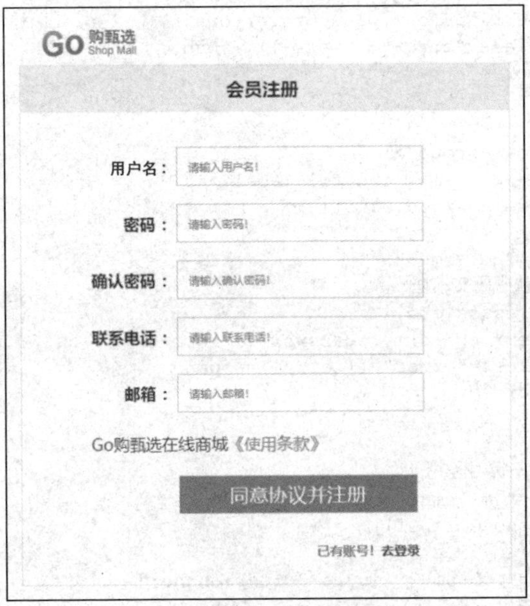

图 16-19　会员注册页面效果

⚠️ 注意：表单中使用{{form.csrf_token}}来设置隐藏域字段 csrf_token，该字段用于防止 CSRF（Cross-Site Request Forgery，跨站请求伪造）攻击。

16.6.3　验证并保存注册信息

当用户填写完注册信息并单击"同意协议并注册"按钮后，程序将以 POST 方式提交表单。提交路径是 form 表单的 action 属性值。在 register.html 中，action=""表示提交到当前 URL。

在 register()方法中，使用 form.validate_on_submit()来验证表单信息，如果验证失败，则在页面中返回相应的错误信息。验证全部通过后，将用户注册信息写入 user 表中。具体代码如下。

```
#代码位置: Code\16\Shop\app\home\views.py
@home.route("/register/", methods=["GET", "POST"])
def register():
    """
    注册功能
```

```
"""
if "user_id" in session:
    return redirect(url_for("home.index"))
form = RegisterForm()                                          # 导入注册表单
if form.validate_on_submit():                                  # 提交注册表单
    data = form.data                                           # 接收表单数据
    # 为 User 类属性赋值
    user = User(
        username = data["username"],                           # 用户名
        email = data["email"],                                 # 邮箱
        password = generate_password_hash(data["password"]),   # 对密码加密
        phone = data['phone']
    )
    db.session.add(user)                                       # 添加数据
    db.session.commit()                                        # 提交数据
    return redirect(url_for("home.login"))                     # 登录成功，跳转到首页
return render_template("home/register.html", form=form)        # 渲染模板
```

在会员注册页面输入注册信息，当密码和确认密码不一致时，提示图 16-20 所示的错误信息。当联系电话格式错误时，提示图 16-21 所示的错误信息。验证通过后，将用户注册信息保存到 user 表中，并跳转到登录页面。

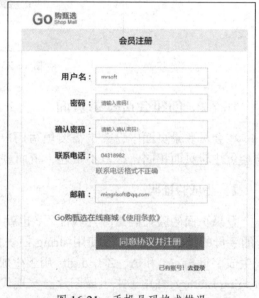

图 16-20　密码不一致　　　　　　　　　图 16-21　手机号码格式错误

16.7　会员登录模块设计

16.7.1　会员登录模块概述

会员登录模块主要用于实现网站的会员登录功能。在登录页面中，会员需填写用户名、密码和验证码（如果验证码看不清楚，可以单击验证码图片以刷新验证码），填写后单击"登录"按钮，即可成功登录；如果没有输入用户名、密码或验证码，将给予提示。另外，验证码输入错误也将给予提示。会员登录流程如图 16-22 所示，登录页面如图 16-23所示。

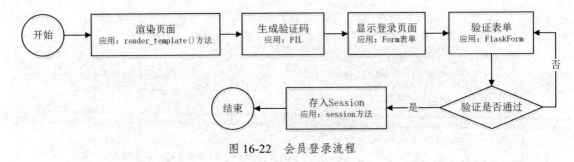

图 16-22　会员登录流程

图 16-23　登录页面

16.7.2　创建会员登录页面

在会员登录页面中，会员需要填写用户名、密码和验证码。用户名和密码的表单字段与会员注册页面相同，这里不赘述，下面重点介绍与验证码相关的内容。

1．生成验证码

登录页面的验证码是图片验证码，也就是在一张图片上显示 0～9 的数字、a～z 和 A～Z 的字母的随机组合。可以使用 string 模块 ascii_letters 和 digits 方法，其中 ascii_letters 用于生成字母（a～z 和 A～Z），digits 用于生成数字（0～9）。使用 Python 图像处理库（Python Imaging Library，PIL）来生成图片。实现代码如下。

```python
#代码位置：Code\16\Shop\app\home\views.py
import random
import string
from PIL import Image, ImageFont, ImageDraw
from io import BytesIO

def rndColor():
    '''随机颜色'''
    return (random.randint(32, 127), random.randint(32, 127), random.randint(32, 127))

def gene_text():
    '''生成 4 位验证码'''
    return ''.join(random.sample(string.ascii_letters+string.digits, 4))

def draw_lines(draw, num, width, height):
    '''画线'''
    for num in range(num):
```

```
        x1 = random.randint(0, width / 2)
        y1 = random.randint(0, height / 2)
        x2 = random.randint(0, width)
        y2 = random.randint(height / 2, height)
        draw.line(((x1, y1), (x2, y2)), fill='black', width=1)

def get_verify_code():
    '''生成验证码图片'''
    code = gene_text()
    # 图片大小
    width, height = 120, 50
    # 新图片对象
    im = Image.new('RGB',(width, height),'white')
    # 字体
    font = ImageFont.truetype('app/static/fonts/arial.ttf', 40)
    # 绘制对象
    draw = ImageDraw.Draw(im)
    # 绘制字符串
    for item in range(4):
        draw.text((5+random.randint(-3,3)+23*item, 5+random.randint(-3,3)),
                text=code[item], fill=rndColor(),font=font )
    return im, code
```

2．显示验证码

定义路由/code，在该路由下调用 get_code()方法来生成验证码，然后生成 JPEG 格式的图片，最后通过访问路由显示图片。为节省内存空间，这里返回 GIF 图片，具体代码如下。

```
#代码位置: Code\16\Shop\app\home\views.py
@home.route('/code')
def get_code():
    image, code = get_verify_code()
    # 图片以二进制形式写入
    buf = BytesIO()
    image.save(buf, 'jpeg')
    buf_str = buf.getvalue()
    # 把 buf_str 作为 response 返回前端，并设置首部字段
    response = make_response(buf_str)
    response.headers['Content-Type'] = 'image/gif'
    # 将验证码字符串存储在 session 中
    session['image'] = code
    return response
```

访问 http://127.0.0.1:5000/code，运行结果如图 16-24 所示。

图 16-24　生成验证码

最后需要将验证码图片显示在登录页面上。可以将模板文件中验证码图片<img>标签的 src 属性设置为{{url_for('home.get_code')}}。此外，单击验证码图片时，需要更新验证码图片。该功能可以通过 JavaScript 的 onclick 事件来实现，当单击图片时，使用 Math.random()来生成一个随机数。关键代码如下。

```
#代码位置: Code\16\Shop\app\templates\home\login.html
<div class="col-sm-8" style="clear: none;">
    <!-- 验证码文本框 -->
```

```
    {{form.verify_code}}
    <!-- 显示验证码 -->
    <img class="img_checkcode" src="{{url_for('home.get_code')}}" width="116"
        height="43" onclick="this.src='{{url_for('home.get_code')}}'+'?'+ Math.random()">
</div>
```

在登录页面单击验证码图片后，将会更新验证码，运行效果如图 16-25 所示。

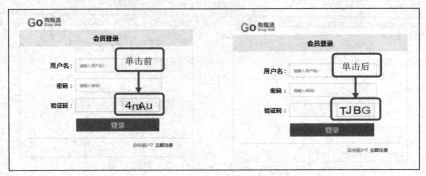

图 16-25　更新验证码的效果

3．检测验证码

在登录页面中单击"登录"按钮后，程序会验证用户输入的字段。那么对于验证码图片该如何验证呢？其实，可以通过一种简单的方式对验证码图片进行简化。在使用 get_code() 方法生成验证码时，有如下代码。

```
session['image'] = code
```

上述代码将验证码的内容写入了 session。将用户输入的验证码和 session['image'] 进行对比即可。由于验证码内容包括英文大小写字母，因此在对比前应将其全部转换为英文小写字母，再进行对比。关键代码如下。

```
#代码位置: Code\16\Shop\app\home\views.py
if session.get('image').lower() != form.verify_code.data.lower():
    flash('验证码错误',"err")
    return redirect(url_for("home.login"))  # 调回登录页面
```

单击"登录"按钮后，如果输入的验证码错误，则提示错误信息，运行结果如图 16-26 所示。

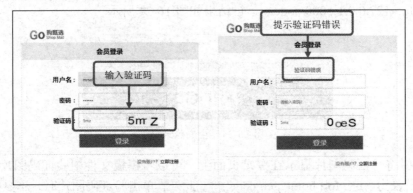

图 16-26　验证码输入错误的结果

16.7.3　保存会员登录状态

当用户填写登录信息后，除了要判断验证码是否正确之外，还需要验证用户名是否存在，以及用户名和密码是否匹配等。如果验证全部通过，需要将 user_id 和 user_name 写入 session 中，为后面判断用户是否登录做准备。此外，还需要在用户访问/login 路由时，判断用户是否已经登录，如果用户已经登录，则不需要再次登录，而是直接跳转到商城首页。具体代码如下。

```python
#代码位置: Code\16\Shop\app\home\views.py
@home.route("/login/", methods=["GET", "POST"])
def login():
    """
    登录
    """
    if "user_id" in session:                          # 如果已经登录，则直接跳转到商城首页
        return redirect(url_for("home.index"))
    form = LoginForm()                                # 实例化 LoginForm 类
    if form.validate_on_submit():                     # 如果提交
        data = form.data                              # 接收表单数据
        # 判断用户名和密码是否匹配
        user = User.query.filter_by(username=data["username"]).first()   # 获取用户信息
        if not user :
            flash("用户名不存在! ", "err")                              # 输出错误信息
            return render_template("home/login.html", form=form) # 返回登录页面
        # 调用 check_password()方法，检测密码是否匹配
        if not user.check_password(data["password"]):
            flash("密码错误! ", "err")                                  # 输出错误信息
            return render_template("home/login.html", form=form) # 返回登录页面
        if session.get('image').lower() != form.verify_code.data.lower():
            flash('验证码错误',"err")
            return render_template("home/login.html", form=form) # 返回登录页面
        session["user_id"] = user.id             # 将 user_id 写入 session，判断用户是否已经登录
        session["username"] = user.username      # 将 username 写入 session，判断用户是否已经登录
        return redirect(url_for("home.index")) # 登录成功，跳转到商城首页

    return render_template("home/login.html",form=form) # 渲染登录页面模板
```

16.7.4　会员退出功能

退出功能的实现比较简单，只需清空登录时 session 中的 user_id 和 username 即可。使用 session.pop()函数来实现该功能。具体代码如下。

```python
#代码位置: Code\16\Shop\app\home\views.py
@home.route("/logout/")
def logout():
    """
    退出登录
    """
    # 重定向到 home 模块下的登录页面
    session.pop("user_id", None)
    session.pop("username", None)
    return redirect(url_for('home.login'))
```

当用户单击"退出"按钮时，调用 logout()方法，并且跳转到登录页面。

16.8　首页模块设计

16.8.1　首页模块概述

当用户访问 Go 购甄选商城时，首先进入的便是商城首页。商城首页设计的美观程度将直接影响用户的购买欲望。在 Go 购甄选商城首页中，用户不但可以查看最新上架商品、

打折商品等信息，还可以及时了解热门商品，以及商城最新推出的活动或广告。Go 购甄选
商城首页设计流程如图 16-27 所示，商城首页如图 16-28 所示。

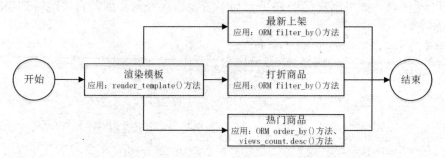

图 16-27　商城首页设计流程

图 16-28　商城首页

商城首页主要有 3 个部分需要添加动态代码，即热门商品、最新上架和打折商品。从数据库中读取 goods 表中的数据，并循环显示在页面上。

16.8.2　实现显示最新上架商品的功能

最新上架商品数据来源于 goods 表中 is_new 字段为 1 的记录。由于数据较多，因此在商城首页中根据商品的 addtime 字段进行降序排列，筛选出 12 条记录。在模板中遍历数据，显示商品信息。

本项目中使用 Flask-SQLAlchemy 来操作数据库，查询最新上架商品的关键代码如下。

```
#代码位置: Code\16\Shop\app\home\views.py
@home.route("/")
def index():
    """
    首页
    """
# 获取 12 个最新上架商品
new_goods = Goods.query.filter_by(is_new=1).order_by(
                Goods.addtime.desc()
                ).limit(12).all()
return render_template('home/index.html',new_goods=new_goods) # 渲染模板
```

接下来渲染模板，关键代码如下。

```
#代码位置: Code\16\Shop\app\templates\home\index.html
<div class="row">
    <!-- 循环显示最新上架商品，添加12条商品信息-->
    {% for item in new_goods %}
    <div class="product-grid col-lg-2 col-md-3 col-sm-6 col-xs-12">
        <div class="product-thumb transition">
            <div class="actions">
                <div class="image">
                    <a href="{{url_for('home.goods_detail',id=item.id)}}">
                        <img src="{{url_for('static',filename='images/goods/'+item.picture)}}" >
                    </a>
                </div>
                <div class="button-group">
                    <div class="cart">
                        <button class="btn btn-primary btn-primary" type="button"
                            data-toggle="tooltip"
                            onclick='javascript:window.location.href=
                                "/cart_add/?goods_id={{item.id}}&number=1"; '
                            style="display: none; width: 33.3333%;"
                            data-original-title="加入购物车">
                            <i class="fa fa-shopping-cart"></i>
                        </button>
                    </div>
                </div>
            </div>
            <div class="caption">
                <div class="name" style="height: 40px">
                    <a href="{{url_for('home.goods_detail',id=item.id)}}">
                        {{item.name}}
                    </a>
                </div>
                <p class="price">
                    价格: {{item.current_price}}元
                </p>
            </div>
        </div>
    </div>
```

```
    {% endfor %}
    <!-- //循环显示最新上架商品，添加12条商品信息 -->
</div>
```
商城首页最新上架商品显示效果如图16-29所示。

图16-29　最新上架商品显示效果

16.8.3　实现显示打折商品的功能

打折商品数据来源于 goods 表中 is_sale 字段为 1 的记录。由于数据较多，因此在商城首页中根据商品的 addtime 字段进行降序排列，筛选出 12 条记录。然后在模板中遍历数据，显示商品信息。

查询打折商品的关键代码如下。

```
#代码位置: Code\16\Shop\app\home\views.py
@home.route("/")
def index():
    """
    首页
    """
    # 获取12个打折商品
    sale_goods = Goods.query.filter_by(is_sale=1).order_by(
                Goods.addtime.desc()
                    ).limit(12).all()
    return render_template('home/index.html' ,sale_goods=sale_goods) # 渲染模板
```
接下来渲染模板，关键代码如下。

```
#代码位置: Code\16\Shop\app\templates\home\index.html
<div class="row">
    <!-- 循环显示打折商品，添加12条商品信息-->
    {% for item in sale_goods %}
    <div class="product-grid col-lg-2 col-md-3 col-sm-6 col-xs-12">
        <div class="product-thumb transition">
            <div class="actions">
                <div class="image">
                    <a href="{{url_for('home.goods_detail',id=item.id)}}">
                        <img src="{{url_for('static',filename='images/goods/'+item.picture)}}"
                            alt="{{item.name}}" class="img-responsive">
                    </a>
```

```
            </div>
            <div class="button-group">
                <div class="cart">
                    <button class="btn btn-primary btn-primary" type="button"
                        data-toggle="tooltip"
                        onclick='javascript:window.location.href=
                                "/cart_add/?goods_id={{item.id}}&number=1"; '
                        style="display: none; width: 33.3333%;"
                        data-original-title="加入购物车">
                        <i class="fa fa-shopping-cart"></i>
                    </button>
                </div>
            </div>
        </div>
        <div class="caption">
            <div class="name" style="height: 40px">
                <a href="{{url_for('home.goods_detail',id=item.id)}}" style="width: 95%">
                {{item.name}}</a>
            </div>
            <div class="name" style="margin-top: 10px">
                <span style="color: #0885B1">分类: </span>{{item.subcat.cat_name}}
            </div>
            <span class="price"> 现价: {{item.current_price}} 元
            </span><br> <span class="oldprice">原价: {{item.original_price}}元
            </span>
        </div>
    </div>
</div>
{% endfor %}
<!-- 循环显示打折商品，添加 12 条商品信息-->
</div>
```

商城首页打折商品显示效果如图 16-30 所示。

图 16-30　打折商品显示效果

16.8.4　实现显示热门商品的功能

热门商品数据来源于 goods 表中 view_count 字段值较大的记录。由于页面布局的限制，因此只根据 view_count 字段降序筛选出两条记录。然后在模板中遍历数据，显示商品信息。

查询热门商品的关键代码如下。

```python
#代码位置：Code\16\Shop\app\home\views.py
@home.route("/")
def index():
    """
    首页
    """
    # 获取两个热门商品
    hot_goods = Goods.query.order_by(Goods.views_count.desc()).limit(2).all()

    return render_template('home/index.html', hot_goods=hot_goods) # 渲染模板
```

接下来渲染模板，关键代码如下。

```html
#代码位置：Code\16\Shop\app\home\views.py
<div class="box_oc">
    <!-- 循环显示热门商品，添加两条商品信息-->
    {% for item in hot_goods %}
    <div class="box-product product-grid">
        <div>
            <div class="image">
                <a href="{{url_for('home.goods_detail',id=item.id)}}">
                    <img src="{{url_for('static',filename='images/goods/'+item.picture)}}" >
                </a>
            </div>
            <div class="name">
                <a href="{{url_for('home.goods_detail',id=item.id)}}">{{item.name}}</a>
            </div>
            <!-- 商品价格 -->
            <div class="price">
                <span class="price-new">价格：{{item.current_price}} 元</span>
            </div>
            <!-- // 商品价格 -->
        </div>
    </div>
    {% endfor %}
    <!-- // 循环显示热门商品，添加两条商品信息-->
</div>
```

商城首页热门商品显示效果如图 16-31 所示。

图 16-31　热门商品显示效果

16.9　购物车模块设计

16.9.1　购物车模块概述

在 Go 购甄选商城中，购物流程如图 16-32 所示。在首页单击某个商品可以进入商品详情页，如图 16-33 所示。在该页面中单击"添加到购物车"按钮，即可将相应商品添加到

购物车，在购物车页面中可填写物流信息，如图 16-34 所示。单击"结账"按钮，将弹出图 16-35 所示的"支付"对话框。单击"支付"按钮，模拟提交支付并生成订单。

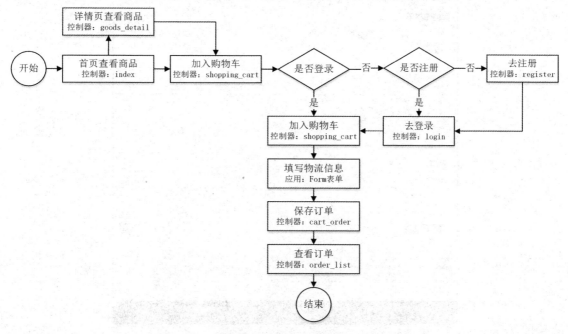

图 16-32　购物流程

图 16-33　商品详情页

图 16-34 购物车页面

图 16-35 "支付"对话框

16.9.2 实现显示商品详细信息的功能

在首页单击商品名称或商品图片，将进入该商品的详情页。在该页面中，除显示商品的详细信息外，还需在左侧显示热门商品，在下方显示推荐商品。

对于商品的详细信息，需要根据商品 id，使用 get_or_404(id)方法来获取。

页面左侧显示同一小分类下的商品。例如，正在访问的商品的小分类是音响，那么左侧显示与音响相关的商品。按照浏览量从高到低的顺序对商品进行排列，筛选出 5 个商品。

下方推荐商品的筛选方法与热门商品类似，只是这里根据商品的添加时间降序排序。

此外，由于要统计商品的浏览量，因此每次进入商品详情页时，需要更新 goods 表中相应商品的 view_count 字段，将其值加 1。

商品详情页的关键代码如下。

```
#代码位置：Code\16\Shop\app\home\views.py
@home.route("/goods_detail/<int:id>/")
def goods_detail(id=None):  # id 为商品id
    """
    商品详情页
    """
    user_id = session.get('user_id', 0)    # 获取用户id，判断用户是否登录
    goods = Goods.query.get_or_404(id)     # 根据商品id获取商品数据，如果不存在则返回404
    # 浏览量加1
    goods.views_count += 1
    db.session.add(goods)  # 添加数据
    db.session.commit()      # 提交数据
    # 获取左侧热门商品
    hot_goods = Goods.query.filter_by(subcat_id=goods.subcat_id).order_by(
                    Goods.views_count.desc()).limit(5).all()
    # 获取下方推荐商品
    similar_goods = Goods.query.filter_by(subcat_id=goods.subcat_id).order_by(
                        Goods.addtime.desc()).limit(5).all()
    return render_template('home/goods_detail.html',goods=goods,hot_goods=hot_goods,
                    similar_goods=similar_goods,user_id=user_id)  # 渲染模板
```

运行结果如图 16-36 所示。

图 16-36　商品详情页

16.9.3　实现将商品添加到购物车的功能

在 Go 购甄选商城中，有两种将商品添加到购物车的方法：在商品详情页中添加和在商品列表页中添加。它们之间的区别在于，在商品详情页中添加商品时可以选择购买商品的数量（大于或等于 1），而在商品列表页中添加时，购买数量默认为 1。

基于以上分析，可以设置<a>标签来将商品添加到购物车。下面分别介绍这两种添加商品的方法。

在商品详情页中填写购买商品的数量并单击"添加到购物车"按钮后，需要判断用户是否已经登录。如果没有登录，则跳转到登录页面。如果已经登录，则执行加入购物车操作。模板关键代码如下。

```html
#代码位置: Code\16\Shop\app\templates\home\goods_detail.html
<button type="button" onclick="addCart()" class="btn btn-primary btn-primary">
   <i class="fa fa-shopping-cart"></i> 添加到购物车</button>

<script type="text/javascript">
function addCart() {
    var user_id = {{ user_id }};   //获取当前用户的 id
    var goods_id = {{ goods.id }}  //获取商品的 id
    if( !user_id){
        window.location.href = "/login/";  //如果没有登录，则跳转到登录页面
        return ;
    }
    var number = $('#shuliang').val();//获取输入的商品数量
    //验证输入的数量是否合法
    if (number < 1) {//如果输入的数量不合法
        alert('数量不能小于1! ');
        return;
    }
    window.location.href = '/cart_add?goods_id='+goods_id+"&number="+number
    }
</script>
```

⚠ 注意：需要判断用户填写的购买数量，如果数量小于1，则提示错误信息。

在商品列表页中单击购物车图标后，执行将商品添加到购物车的操作，商品的购买数量默认为1。模板关键代码如下。

```html
#代码位置: Code\16\Shop\app\templates\home\index.html
<button class="btn btn-primary btn-primary" type="button"
   data-toggle="tooltip"
   onclick='javascript:window.location.href="/cart_add/?goods_id={{item.id}}&number=1"; '
   style="display: none; width: 33.3333%;"
   data-original-title="加入购物车">
   <i class="fa fa-shopping-cart"></i>
</button>
```

在以上两种情况下，添加商品到购物车都访问/cart_add/并传递 goods_id 和 number 两个参数，然后将其写入 cart 表中，具体代码如下。

```python
#代码位置: Code\16\Shop\app\home\views.py
@home.route("/cart_add/")
@user_login
def cart_add():
    """
    添加购物车
    """
    cart = Cart(
        goods_id = request.args.get('goods_id'),
        number = request.args.get('number'),
        user_id=session.get('user_id', 0)   # 获取用户id, 判断用户是否登录
    )
    db.session.add(cart)  # 添加数据
    db.session.commit()    # 提交数据
    return redirect(url_for('home.shopping_cart'))
```

16.9.4 实现查看购物车的功能

将商品添加到购物车后，会跳转到购物车页面，其中显示了已经添加到购物车中的商品。

购物车中的商品数据来源于 cart 表和 goods 表。由于 cart 表的 goods_id 字段与 goods 表的 id 字段关联，因此可以直接查找 cart 表中 user_id 为当前用户 id 的记录。具体代码如下。

```
#代码位置: Code\16\Shop\app\home\views.py
@home.route("/shopping_cart/")
@user_login
def shopping_cart():
    user_id = session.get('user_id',0)
    cart = Cart.query.filter_by(user_id = int(user_id)).order_by(Cart.addtime.desc())
. all()
    if cart:
        return render_template('home/shopping_cart.html',cart=cart)
    else:
        return render_template('home/empty_cart.html')
```

在上述代码中，判断用户购物车中是否有商品，如果没有，则渲染 empty_cart.html 模板，运行结果如图 16-37 所示；否则渲染 shopping_cart.html 模板，运行结果如图 16-38 所示。

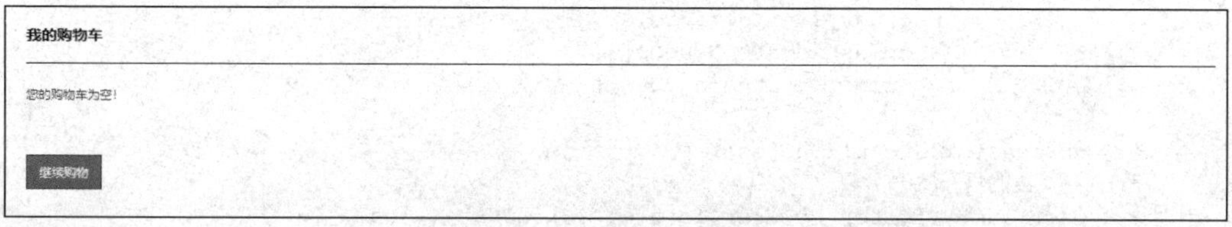

图 16-37 购物车页面（1）

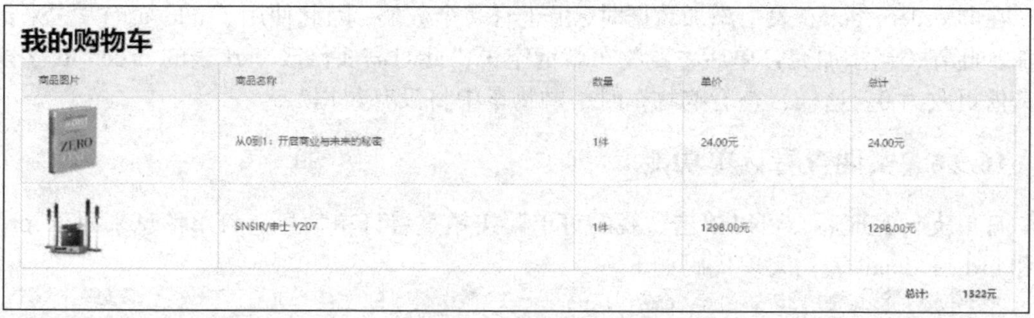

图 16-38 购物车页面（2）

16.9.5 实现保存订单功能

将商品加入购物车后，需要填写物流信息，包括收货人姓名、收货人手机和收货人地址等。单击"结账"按钮，弹出"支付"对话框。由于调用支付宝接口需要注册支付宝企业账户，并且完成实名认证，因此本项目只模拟支付功能。单击"支付"对话框右下角的"支付"按钮，默认完成支付。此时，需要保存订单。

要实现保存订单功能，需要用到 orders 表和 orders_detail 表，它们之间是一对多关系。

例如，一个订单中可以有多个订单明细信息，因为 orders 表用于记录收货人的姓名、电话和地址等信息，orders_detail 表用于记录订单中的商品信息。所以，在添加订单时，需要同时将订单添加到 orders 表和 orders_detail 表。实现代码如下。

```
#代码位置: Code\16\Shop\app\home\views.py
@home.route("/cart_order/",methods=['GET','POST'])
@user_login
def cart_order():
    if request.method == 'POST':
        user_id = session.get('user_id',0)  # 获取用户 id
        # 添加订单
        orders = Orders(
            user_id = user_id,
            recevie_name = request.form.get('recevie_name'),
            recevie_tel = request.form.get('recevie_tel'),
            recevie_address = request.form.get('recevie_address'),
            remark = request.form.get('remark')
        )
        db.session.add(orders)   # 添加数据
        db.session.commit()      # 提交数据
        # 添加订单详情
        cart = Cart.query.filter_by(user_id=user_id).all()
        object = []
        for item in cart :
            object.append(
                OrdersDetail(
                    order_id=orders.id,
                    goods_id=item.goods_id,
                    number = item.number,)
            )
        db.session.add_all(object)
        # 更改购物车状态
        Cart.query.filter_by(user_id=user_id).update({'user_id': 0})
        db.session.commit()
    return redirect(url_for('home.index'))
```

在向 orders_detail 表中添加数据时，由于有多个数据，因此使用了 add_all()方法来批量添加。此外，当添加完订单后，购物车就清空了，此时需要修改 cart 表的 order_id 字段，将其值更改为 0。这样，查看购物车时，购物车中将没有数据。

16.9.6　实现查看订单功能

订单支付完成后，可以单击"我的订单"按钮查看订单信息。订单信息来源于 orders 表和 orders_detail 表。实现代码如下。

```
#代码位置: Code\16\Shop\app\home\views.py
@home.route("/order_list/",methods=['GET','POST'])
@user_login
def order_list():
    """
    我的订单
    """
    user_id = session.get('user_id',0)
    orders = OrdersDetail.query.join(Orders).filter(Orders.user_id==user_id).order_by(
            Orders.addtime.desc()).all()
    return render_template('home/order_list.html',orders=orders)
```

运行结果如图 16-39 所示。

图 16-39　查看订单

16.10　后台功能模块设计

16.10.1　后台登录模块设计

商城首页的底部提供了后台管理员入口，通过该入口可以进入后台登录页面。在该页面中输入正确的管理员账号和密码即可登录到网站后台。如果没有输入管理员账号或密码为空，系统将给予提示信息。

后台登录功能主要是通过自定义的 login()方法实现的。该方法会对登录页面中的管理员账号和密码信息进行验证，如果输入的信息正确，则进入后台主页。最后渲染登录模板页面 login.html。关键代码如下。

```
#代码位置：Code\16\Shop\app\admin\views.py
@admin.route("/login/", methods=["GET","POST"])
def login():
    """
    登录功能
    """
    # 判断是否已经登录
    if "admin" in session:
        return redirect(url_for("admin.index"))
    form = LoginForm()                                            # 实例化登录表单
    if form.validate_on_submit():                                 # 验证提交表单
        data = form.data                                         # 接收数据
        admin = Admin.query.filter_by(manager=data["manager"]).first()  # 查找 admin 表数据
        # 密码错误时，check_password 返回 False，此时 not check_password(data["password"])为 True
        if not admin.check_password(data["password"]):
            flash("密码错误!", "err")                             # 提示错误信息
            return redirect(url_for("admin.login"))              # 跳转到后台登录页面
        # 如果是正确的，就要定义 session 进行保存
        session["admin"] = data["manager"]                       # 存入 session
```

综合开发案例——基于
Python Flask 的 Go 购甄选商城　｜第 16 章

```
            session["admin_id"] = admin.id # 存入 session
            return redirect(url_for("admin.index"))            # 返回后台登录页面
    return render_template("admin/login.html",form=form)
```

后台登录模板页面 login.html 的主要设计代码如下。

```
#代码位置: Code\16\Shop\app\templates\admin\login.html
<form  method="post" action="{{url_for('admin.login')}}" >
    <table width="448" height="345"  border="0" align="center"
        style="margin-top:170px;background:url('/static/admin/images/managerlogin_dialog.png')
no-repeat"
        cellpadding="0" cellspacing="0">
    <tr>
      <td height="60" colspan="2" align="center"> </td>
    </tr>
    <tr>
      <td width="55" height="280" align="center" valign="top"> </td>
      <td width="436" align="left" valign="top">
      <table style="margin-top:30px" width="88%" height="240" border="0" cellpadding=
"0" cellspacing="0">
          <tr>
            <td width="99%" height="74" align="center">
                {{ form.manager }}
                {% for err in form.manager.errors %}
                    <p style="color: red;float:left">{{ err }}</p>
                {% endfor %}
            </td>
          </tr>
          <tr>
            <td height="30" align="center">
              <span class="word_white">
              {{ form.password }}
              </span></td>
          </tr>
          <tr>
            <td height="57" align="center">
              {{ form.csrf_token }}
              {{ form.submit }}
              <input  type="reset" class="login_reset" value="重置">
          </tr>
          {% for msg in get_flashed_messages(category_filter=["err"]) %}
              <p class="login-box-msg" style="color: red">{{ msg }}</p>
          {% endfor %}
          {% for msg in get_flashed_messages(category_filter=["ok"]) %}
              <p class="login-box-msg" style="color: green">{{ msg }}</p>
          {% endfor %}
          <tr>
            <td height="35" align="right">
            <a href="/">
            <img src="{{url_for('static',filename='admin/images/back.png')}}"> 返回
商城首页</a></td>
          </tr>
      </table>
      </td>
    </tr>
    </table>
</form>
```

运行结果如图 16-40 所示。

图 16-40　后台登录页面

16.10.2　商品管理模块设计

Go 购甄选商城的商品管理模块主要用于对商品信息进行管理，包括分页显示商品信息、删除商品信息、添加商品信息、修改商品信息等功能。下面分别进行介绍。

1．分页显示商品信息

商品管理模块的首页以列表的方式显示 goods 表中的商品信息，并具有修改商品信息和删除的功能，以便管理员对商品信息进行修改和删除。

分页显示商品信息是商品管理模块首页的默认功能，该功能主要是通过自定义的 index()方法实现的。该方法中，根据 GET 请求中提交的页码和类型获取商品信息，并且分页显示；然后渲染商品管理模块首页模板页面 index.html，在渲染页面时，将获取到的商品信息传递给模板页面，以便进行数据显示。关键代码如下。

```
#代码位置: Code\16\Shop\app\admin\views.py
@admin.route("/")
@admin_login
def index():
    page = request.args.get('page', 1, type=int)  # 获取 page 参数值
    page_data = Goods.query.order_by(
        Goods.addtime.desc()
    ).paginate(page=page, per_page=10)
    return render_template("admin/index.html",page_data=page_data)
```

商品管理模块首页模板页面 index.html 的主要设计代码如下。

```
#代码位置: Code\16\Shop\app\templates\admin\index.html
<table width="100%" height="60" border="1" cellpadding="0" cellspacing="0"
    bordercolor="#FFFFFF" bordercolordark="#FFFFFF" bordercolorlight="#E6E6E6">
  <tr bgcolor="#eeeeee">
    <td width="40%" height="24" align="center">商品名称</td>
    <td width="22%" align="center">价格</td>
    <td width="11%" align="center">是否新品</td>
    <td width="11%" align="center">是否特价</td>
    <td width="8%" align="center">修改</td>
    <td width="8%" align="center">删除</td>
  </tr>
  {% for v in page_data.items %}
```

```
      <tr style="padding:5px;">
        <td height="20" align="center">
          <a href="{{url_for('admin.goods_detail',goods_id=v.id)}}">{{ v.name }}</a>
        </td>
        <td align="center" >{{ v.current_price }}</td>
        <td align="center">{% if v.is_new %} 是 {% else %} 否 {% endif%}</td>
        <td align="center">{% if v.is_sale %} 是 {% else %} 否 {% endif%}</td>
        <td align="center">
          <a href="{{url_for('admin.goods_edit',id=v.id)}}">
            <img src="{{url_for('static',filename='admin/images/modify.gif')}}" width="
19" height="19">
          </a>
        </td>
        <td align="center">
          <a href="{{url_for('admin.goods_del_confirm',goods_id=v.id)}}">
            <img src="{{url_for('static',filename='admin/images/del.gif')}}" width="20"
height="20">
          </a>
        </td>
      </tr>
    {% endfor %}
  </table>
  {% if page_data %}
    <tbody>
      <tr>
        <td height="30" align="right">当前页数: [{{page_data.page}}/{{page_data.pages}}] 
          <a href="{{ url_for('admin.index',page=1) }}">第一页</a>
          {% if page_data.has_prev %}
            <a href="{{ url_for('admin.index',page=page_data.prev_num) }}">上一页</a>
          {% endif %}
          {% if page_data.has_next %}
            <a href="{{ url_for('admin.index',page=page_data.next_num) }}">下一页</a>
          {% endif %}
          <a href="{{ url_for('admin.index',page=page_data.pages) }}">最后一页 </a>
        </td>
      </tr>
    </tbody>
  {% endif %}
```

运行结果如图 16-41 所示。

图 16-41　商品管理模块首页

2．删除商品信息

在商品列表中单击"删除"按钮时，会跳转到确认删除商品页面。在该页面中首先需要确认是否删除商品，如果确认删除，则调用 goods_del() 方法删除 goods 表中指定 id 的商品，关键代码如下。

```python
#代码位置: Code\16\Shop\app\admin\views.py
@admin.route("/goods/del_confirm/")
@admin_login
def goods_del_confirm():
    '''确认删除商品'''
    goods_id = request.args.get('goods_id')
    goods = Goods.query.filter_by(id=goods_id).first_or_404()
    return render_template('admin/goods_del_confirm.html',goods=goods)

@admin.route("/goods/del/<int:id>/", methods=["GET"])
@admin_login
def goods_del(id=None):
    """
    删除商品
    """
    goods = Goods.query.get_or_404(id)          # 根据商品 id 查找数据
    db.session.delete(goods)                    # 删除数据
    db.session.commit()                         # 提交数据
    return redirect(url_for('admin.index', page=1))   # 渲染模板
```

确认删除商品模板页面 goods_del_confirm.html 的主要设计代码如下。

```html
#代码位置: Code\16\Shop\app\templates\admin\goods_del_confirm.html
<form action="{{url_for('admin.goods_del',id=goods.id)}}" method="get" name="form1">
    <table width="94%"  border="0" align="right" cellpadding="-2" cellspacing="-2" bor
dercolordark="#FFF">
        <tr>
            <td width="14%" height="27"> 商品名称: </td>
            <td height="27" colspan="3"> 
            <input name="ID" type="hidden" id="ID" value="24">
              {{goods.name}}  
            </td>
        </tr>
        <tr>
            <td height="27"> 所属大分类: </td>
            <td width="31%" height="27"> {{goods.supercat.cat_name}}</td>
            <td width="13%" height="27">  所属小分类: </td>
            <td width="42%" height="27"> {{goods.subcat.cat_name}}</td>
        </tr>
        <tr>
            <td height="16"> 图片文件: </td>
            <td height="27" colspan="3"> {{goods.picture}}</td>
        </tr>
        <tr>
            <td height="27" align="center">原    价: </td>
            <td height="27"> {{goods.original_price}}(元)</td>
            <td height="27" align="center">现    价: </td>
            <td height="27"> {{goods.current_price}}(元)</td>
        </tr>
        <tr>
            <td height="45"> 是否新品: </td>
            <td> 
                {% if goods.is_new%}
                    不是新品
```

```
              {% else %}
                  是新品
              {% endif %}
          </td>
          <td> 是否特价: </td>
          <td>
              {% if goods.is_sale%}
                  不是特价商品
              {% else %}
                  是特价商品
              {% endif %}
          </td>
      </tr>
      <tr>
          <td height="103"> 商品简介: </td>
          <td colspan="3"><span class="style5">  </span>
          {{ goods.introduction }}
      </tr>
      <tr>
          <td height="38" colspan="4" align="center">
              <input name="Submit" type="submit" class="btn_bg_long1" value="确定删除">
               <input name="Submit3" type="button" class="btn_bg_short"
                                             value="返回" onClick="javascript:
history.back()"></td>
          </tr>
      </table>
  </form>
```

3. 添加商品信息

在商品管理模块首页中单击 "添加商品信息" 即可进入添加商品信息页面。添加商品信息页面主要用于向数据库中添加新的商品信息。

添加商品信息功能主要是通过自定义的 goods_add()方法实现的。该方法中，首先从表单中获取提交的商品信息，然后对表单进行验证。如果验证成功，则向 goods 表中添加提交的商品信息，并返回商品列表页面（即商品管理模块首页）。最后渲染添加商品信息模板页面 goods_add.html，并传递表单参数。关键代码如下。

```
#代码位置: Code\16\Shop\app\admin\views.py
@admin.route("/goods/add/", methods=["GET", "POST"])
@admin_login
def goods_add():
    """
    添加商品
    """
    form = GoodsForm()                                            # 实例化 GoodsForm 表单
    supercat_list = [(v.id, v.cat_name) for v in SuperCat.query.all()]# 获取所属大分类列表
    form.supercat_id.choices = supercat_list                      # 显示所属大分类
    # 显示大分类所包含的小分类
    form.subcat_id.choices = [(v.id, v.cat_name) for v in SubCat.query.filter_by(super_cat_id=
supercat_list[0][0]).all()]
    form.current_price.data = form.data['original_price']         # 为 current_pirce 赋值
    if form.validate_on_submit():                                 # 添加商品信息
        data = form.data
        goods = Goods(
            name = data["name"],
            supercat_id = int(data['supercat_id']),
            subcat_id = int(data['subcat_id']),
            picture= data["picture"],
```

```
                   original_price = Decimal(data["original_price"]).quantize(Decimal('0.00')),
                   # 转换为包含两位小数的形式
                   current_price = Decimal(data["original_price"]).quantize(Decimal('0.00')),
                   is_new = int(data["is_new"]),
                   is_sale = int(data["is_sale"]),
                   introduction=data["introduction"],
               )
           db.session.add(goods)                                    # 添加数据
           db.session.commit()                                      # 提交数据
           return redirect(url_for('admin.index'))                  # 页面跳转
       return render_template("admin/goods_add.html", form=form)    # 渲染模板
```

添加商品信息模板页面 goods_add.html 的主要设计代码如下。

```
#代码位置: Code\16\Shop\app\templates\admin\goods_add.html
<script>
$(document).ready(function(){
 $('#supercat_id').change(function(){
    super_id = $(this).children('option:selected').val()
    selSubCat(super_id);
 })
});
function selSubCat(val){
    $.get("{{ url_for('admin.select_sub_cat')}}",
           {super_id:val},
           function(result){
               html_doc = ''
               if(result.status == 1){
                   $.each(result.data,function(idx,obj){
                       html_doc += '<option value='+obj.id+'>'+obj.cat_name+'</option>'
                   });
               }else{
                   html_doc += '<option value=0>前选择小分类</option>'
               }
               $("#subcat_id").html(html_doc);                      //显示获取到的小分类
           });
}
</script>
<table width="1280" height="288"  border="0" align="center" cellpadding="0" cellspacing=
"0" bgcolor="#FFF">
    <!--省略部分代码 -->
          <form action="" method="post">
            <table width="94%"  border="0" align="center" cellpadding="0" cellspacing="
0" bordercolordark="#FFF">
                <tr>
                    <td width="14%" height="27"> 商品名称: </td>
                    <td height="27" colspan="3"> 
                        {{ form.name }}
                        {% for err in form.name.errors %}
                            <span  style="float:left;padding-top:10px;color:red">{{ err }}</span>
                        {% endfor %}
                    </td>
                </tr>
                <tr>
                    <td height="27"> 所属大分类: </td>
                    <td width="31%" height="27"> 
                        {{ form.supercat_id }}
                    </td>
                    <td width="13%" height="27">  所属小分类: </td>
                    <td width="42%" height="27" id="subType">
                        {{ form.subcat_id }}
```

```
                    </td>
                </tr>
                <tr>
                    <td height="41"> 图片文件: </td>
                    <td height="41"> 
                        {{ form.picture }}
                    </td>
                    <td height="41"> 原    价: </td>
                    <td height="41">
                        <span style="float:left;">
                            {{form.original_price}}
                        </span>
                        <span  style="float:left;padding-top:10px;"> (元)</span>
                        {% for err in form.original_price.errors %}
                            <span  style="float:left;padding-top:10px;color:red">{{ err }}</span>
                        {% endfor %}
                    </td>
                </tr>
                <tr>
                    <td height="45"> 是否新品: </td>
                    <td> {{form.is_new}} </td>
                    <td> 是否特价: </td>
                    <td> {{form.is_sale}} </td>
                </tr>
                <tr>
                    <td height="103"> 商品简介: </td>
                    <td colspan="3">
                        <span class="style5">  </span>
                        {{ form.introduction }}
                    </td>
                </tr>
                <tr>
                    <td height="38" colspan="4" align="center">
                        {{ form.csrf_token }}
                        {{ form.submit }}
                    </td>
                </tr>
            </table>
        </form>
    </td>
```

运行结果如图 16-42 所示。

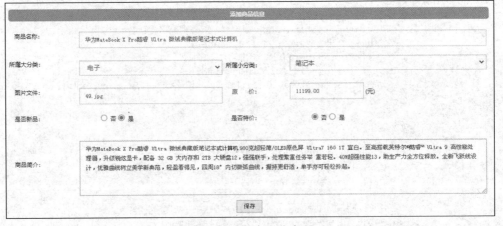

图 16-42　添加商品信息页面

4. 修改商品信息

在商品管理模块首页中单击想要修改的商品信息后面的修改图标，即可进入修改商品信息页面。修改商品信息页面主要用于修改指定商品的基本信息。

修改商品信息功能主要是通过自定义的 goods_edit()方法实现的。该方法有一个参数，表示要编辑的商品 id。该方法中，首先根据 id 参数的值获取要编辑的商品信息并显示在页面中。当管理员编辑完商品信息并单击"保存"按钮后，对表单信息进行验证。如果验证成功，则修改 goods 表中指定商品的信息。最后渲染修改商品信息模板页面 goods_edit.html，并传递表单参数。关键代码如下。

```python
#代码位置: Code\16\Shop\app\admin\views.py
@admin.route("/goods/edit/<int:id>", methods=["GET", "POST"])
@admin_login
def goods_edit(id=None):
    """
    编辑商品
    """
    goods = Goods.query.get_or_404(id)
    form = GoodsForm()  # 实例化 GoodsForm 表单
    # 获取所属大分类
    form.supercat_id.choices = [(v.id, v.cat_name) for v in SuperCat.query.all()]
    # 获取所属小分类
    form.subcat_id.choices = [(v.id, v.cat_name) for v in SubCat.query.filter_by(super
_cat_id=goods.supercat_id).all()]

    if request.method == "GET":          # 如果请求方法是 GET，表示用户首次访问编辑页面
        form.name.data = goods.name
        form.picture.data = goods.picture
        form.current_price.data = goods.current_price
        form.original_price.data = goods.original_price
        form.supercat_id.data = goods.supercat_id
        form.subcat_id.data = goods.subcat_id
        form.is_new.data = goods.is_new
        form.is_sale.data = goods.is_sale
        form.introduction.data = goods.introduction
    elif form.validate_on_submit():          # 提交操作，即修改指定的商品信息
        goods.name = form.data["name"]
        goods.supercat_id = int(form.data['supercat_id'])
        goods.subcat_id = int(form.data['subcat_id'])
        goods.picture= form.data["picture"]
        goods.original_price = Decimal(form.data["original_price"]).quantize(Decimal('0.00'))
        goods.current_price = Decimal(form.data["current_price"]).quantize(Decimal('0.00'))
        goods.is_new = int(form.data["is_new"])
        goods.is_sale = int(form.data["is_sale"])
        goods.introduction=form.data["introduction"]
        db.session.add(goods)                    # 添加数据
        db.session.commit()                      # 提交数据
        return redirect(url_for('admin.index'))    # 页面跳转

    return render_template("admin/goods_edit.html", form=form)   # 渲染模板
```

修改商品信息模板页面 goods_edit.html 的设计代码与添加商品信息模板页面类似，这里不赘述。

修改商品信息模板页面的运行结果如图 16-43 所示。

综合开发案例——基于
Python Flask 的 Go 购甄选商城 / 第 16 章

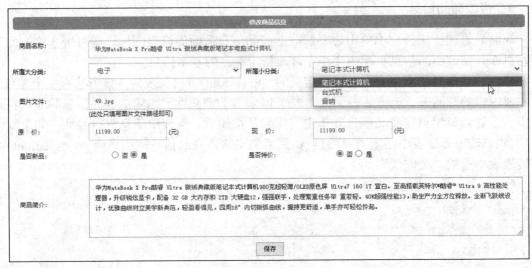

图 16-43　修改商品信息页面

16.10.3　销量排行榜模块设计

单击"网站后台管理"导航栏中的"销量排行榜"即可进入销量排行榜页面。该页面以表格的形式显示销量排在前 10 名的商品的信息，以便管理员及时了解各种商品的销量，并根据商品销量开展相应的促销活动。

商品销量排行榜功能的实现比较简单，可通过对商品的销量（goods 表中的 number 字段）进行降序排列来实现，关键代码如下。

```
#代码位置：Code\16\Shop\app\admin\views.py
@admin.route('/topgoods/', methods=['GET'])
@admin_login
def topgoods():
    """
    销量排行榜（前10名）
    """
    orders = OrdersDetail.query.order_by(OrdersDetail.number.desc()).limit(10).all()
    return render_template("admin/topgoods.html", data=orders)
```

商品销量排行榜模板页面 topgoods.html 的主要设计代码如下。

```
#代码位置：Code\16\Shop\app\templates\admin\topgoods.html
<table width="96%" height="48"  border="1" cellpadding="10" cellspacing="0"
    bordercolor="#FFFFFF" bordercolordark="#CCCCCC" bordercolorlight="#FFFFFF">
  <tr align="center">
    <td width="80%">商品名称</td>
    <td width="20%">销售数量（个）</td>
  </tr>
  {% for v in data %}
  <tr align="center">
    <td >{{v.goods.name}}</td>
    <td >{{v.number}}</td>
  </tr>
  {% endfor %}
</table>
```

销量排行榜页面如图 16-44 所示。

图 16-44 销量排行榜页面

16.10.4 会员管理模块设计

单击"网站后台管理"导航栏中的"会员管理"，即可进入会员信息管理页面。在该页面中可查看会员基本信息。查看会员基本信息的功能主要是通过自定义的 user_list()方法实现的。该方法用于分页显示会员基本信息，每页显示 5 条记录。另外，可以根据姓名或者邮箱查询会员信息。关键代码如下。

```python
#代码位置: Code\16\Shop\app\admin\views.py
@admin.route("/user/list/", methods=["GET"])
@admin_login
def user_list():
    """
    会员列表
    """
    page = request.args.get('page', 1, type=int)            # 获取page参数值
    keyword = request.args.get('keyword', '', type=str)
    if keyword:
        # 根据姓名或者邮箱查询会员信息
        filters = or_(User.username == keyword, User.email == keyword)
        page_data = User.query.filter(filters).order_by(
            User.addtime.desc()
        ).paginate(page=page, per_page=5)
    else:
        page_data = User.query.order_by(
            User.addtime.desc()
        ).paginate(page=page, per_page=5)
    return render_template("admin/user_list.html", page_data=page_data)
```

会员信息管理模板页面 user_list.html 的主要设计代码如下。

```html
#代码位置: Code\16\Shop\app\templates\admin\user_list.html
<table width="100%" height="60" border="1" cellpadding="0" cellspacing="0"
    bordercolor="#FFFFFF" bordercolordark="#FFFFFF" bordercolorlight="#E6E6E6">
  <tr bgcolor="#eeeeee">
    <td width="40%" height="24" align="center">用户名</td>
    <td width="22%" align="center">电话</td>
    <td width="11%" align="center">E-mail</td>
    <td width="11%" align="center">消费额</td>
  </tr>
  {% if page_data.items %}
    {% for v in page_data.items %}
      <tr style="padding:5px;">
```

```
                    <td height="20" align="center">{{ v.username }}</td>
                    <td align="center" >{{ v.phone }}</td>
                    <td align="center">{{ v.email }}</td>
                    <td align="center">{{ v.consumption }}</td>
                </tr>
            {% endfor %}
        {% else %}
            没有查找的信息
        {% endif %}
    </table>
    {% if page_data %}
        <tbody>
            <tr>
                <td height="30" align="right">当前页数: [{{page_data.page}}/{{page_data.pages}}] 
                <a href="{{ url_for('admin.user_list',page=1) }}">第一页</a>
                {% if page_data.has_prev %}
                    <a href="{{ url_for('admin.user_list',page=page_data.prev_num) }}">上一页</a>
                {% endif %}
                {% if page_data.has_next %}
                    <a href="{{ url_for('admin.user_list',page=page_data.next_num) }}">下一页</a>
                {% endif %}
                <a href="{{ url_for('admin.user_list',page=page_data.pages) }}">最后一页 </a>
                </td>
            </tr>
        </tbody>
    {% endif %}
```

会员信息管理页面如图 16-45 所示。

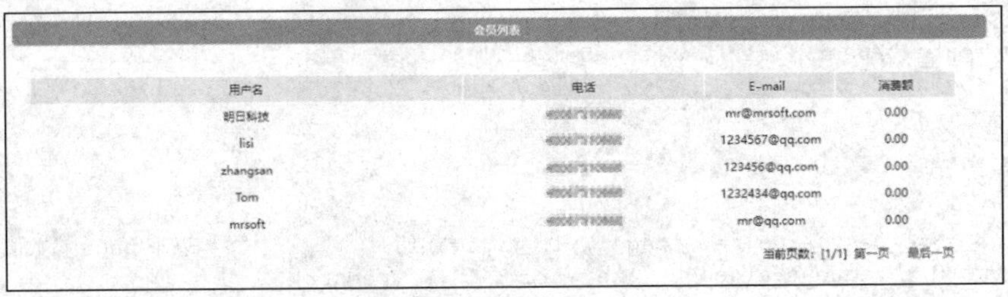

图 16-45　会员信息管理页面

16.10.5　订单管理模块设计

单击"网站后台管理"导航栏中的"订单管理"即可进入订单管理页面。在该页面中可查看订单列表，以及按照订单编号查询指定的订单。

订单管理功能主要是通过自定义的 orders_list()方法实现的。该方法用于分页显示订单信息，每页显示 10 条记录。另外，可以根据订单编号查询订单信息。关键代码如下。

```
#代码位置: Code\16\Shop\app\admin\views.py
@admin.route("/orders/list/", methods=["GET"])
@admin_login
def orders_list():
    """
    订单列表
    """
    keywords = request.args.get('keywords','',type=str)
    page = request.args.get('page', 1, type=int) # 获取 page 参数值
    if keywords :
        page_data = Orders.query.filter_by(id=keywords).order_by(
            Orders.addtime.desc()
        ).paginate(page=page, per_page=10)
```

```
        else :
            page_data = Orders.query.order_by(
                Orders.addtime.desc()
            ).paginate(page=page, per_page=10)
        return render_template("admin/orders_list.html", page_data=page_data)
```

订单管理模板页面 orders_list.html 的主要设计代码如下。

```
#代码位置: Code\16\Shop\app\templates\admin\orders_list.html
<table width="1280" height="288" border="0" align="center" cellpadding="0" cellspacing=
"0" bgcolor="#FFFFFF">
    <tr>
        <td align="center" valign="top">
            <table width="100%" border="0" cellpadding="0" cellspacing="0">
            <!--省略部分代码 -->
            <tr>
                <td align="right"> </td>
                <td height="10" colspan="3">
                    <form action="" method="get" >
                     <input type="text" placeholder="根据订单编号查询" name="keywords" id=
"orderId" />
                        <input type="submit" value="查询" />
                    </form>
                </td>
                <td> </td>
            </tr>
            <!--省略部分代码 -->
            <table width="96%" height="48" border="1" cellpadding="0" cellspacing="0"
bordercolor="#FFFFFF" bordercolordark="#CCCCCC" bordercolorlight="#FFFFFF">
                <tr align="center">
                    <td width="8%" height="30">订单编号</td>
                    <td width="10%">收货人</td>
                    <td width="15%">电话</td>
                    <td width="15%">地址</td>
                    <td width="26%">下单日期</td>
                </tr>
            {% for v in page_data.items %}
            <tr align="center">
              <td height="24">
                    <a href="{{ url_for('admin.orders_detail',order_id=v.id)}}">{{ v.id }}</a>
              </td>
              <td>{{ v.recevie_name}}</td>
              <td>{{ v.recevie_tel}}</td>
              <td>{{ v.recevie_address}}</td>
              <td>{{ v.addtime}}</td>
            </tr>
            {% endfor %}
            </table>
        <table width="100%" border="0" cellspacing="0" cellpadding="0">
            <tr>
                <td height="30" align="right">当前页数:[{{page_data.page}}/{{page_data.pages}}]
 
                    <a href="{{ url_for('admin.orders_list',page=1) }}">第一页</a>
                    {% if page_data.has_prev %}
                      <a href="{{ url_for('admin.orders_list',page=page_data.prev_num) }}">
上一页</a>
                    {% endif %}
                    {% if page_data.has_next %}
                      <a href="{{ url_for('admin.orders_list',page=page_data.next_num) }}">
下一页</a>
                    {% endif %}
                    <a href="{{ url_for('admin.orders_list',page=page_data.pages) }}">最后一
```

```
页 </a>
                    </td>
                </tr>
            </table>
        </td>
    </tr>
</table>
```

订单管理页面如图 16-46 所示。

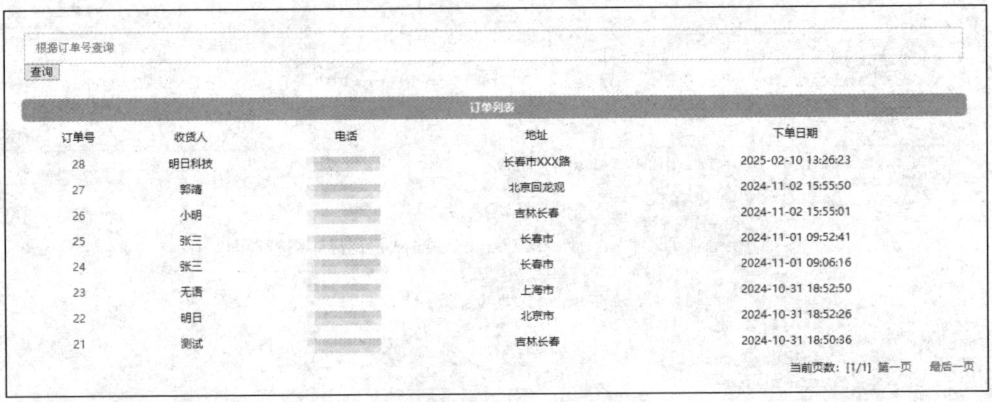

图 16-46　订单管理页面

16.11　AI 辅助编程

在我们开发使用 MySQL 的网站项目时，AI 工具可以提供开发思路，提高项目开发效率。下面演示如何利用 AI 工具来帮助我们快速开发基于 Python Flask 的购物网站，并完善项目。

16.11.1　AI 提供项目开发思路

问题：

用 Flask 和 MySQL 开发一个购物网站的基本思路是什么？

AI 建议：

使用 Flask 和 MySQL 开发一个购物网站的基本思路可以归纳为以下几个步骤。

1. 项目准备

（1）环境搭建：

❑ 安装 Python 环境，并确保 Python 版本与 Flask 框架兼容；

❑ 安装 Flask 框架，可以使用 pip 命令进行安装；

❑ 安装 MySQL 数据库，并配置好数据库连接。

（2）项目结构规划：

❑ 创建一个项目根目录，用于存放项目的所有文件；

❑ 在项目根目录下创建必要的子目录和文件，如 templates（存放 HTML 模板）、static（存放静态文件）、app.py（Flask 应用的主文件）等。

2. 数据库设计

（1）根据购物网站的需求，设计用户表、产品表、订单表、购物车表等数据表：

- 用户表用于存储用户信息，如用户名、密码、电子邮箱等；
- 产品表用于存储产品信息，如产品 id、名称、价格、库存等；
- 订单表用于存储订单信息，如订单 id、用户 id、订单金额等；
- 购物车表用于存储用户的购物车信息，如用户 id、产品 id、购买数量等。

（2）创建数据库和表：

在 MySQL 中创建数据库，并根据设计的表结构创建相应的表。

3. Flask 应用开发

（1）创建 Flask 应用实例：

在 app.py 文件中创建 Flask 应用实例，并配置好模板文件夹和静态文件夹的路径。

（2）配置数据库连接：

使用 Flask-SQLAlchemy 或 MySQLdb 等库配置数据库连接，以便在 Flask 应用中操作数据库。

（3）定义路由和视图函数：

- 定义用户注册、用户登录、查看产品列表、查看产品详情、添加产品到购物车、查看购物车、提交订单等路由和对应的视图函数；
- 在视图函数中处理用户请求，操作数据库，并返回相应的响应。

（4）创建 HTML 模板：

- 在 templates 目录下创建 HTML 模板文件，用于渲染用户界面；
- 使用 Jinja2 模板引擎在 HTML 模板中插入动态内容。

（5）实现用户认证：

使用 Flask-Login 等库实现用户认证功能，确保用户只能访问其有权访问的页面。

4. 前后端交互

（1）使用 AJAX 实现异步请求：

在前端页面中使用 JavaScript 和 AJAX 技术实现异步请求，以便在不重新加载页面的情况下更新用户界面。

（2）处理表单提交：

- 在前端页面中创建表单，并在表单提交时处理用户输入的数据；
- 在后端视图函数中接收并处理表单数据，执行相应的数据库操作。

5. 测试与优化

（1）功能测试：

对购物网站的各项功能进行测试，确保功能正常。

（2）性能优化：

根据测试结果对网站性能进行优化，如优化数据库查询、缓存静态文件等。

（3）安全性检查：

对网站进行安全性检查，确保没有安全漏洞。

（4）部署上线：

将购物网站部署到服务器上，并配置好域名和 SSL 证书等。

综上所述，使用 Flask 和 MySQL 开发一个购物网站需要按照项目准备、数据库设计、Flask 应用开发、前后端交互、测试与优化等步骤进行。在开发过程中，需要注重代码的可读性和可维护性，以便后续的开发和维护。

16.11.2 借助 AI 优化项目代码

问题：

优化以下向数据库中添加商品信息的代码。

```
@admin.route("/goods/add/", methods=["GET", "POST"])
@admin_login
def goods_add():
    """
    添加商品
    """
    form = GoodsForm()                                              # 实例化 form 表单
    supercat_list = [(v.id, v.cat_name) for v in SuperCat.query.all()] # 获取所属大分类列表
    form.supercat_id.choices = supercat_list                        # 显示所属大分类
    # 显示大分类所包含的小分类
    form.subcat_id.choices = [(v.id, v.cat_name) for v in SubCat.query.filter_by
(super_cat_id=supercat_list[0][0]).all()]
    form.current_price.data = form.data['original_price']           # 为 current_pirce 赋值
    if form.validate_on_submit():                                   # 添加商品情况
        data = form.data
        goods = Goods(
            name = data["name"],
            supercat_id = int(data['supercat_id']),
            subcat_id = int(data['subcat_id']),
            picture= data["picture"],
            original_price = Decimal(data["original_price"]).quantize(Decimal('0.00')),
            # 转换为包含两位小数的形式
            current_price = Decimal(data["original_price"]).quantize(Decimal('0.00')),
            is_new = int(data["is_new"]),
            is_sale = int(data["is_sale"]),
            introduction=data["introduction"],
        )
        db.session.add(goods)                                       # 添加数据
        db.session.commit()                                         # 提交数据
        return redirect(url_for('admin.index'))                     # 页面跳转
    return render_template("admin/goods_add.html", form=form)       # 渲染模板
```

AI 建议：

你的代码中有几个可以优化的点，以下是一些建议。

1. 动态加载小分类选项

当前代码默认只加载了第一个大分类的小分类选项，这通常不是用户期望的行为。你可以在表单提交前通过 AJAX 动态加载与所选大分类相对应的小分类选项。

2. 价格字段处理

你为 current_price 字段赋值时重复使用了 original_price 的值，并进行了格式化。如果这两个字段总是相同，你可以考虑只存储一个字段，或者在模型层处理这种赋值逻辑。

3. 表单验证和错误处理

在表单提交时，应添加错误处理逻辑，以便在验证失败时向用户显示错误提示信息。

4. 代码整洁性

移除不必要的代码行，如 form.current_price.data = form.data['original_price']，因为你在创建 Goods 对象时已经设置了 current_price。

5. 使用模型实例而非字典访问表单数据

使用 form.data 字典访问表单数据虽然可行，但使用模型实例的字段属性可能更清晰。

6. 数据库会话管理

考虑使用数据库会话的上下文管理器来确保会话的正确开启和关闭。

以下是根据上述建议优化后的代码：

```python
@admin.route("/goods/add/", methods=["GET", "POST"])
@admin_login
def goods_add():
    form = GoodsForm()
    supercat_list = [(v.id, v.cat_name) for v in SuperCat.query.all()]
    form.supercat_id.choices = supercat_list
    if form.validate_on_submit():
        try:
            # 动态获取所选大分类的小分类选项（这里仅作为示例，实际应通过 AJAX 实现）
            selected_supercat_id = int(form.supercat_id.data)
            subcat_list = [(v.id, v.cat_name) for v in SubCat.query.filter_by(super_
cat_id=selected_supercat_id).all()]
            # 注意：这里假设你已经在表单验证后通过某种方式更新了小分类选项
            # 如果使用 AJAX，则不需要在这里更新，而是应该在前端处理
            # 创建商品实例
            goods = Goods(
                name=form.name.data,
                supercat_id=selected_supercat_id,
                subcat_id=int(form.subcat_id.data),
                picture=form.picture.data,
                original_price=Decimal(form.original_price.data).quantize(Decimal('0.00')),
                current_price=Decimal(form.original_price.data).quantize(Decimal('0.00')),
# 如果总是与 original_price 相同，可以考虑在模型层设置
                is_new=int(form.is_new.data),
                is_sale=int(form.is_sale.data),
                introduction=form.introduction.data,
            )
            # 添加商品到数据库
            db.session.add(goods)
            db.session.commit()
            # 成功提示并重定向
            flash('商品添加成功!', 'success')
            return redirect(url_for('admin.index'))
        except Exception as e:
            # 错误处理
            db.session.rollback()
            flash(f'添加商品时发生错误: {str(e)}', 'danger')
    # 渲染模板前，如果需要动态加载小分类，应通过 AJAX 在前端处理
    # 这里仅渲染表单和大分类选项
    return render_template("admin/goods_add.html", form=form)
```

⚠ 注意：

□ 以上代码中的 subcat_list 变量在这个实例中并未实际使用，因为小分类选项的动态加载通常通过 AJAX 在前端实现。如果你想在表单加载时就显示所有可能的小分类（尽管这通常不是最佳做法），则需要在表单初始化之前根据某个默认大分类加载小分类；

□ 错误处理部分使用了 flash()函数来显示错误提示信息，这需要你已经在 Flask 应用中配置 Flash 消息系统；

□ 确保 GoodsForm、SuperCat、SubCat 等名称与你的实际代码一致；

□ 考虑为 Goods 模型添加更严格的验证逻辑，如价格范围、名称长度等。

16.11.3 借助 AI 完善项目

问题：

本项目所开发的购物网站包含以下模块，后续如何使该项目更加完善？

❑ 会员注册模块。

❑ 会员登录模块。

❑ 首页展示模块。

❑ 购物车模块。

❑ 后台管理模块。

AI 建议：

你所开发的购物网站已经具备了会员注册、会员登录、首页展示、购物车以及后台管理这些核心功能。为了进一步提升项目的完善度和用户体验，以下是一些建议的拓展方向。

1. 会员中心功能增强

❑ 个人信息管理：允许会员编辑个人资料，如姓名、地址、电话等。

❑ 订单管理：提供查看订单历史、订单状态跟踪、订单取消、重新购买的功能。

❑ 积分或优惠券管理：如果系统中有积分或优惠券机制，会员可以查看、使用和管理积分或优惠券。

❑ 消息通知：通过站内信或电子邮件向会员发送订单更新、促销活动等通知。

2. 首页展示模块优化

❑ 个性化推荐：基于会员的购买历史或浏览行为，提供个性化的商品推荐。

❑ 分类导航优化：确保商品分类清晰，并提供便捷的搜索和筛选功能。

❑ 活动展示：突出显示当前正在进行的促销活动或限时优惠。

3. 购物车模块改进

❑ 购物车编辑：允许会员修改商品数量、删除商品或保存购物车以备后用。

❑ 结算流程优化：简化结算流程，确保用户能够轻松完成支付。

❑ 库存提示：在购物车中显示商品库存情况，避免用户下单后发现无货。

4. 后台管理模块增强

❑ 商品管理：提供便捷的商品上架、商品下架、价格调整、库存修改等功能。

❑ 订单管理：后台管理员可以查看、处理（如发货、退款）和导出订单数据。

❑ 用户管理：管理会员信息，包括审核新用户、处理用户投诉和反馈等。

❑ 数据分析：通过图表或报表展示销售数据、用户行为等关键信息，帮助决策。

5. 支付模块集成

❑ 多种支付方式：集成第三方支付方式，满足不同用户的需求。

❑ 支付安全：加强支付过程的安全性，确保用户资金安全。

6. 安全性提升

❑ 数据加密：对敏感信息（如密码、支付信息等）进行加密存储和传输。

❑ 防止 SQL 注入和 XSS 攻击：通过参数化查询、HTML 转义等措施提升系统安全性。

❑ 用户身份验证：采用双因素认证（如短信验证码）提升用户账户的安全性。

7. 移动优化

❑ 响应式设计：确保网站在不同设备（如手机、平板计算机）上都能良好显示和操作。

❑ 移动应用：如果条件允许，可以考虑开发移动应用以提供更好的用户体验。

8. 客户服务

❑ 在线客服：提供在线客服功能，方便用户咨询和解决问题。

❑ 帮助中心：设立帮助中心，提供常见的问题解答、购物指南等自助服务。

9. 持续迭代和反馈

❑ 收集用户反馈：通过问卷调查、用户评论等方式收集用户反馈，了解用户需求和意见。

❑ 定期更新：根据用户反馈和市场需求，定期更新网站功能和内容。

通过实施这些建议，你可以进一步提升购物网站的完善度和用户满意度。同时，也要保持对新技术的关注和学习，以便将最新的技术成果应用到项目中。

小结

本章主要介绍如何使用 Flask 框架开发 Go 购甄选商城。本章重点讲解了商城前台功能的实现，包括会员注册和登录、查看商品、将商品加入购物车、查看订单等功能。在实现这些功能时，使用了 Flask 的流行模块，包括使用 Flask-SQLAlchemy 来操作数据库、使用 Flask-WTF 创建表单等。学习完本章内容后，读者可以自行开发商品收藏功能，提高编程能力，了解项目开发流程，并掌握 Flask 开发技术，为今后的项目开发积累经验。

习题

1. 如何使用 Flask-SQLAlchemy 实现数据表之间的一对多关系？
2. 如何实现加、减购物车中商品数量的功能？

附录 实验

实验1 安装 MySQL 数据库

实验目的

熟悉 MySQL 数据库的安装过程。

实验内容

根据自己的 Windows 操作系统，在 MySQL 的官方网站中下载相应版本的安装文件，并在自己的计算机中安装 MySQL 数据库。

实验步骤

（1）在 MySQL 的官方网站中下载相应版本的安装文件。

（2）双击扩展名为.msi 的安装文件进行安装。

（3）在安装 MySQL 的过程中，需要配置网络选项和端口，一般使用默认设置；然后设置用户。一般使用默认的 root 用户，登录密码设置为 root，再按照向导提示进行操作即可。

实验2 创建数据库并指定使用的字符集

实验目的

（1）熟悉 MySQL 命令行窗口的使用。

（2）掌握 CREATE DATABASE 语句的使用。

（3）掌握 CREATE DATABASE 语句的 CHARACTER SET 属性的使用。

实验内容

使用 CREATE DATABASE 语句创建一个名为 db_bbs 的数据库，并指定使用的字符集为 utf8mb4，执行结果如附图 1 所示。

实验步骤

（1）选择"开始"/"MySQL"/"MySQL 9.0 Command Line Client"命令，如附图 2 所示。

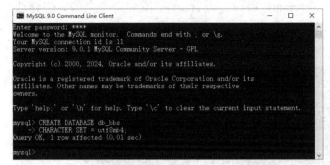

附图 1　创建数据库并指定使用的字符集

附图 2　选择"MySQL 9.0 Command Line Client"命令

（2）在弹出的 MySQL 命令行窗口中输入 root 用户的密码，并按 Enter 键，连接到 MySQL，连接后将显示 MySQL 命令提示符，如附图 3 所示。此时就可以输入需要执行的 SQL 语句了。

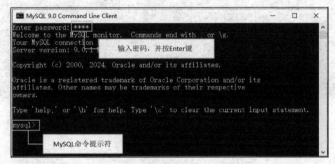

附图 3　MySQL 命令行窗口

（3）在 MySQL 的命令提示符右侧输入创建数据库的 SQL 语句，并设置该数据库使用 utf8mb4 字符集，代码如下。

```
CREATE DATABASE db_bbs
CHARACTER SET = utf8mb4;
```

实验3 创建和修改数据表

实验目的

（1）熟悉 MySQL 命令行窗口的使用方法。
（2）掌握创建并选择数据库的方法。
（3）掌握创建数据表的方法。
（4）掌握修改自增类型字段初始值的方法。

实验内容

判断是否存在名为 db_bbs 的数据库。如果不存在，则创建该数据库，并且选择该数据库为当前数据库，然后在 db_bbs 数据库中创建一个名为 tb_user 的数据表。该数据表包括 id、username、pwd、sex、email、tel 和 remark 字段。设置 id 字段为自增类型，再修改该字段的初始值为 1000。执行结果如附图 4 所示。

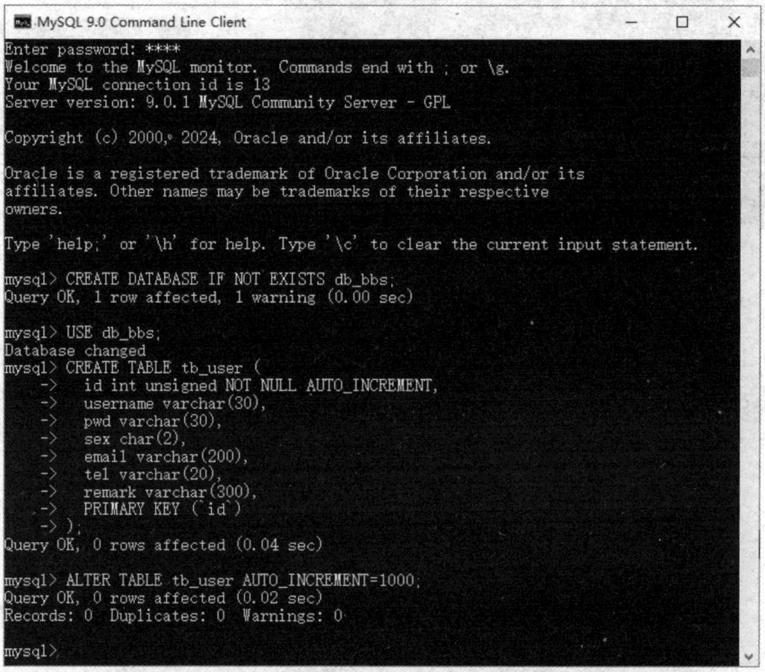

附图 4　创建数据表并修改自增类型字段的初始值

实验步骤

（1）选择"开始"/"MySQL"/"MySQL 9.0 Command Line Client"命令，在弹出的 MySQL 命令行窗口中输入 root 用户的密码，并按 Enter 键，连接到 MySQL，连接后会显示 MySQL 命令提示符。此时就可以输入需要执行的 SQL 语句了。

（2）在 MySQL 的命令提示符右侧输入以下代码，判断是否存在名为 db_bbs 的数据库，如果不存在，则创建该数据库。

```
CREATE DATABASE IF NOT EXISTS db_bbs;
```

（3）选择 db_bbs 为当前数据库，代码如下。

```
USE db_bbs;
```

（4）创建一个名为 tb_user 的数据表，该表包括 id、username、pwd、sex、email、tel 和 remark 字段，其中 id 字段为主键、自增类型。具体代码如下

```
CREATE TABLE tb_user (
    id int unsigned NOT NULL AUTO_INCREMENT,
    username varchar(30),
    pwd varchar(30),
    sex char(2),
    email varchar(200),
    tel varchar(20),
```

```
  remark varchar(300),
  PRIMARY KEY (`id`)
);
```

（5）修改数据表 tb_user 的自增类型字段的初始值为 1000，代码如下。

```
ALTER TABLE tb_user AUTO_INCREMENT=1000;
```

实验4 使用 SQL 语句插入和更新数据

实验目的

（1）掌握使用 INSERT 语句插入数据的方法。
（2）掌握使用 UPDATE 语句更新数据的方法。

实验内容

判断是否存在名为 db_bbs 的数据库。如果不存在，则创建该数据库，并且选择该数据库为当前数据库；然后在 db_bbs 数据库中创建一个名为 tb_user 的数据表（如果不存在），再向数据表 tb_user 中插入一条数据，并查看插入结果；最后修改刚刚插入的数据中的 tel 字段，并查看更新结果。执行结果如附图 5 所示。

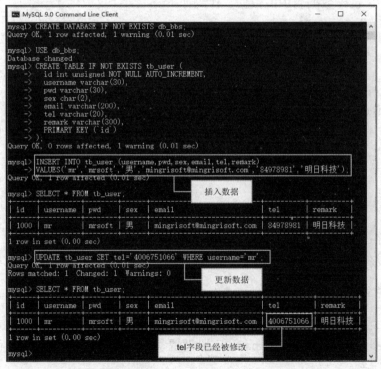

附图 5　使用 SQL 语句插入和更新数据

实验步骤

（1）选择"开始"/"MySQL"/"MySQL 9.0 Command Line Client"命令，在弹出的 MySQL 命令行窗口中输入 root 用户的密码，并按 Enter 键，连接到 MySQL，连接后将显

示 MySQL 命令提示符。

（2）在 MySQL 的命令提示符右侧输入以下代码，判断是否存在名为 db_bbs 的数据库，如果不存在，则创建该数据库。

```
CREATE DATABASE IF NOT EXISTS db_bbs;
```

（3）选择 db_bbs 为当前数据库，代码如下。

```
USE db_bbs;
```

（4）如果不存在名为 tb_user 的数据表，则创建该表，表中包括 id、username、pwd、sex、email、tel 和 remark 字段，其中 id 字段为主键、自增类型。具体代码如下。

```
CREATE TABLE IF NOT EXISTS tb_user (
  id int unsigned NOT NULL AUTO_INCREMENT,
  username varchar(30),
  pwd varchar(30),
  sex char(2),
  email varchar(200),
  tel varchar(20),
  remark varchar(300),
  PRIMARY KEY (`id`)
);
```

（5）使用 INSERT 语句向 tb_user 数据表中插入一条数据，代码如下。

```
INSERT INTO tb_user (username,pwd,sex,email,tel,remark)
VALUES('mr','mrsoft','男','mingrisoft@mingrisoft.com','84978981','明日科技');
```

（6）查询 tb_user 数据表中的数据，代码如下。

```
SELECT * FROM tb_user;
```

（7）使用 UPDATE 语句将 username 字段值为 mr 的用户的 tel 字段值修改为"4006751066"，具体代码如下。

```
UPDATE tb_user SET tel='4006751066' WHERE username='mr';
```

（8）查询 tb_user 数据表中的数据，代码如下。

```
SELECT * FROM tb_user;
```

实验5 为表创建索引

实验目的

（1）掌握在创建数据表时设置索引的方法。
（2）掌握为已经存在的数据表设置索引的方法。

实验内容

在 db_bbs 数据库中创建名为 tb_user1 的数据表，并且在该表的 id 字段上建立索引；为已经存在的数据表 tb_user1 的 username 字段设置索引。执行结果如附图 6 所示。

实验步骤

（1）选择"开始"/"MySQL"/"MySQL 9.0 Command Line Client"命令，在弹出的 MySQL 命令行窗口中输入 root 用户的密码，并按 Enter 键，连接到 MySQL，连接后将显示 MySQL 命令提示符。

附图 6　为表创建索引

（2）在 MySQL 的命令提示符右侧输入以下代码，判断是否存在名为 db_bbs 的数据库，如果不存在，则创建该数据库。

```
CREATE DATABASE IF NOT EXISTS db_bbs;
```

（3）选择 db_bbs 为当前数据库，代码如下。

```
USE db_bbs;
```

（4）创建名为 tb_user1 的数据表，表中包括 id、username、pwd、sex、email、tel 和 remark 字段，并且在 id 字段上建立索引。具体代码如下。

```
CREATE TABLE IF NOT EXISTS tb_user1 (
    id int unsigned PRIMARY KEY NOT NULL AUTO_INCREMENT,
    username varchar(30),
    pwd varchar(30),
    sex char(2),
    email varchar(200),
    tel varchar(20),
    remark varchar(300),
    INDEX(id)
);
```

（5）为 tb_user1 数据表的 username 字段设置索引，代码如下。

```
CREATE INDEX idx_name ON tb_user1 (username);
```

（6）使用 SHOW CREATE TABLE 语句查看数据表 tb_user1 的结构，代码如下。

```
SHOW CREATE TABLE tb_user1\G
```

实验6 创建并使用约束

实验目的

（1）掌握定义主键约束的方法。
（2）掌握定义候选键约束的方法。
（3）掌握定义 CHECK 约束的方法。

实验内容

在 db_bbs 数据库中创建一个名为 tb_user2 的数据表，并为该数据表设置主键约束、候选键约束和 CHECK 约束。执行结果如附图 7 所示。

附图 7 创建并使用约束

实验步骤

（1）选择"开始" / "MySQL" / "MySQL 9.0 Command Line Client"命令，在弹出的 MySQL 命令行窗口中输入 root 用户的密码，并按 Enter 键，连接到 MySQL，连接后将显示 MySQL 命令提示符。

（2）在 MySQL 的命令提示符右侧输入以下代码，判断是否存在名为 db_bbs 的数据库，如果不存在，则创建该数据库。

```
CREATE DATABASE IF NOT EXISTS db_bbs;
```

（3）选择 db_bbs 为当前数据库，代码如下。

```
USE db_bbs;
```

（4）创建名为 tb_user2 的数据表，表中包括 id、username、pwd、sex、email、tel 和 remark 字段，将 id 字段设置为主键，将 username 字段设置为候选键，限制 sex 字段的值只能是"男"或"女"。具体代码如下。

```
CREATE TABLE IF NOT EXISTS tb_user2 (
  id int unsigned NOT NULL AUTO_INCREMENT,
  username varchar(30) UNIQUE,
  pwd varchar(30),
  sex char(2) CHECK(sex in('男','女')),
  email varchar(200),
  tel varchar(20),
  remark varchar(300),
  PRIMARY KEY(id)
);
```

（5）使用 SHOW CREATE TABLE 语句查看数据表 tb_user2 的结构，代码如下。

```
SHOW CREATE TABLE tb_user2\G
```

实验7 模糊查询数据

实验目的

（1）掌握 SELECT 语句的使用方法。
（2）熟悉 LIKE 关键字的基本应用。

实验内容

应用模糊查询获取 tb_student 表中名字中包含"明"字的学生信息，执行结果如附图 8 所示。

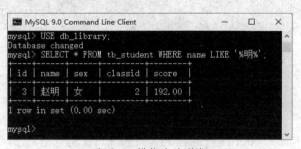

附图 8　模糊查询数据

实验步骤

（1）选择"开始"/"MySQL"/"MySQL 9.0 Command Line Client"命令，在弹出的 MySQL 命令行窗口中输入 root 用户的密码，并按 Enter 键，连接到 MySQL，连接后将显示 MySQL 命令提示符。
（2）在 MySQL 的命令提示符右侧输入以下代码，选择 db_library 为当前数据库。

```
USE db_library;
```

（3）在 tb_student 表中模糊查询名字中含有"明"字的学生信息，具体代码如下。

实验8　查询和汇总数据库的数据

实验目的

（1）掌握使用 SELECT 语句查询全部数据的方法。
（2）掌握 GROUP BY 子句的使用方法。
（3）掌握 AVG()函数的使用方法。
（4）了解 ROUND()函数的使用方法。

实验内容

对 tb_student 表中的学生成绩按班级进行分组统计，并获取每个班级的平均成绩。执行结果如附图 9 所示。

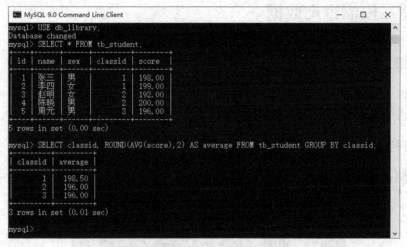

附图 9　查询和汇总数据库的数据

实验步骤

（1）选择"开始"/"MySQL"/"MySQL 9.0 Command Line Client"命令，在弹出的 MySQL 命令行窗口中输入 root 用户的密码，并按 Enter 键，连接到 MySQL，连接后将显示 MySQL 命令提示符。
（2）在 MySQL 的命令提示符右侧输入以下代码，选择 db_library 为当前数据库。
```
USE db_library;
```
（3）查询 tb_student 表中的全部学生信息，具体代码如下。
```
SELECT * FROM tb_student;
```
（4）对 tb_student 表中的学生成绩按班级进行分组统计，并获取每个班级的平均成绩，具体代码如下。
```
SELECT classid, ROUND(AVG(score),2) AS average FROM tb_student GROUP BY classid;
```

实验9 创建视图

实验目的

（1）掌握创建视图的基本语法。
（2）掌握左外连接查询的应用方法。
（3）掌握查询视图数据的方法。

实验内容

在数据库 db_library 中创建一个保存有完整图书借阅信息的视图，命名为 v_borrow。该视图包括 3 个数据表，分别是 tb_borrow 表、tb_bookinfo 表和 tb_reader 表。视图包含 tb_borrow 表中的 id、borrowTime、backTime 和 ifback 字段，tb_bookinfo 表中的 barcode、bookname、author 和 price 字段，以及 tb_reader 表中的 name 字段。执行结果如附图 10 所示。

附图 10　创建视图

实验步骤

（1）选择"开始"/"MySQL"/"MySQL 9.0 Command Line Client"命令，在弹出的 MySQL 命令行窗口中输入 root 用户的密码，并按 Enter 键，连接到 MySQL，连接后将显示 MySQL 命令提示符。

（2）在 MySQL 的命令提示符右侧输入以下代码，选择 db_library 为当前数据库。

```
USE db_library;
```

（3）通过 tb_borrow、tb_bookinfo 和 tb_reader 数据表创建一个保存有图书的完整借阅信息的视图，命名为 v_borrow。具体代码如下。

```
CREATE VIEW
v_borrow(id,reader,borrowtime,backtime,ifback,barcode,bookname,author,price)
AS SELECT tb_borrow.id,tb_reader.name,tb_borrow.borrowTime,tb_borrow.backTime,
tb_borrow.ifback,tb_bookinfo.bookname,tb_bookinfo.barcode,tb_bookinfo.author,
tb_bookinfo.price FROM tb_borrow
```

```
LEFT JOIN tb_bookinfo ON tb_borrow.bookid=tb_bookinfo.id
LEFT JOIN tb_reader ON tb_reader.id=tb_borrow.readerid;
```

（4）查询视图 v_borrow 中的数据，具体代码如下。

```
SELECT * FROM v_borrow;
```

实验 10　创建触发器

实验目的

（1）掌握创建触发器的方法。

（2）了解如何在触发器中使用判断语句。

实验内容

创建数据表 tb_user3，并为其创建检验插入数据是否合法的触发器，实现只有输入合法的性别（"男"或"女"），数据才能被插入的效果。执行结果如附图 11 所示。

附图 11　创建触发器

实验步骤

（1）选择"开始"/"MySQL"/"MySQL 9.0 Command Line Client"命令，在弹出的 MySQL 命令行窗口中输入 root 用户的密码，并按 Enter 键，连接到 MySQL，连接后将显示 MySQL 命令提示符。此时就可以输入需要执行的 SQL 语句了。

（2）在 MySQL 的命令提示符右侧输入以下代码，判断是否存在名为 db_bbs 的数据库，如果不存在，则创建该数据库。

```
CREATE DATABASE IF NOT EXISTS db_bbs;
```

（3）选择 db_bbs 为当前数据库，代码如下。

```
USE db_bbs;
```

（4）创建一个名为 tb_user3 的数据表，表中包括 id、username、pwd、sex、email、tel 和 remark 字段，其中 id 字段为主键、自增类型。具体代码如下。

```
CREATE TABLE tb_user3 (
    id int unsigned NOT NULL AUTO_INCREMENT,
    username varchar(30),
    pwd varchar(30),
    sex char(2),
    email varchar(200),
    tel varchar(20),
    remark varchar(300),
    PRIMARY KEY (`id`)
);
```

（5）为数据表 tb_user3 创建一个 AFTER INSERT 触发器，在输入的性别不是"男"或者"女"时，不允许插入数据。具体代码如下。

```
DELIMITER //
CREATE TRIGGER auto_check_sex AFTER INSERT
ON tb_user3 FOR EACH ROW
BEGIN
IF NEW.sex NOT IN ('男','女')THEN
    DELETE FROM tb_user3 WHERE id=NEW.id;
END IF;
END
//
DELIMITER ;
```

（6）向数据表 tb_user3 中插入一条数据，将性别设置为"保密"，具体代码如下。

```
INSERT INTO tb_user3 (username,pwd,sex,email,tel,remark)
VALUES('mr','mrsoft','保密','mingrisoft@mingrisoft.com','84978981','明日科技');
```

（7）查询 tb_user3 数据表中的数据，查看不符合条件的数据是否已被插入数据表中，具体代码如下。

```
SELECT * FROM tb_user3;
```

（8）向数据表 tb_user3 中插入一条数据，将性别设置为"男"，具体代码如下。

```
INSERT INTO tb_user3 (username,pwd,sex,email,tel,remark)
VALUES('mr','mrsoft','男','mingrisoft@mingrisoft.com','84978981','明日科技');
```

（9）查询 tb_user3 数据表中的数据，查看符合条件的数据是否已被插入数据表中，具体代码如下。

```
SELECT * FROM tb_user3;
```

实验 11 创建和使用存储过程

实验目的

（1）掌握创建存储过程的方法。
（2）掌握调用存储过程的方法。

实验内容

创建一个名为 proc_grade 的存储过程，实现根据学生成绩设置学生的成绩等级的功能，然后调用该存储过程获取指定学生的成绩等级。执行结果如附图 12 所示。

附图 12　创建和使用存储过程

实验步骤

（1）选择"开始"/"MySQL"/"MySQL 9.0 Command Line Client"命令，在弹出的 MySQL 命令行窗口中输入 root 用户的密码，并按 Enter 键，连接到 MySQL，连接后将显示 MySQL 命令提示符。

（2）在 MySQL 的命令提示符右侧输入以下代码，选择 db_library 为当前数据库。

```
USE db_library;
```

（3）创建一个名为 proc_grade 的存储过程，实现根据学生成绩设置学生的成绩等级的功能，具体代码如下。

```
DELIMITER //
CREATE PROCEDURE proc_grade (IN studentid INT,OUT grade VARCHAR(30))
READS SQL DATA
BEGIN
SET @getscore =0;
SELECT score INTO @getscore FROM tb_student WHERE id=studentid;
IF @getscore>=190 THEN
    SET grade='优秀';
ELSEIF @getscore>=170 THEN
    SET grade='良好';
ELSEIF @getscore>=120 THEN
    SET grade='及格';
ELSE
    SET grade='未知';
END IF;
END
```

```
//
DELIMITER ;
```

（4）调用 proc_grade 存储过程，获取 id 为 1 的学生的成绩等级，具体代码如下。

```
SET @studentid=1;
CALL proc_grade(@studentid,@grade);
SELECT @grade;
```

实验12 备份和还原数据库

实验目的

（1）掌握使用 mysqldump 命令备份数据库的方法。
（2）掌握使用 mysql 命令还原数据库的方法。

实验内容

备份并还原 db_bbs 数据库。具体要求是，先备份 db_bbs 数据库，然后删除 db_bbs 数据库，再使用 mysql 命令还原已经备份的 db_bbs 数据库。本实验涉及的操作需要在命令提示符窗口和 MySQL 的命令行窗口中分别进行，其中，命令提示符窗口中的执行结果如附图 13 所示，MySQL 的命令行窗口中的执行结果如附图 14 所示。

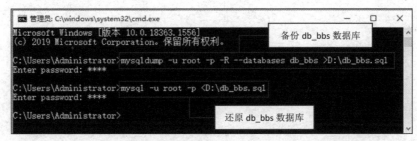

附图 13　命令提示符窗口中的执行结果

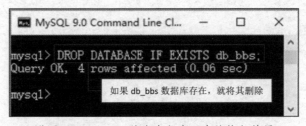

附图 14　MySQL 的命令行窗口中的执行结果

实验步骤

（1）右击"开始"按钮，在弹出的快捷菜单中选择"运行"命令，在弹出的"运行"对话框中输入"cmd"，按 Enter 键打开命令提示符窗口，在其中执行以下命令，备份 db_bbs 数据库。

```
mysqldump -u root -p -R --databases db_bbs >D:\db_bbs.sql
```
在命令提示符窗口中执行上面的命令后，将提示输入连接数据库的密码，输入正确密码后将完成数据备份，D 盘的根目录下将自动创建一个名为 db_bbs.sql 的文件，如附图 15 所示。

此电脑 › 软件 (D:)

db_bbs.sql
SQL Text File
6.22 KB

附图 15   在 D 盘根目录下创建的 db_bbs.sql 文件

（2）在 MySQL 的命令行窗口中执行以下代码，删除 db_bbs 数据库。

```
DROP DATABASE IF EXISTS db_bbs;
```

（3）右击"开始"按钮，在弹出的快捷菜单中选择"运行"命令，在弹出的"运行"对话框中输入"cmd"，按 Enter 键打开命令提示符窗口，在其中执行以下命令，还原 db_bbs 数据库。

```
mysql -u root -p <D:\db_bbs.sql
```